全国住房和城乡建设职业教育教学指导委员会规划推荐教材

水力学与应用

（第三版）

刘仁涛　主　编
罗娇赢　盖兆梅　副主编
边喜龙　主　审

中国建筑工业出版社

图书在版编目（CIP）数据

水力学与应用 / 刘仁涛主编；罗娇赢，盖兆梅副主编. -- 3 版. -- 北京：中国建筑工业出版社，2025. 7.
（全国住房和城乡建设职业教育教学指导委员会规划推荐教材）. -- ISBN 978-7-112-31512-3

Ⅰ. TV13

中国国家版本馆 CIP 数据核字第 2025WX8307 号

本教材共分为 8 个教学单元，重点介绍水静力学，水动力学，流动阻力与水头损失，孔口、管嘴出流与有压管流，明渠流，堰流，渗流等内容。

教材中配有大量插图、例题、思考题和习题。另配有数字资源，扫描二维码可查看知识点讲解、虚拟仿真实验、动画、习题答案和解析、知识拓展等内容。

本教材充分体现了高职教育特点，针对性和实用性强。可作为高职高专给水排水工程技术、环境工程技术、水工业技术等专业教材，还可作为职业培训教材，也可供相关专业工程技术人员参考。

为便于教学，特制作了配套电子课件。索取方式：
邮箱：jckj@cabp.com.cn；
电话：(010) 58337285；
建工书院 http://edu.cabplink.com

责任编辑：吕　娜　齐庆梅
责任校对：赵　菲

扫描二维码
可看本书资源

全国住房和城乡建设职业教育教学指导委员会规划推荐教材

水力学与应用
（第三版）

刘仁涛　主　编
罗娇赢　盖兆梅　副主编
边喜龙　主　审

*

中国建筑工业出版社出版、发行（北京海淀三里河路 9 号）
各地新华书店、建筑书店经销
霸州市顺浩图文科技发展有限公司制版
北京同文印刷有限责任公司印刷

*

开本：787 毫米×1092 毫米　1/16　印张：12¾　字数：317 千字
2025 年 8 月第三版　　2025 年 8 月第一次印刷
定价：**39.00** 元（赠教师课件）
ISBN 978-7-112-31512-3
（45420）

第三版序言

2015 年 10 月受教育部（教职成函〔2015〕9 号）委托，住房城乡建设部（住建职委〔2015〕1 号）组建了新一届全国住房和城乡建设职业教育教学指导委员会市政工程类专业指导委员会，它是住房城乡建设部聘任和管理的专家机构。其主要职责是在住房城乡建设部、教育部、全国住房和城乡建设职业教育教学指导委员会的领导下，研究高职高专市政工程类专业的教学和人才培养方案，按照以能力为本位的教学指导思想，围绕市政工程类专业的就业领域、就业岗位群组织制定并及时修订各专业培养目标、专业教育标准、专业培养方案、专业教学基本要求、实训基地建设标准等重要教学文件，以指导全国高职院校规范市政工程类专业办学，达到专业基本标准要求；研究市政工程类专业建设、教材建设，组织教材编审工作；组织开展教育教学改革研究，构建理论与实践紧密结合的教学体系，构筑校企合作、工学结合的人才培养模式，进一步促进高职高专院校市政工程类专业办出特色，全面提高高等职业教育质量，提升服务建设行业的能力。

市政工程类专业指导委员会成立以来，在住房城乡建设部人事司和全国住房和城乡建设职业教育教学指导委员会的领导下，在专业建设上取得了多项成果。市政工程类专业指导委员会制定了《高职高专教育市政工程技术专业顶岗实习标准》和《高职高专教育给排水工程技术专业顶岗实习标准》；组织了"市政工程技术专业""给排水工程技术专业"理论教材和实训教材编审工作。

在教材编审过程中，坚持了以就业为导向，走产学研结合发展道路的办学方针，以提高质量为核心，以增强专业特色为重点，创新教材体系，深化教育教学改革，围绕国家行业建设规划，系统培养高端技能型人才，为我国建设行业发展提供人才支撑和智力支持。

本套教材的编写坚持贯彻以素质为基础，以能力为本位，以实用为主导的指导思路，毕业的学生具备本专业必需的文化基础、专业理论知识和专业技能，能胜任市政工程类专业设计、施工、监理、运行及物业设施管理的高端技能型人才，全国住房和城乡建设职业教育教学指导委员会市政工程类专业指导委员会在总结近几年教育教学改革与实践的基础上，通过开发新课程，更新课程内容，增加实训教材，构建了新的课程体系。充分体现了其先进性、创新性、适用性，反映了国内外最新技术和研究成果，突出高等职业教育的特点。

"市政工程技术""给排水工程技术"两个专业教材的编写工作得到了教育部、住房城乡建设部人事司的支持，在全国住房和城乡建设职业教育教学指导委员会的领导下，市政工程类专业指导委员会聘请全国各高职院校本专业多年从事"市政工程技术""给排水工程技术"专业教学、研究、设计、施工的副教授以上的专家担任主编和主审，同时吸收工程一线具有丰富实践经验的工程技术人员及优秀中青年教师参加编写。该系列教材的出版凝聚了全国各高职高专院校"市政工程技术""给排水工程技术"两个专业同行的心血，也是他们多年来教学工作的结晶。值此教材出版之际，全国住房和城乡建设职业教育教学指导委员会市政工程类专业指导委员会谨向全体主编、主审及参编人员致以崇高的敬意。对大力支持这套教材出版的中国建筑工业出版社表示衷心的感谢，向在编写、审稿、出版过程中给予关心和帮助的单位和同仁致以诚挚的谢意。本套教材得到了业内人士的肯定。深信本套教材的使用将会受到高职高专院校和从事本专业工程技术人员的欢迎，必将推动市政工程类专业的建设和发展。

全国住房和城乡建设职业教育教学指导委员会
市政工程类专业指导委员会

第一版序言

全国高职高专教育土建类专业教学指导委员会建筑设备类专业指导分委员会（原名高等学校土建学科教学指导委员会高等职业教育专业委员会水暖电类专业指导小组）是建设部受教育部委托，并由建设部聘任和管理的专家机构。其主要工作任务是，研究建筑设备类高职高专教育的专业发展方向、专业设置和教育教学改革，按照以能力为本位的教学指导思想，围绕职业岗位范围、知识结构、能力结构、业务规格和素质要求，组织制定并及时修订各专业培养目标、专业教育标准和专业培养方案；组织编写主干课程的教学大纲，以指导全国高职高专院校规范建筑设备类专业办学，达到专业基本标准要求；研究建筑设备类高职高专教材建设，组织教材编审工作；制定专业教育评估标准，协调配合专业教育评估工作的开展；组织开展教学研究活动，构建理论与实践紧密结合的教学内容体系，构筑"校企合作、产学研结合"的人才培养模式，为我国建设事业的健康发展提供智力支持。

在建设部人事教育司和全国高职高专教育土建类专业教学指导委员会的领导下，2002年以来，全国高职高专教育土建类专业教学指导委员会建筑设备类专业指导分委员会的工作取得了多项成果，编制了建筑设备类高职高专教育指导性专业目录；制定了"供热通风与空调工程技术""建筑电气工程技术""给排水工程技术"等专业的教育标准、人才培养方案、主干课程教学大纲、教材编审原则，深入研究了建筑设备类专业人才培养模式。

为适应高职高专教育人才培养模式，使毕业生成为具备本专业必需的文化基础、专业理论知识和专业技能、能胜任建筑设备类专业设计、施工、监理、运行及物业设施管理的高等技术应用型人才，全国高职高专教育土建类专业教学指导委员会建筑设备类专业指导分委员会，在总结近几年高职高专教育教学改革与实践经验的基础上，通过开发新课程，整合原有课程，更新课程内容，构建了新的课程体系，并于2004年启动了"供热通风与空调工程技术""建筑电气工程技术""给排水工程技术"三个专业主干课程的教材编写工作。

这套教材的编写坚持贯彻以全面素质为基础，以能力为本位，以实用为主导的指导思想。注意反映国内外最新技术和研究成果，突出高等职业教育的特点，并及时与我国最新技术标准和行业规范相结合，充分体现其先进性、创新性、适用性。它是我国近年来工程技术应用研究和教学工作实践的科学总结，本套教材的使用将会进一步推动建筑设备类专业的建设与发展。

"供热通风与空调工程技术""建筑电气工程技术""给排水工程技术"三个专业教材的编写工作得到了教育部、建设部相关部门的支持，在全国高职高专教育土建类专业教学指导委员会的领导下，聘请全国高职高专院校本专业享有盛誉、多年从事"供热通风与空调工程技术""建筑电气工程技术""给排水工程技术"专业教学、科研、设计的副教授以上的专家担任主编和主审，同时吸收工程一线具有丰富实践经验的高级工程师及优秀中青年教师参加编写。可以说，该系列教材的出版凝聚了全国各高职高专院校"供热通风与空调工程技术""建筑电气工程技术""给排水工程技术"三个专业同行的心血，也是他们多年来教学工作的结晶和精诚协作的体现。

各门教材的主编和主审在教材编写过程中认真负责，工作严谨，值此教材出版之际，全国高职高专教育土建类专业教学指导委员会建筑设备类专业指导分委员会谨向他们致以崇高的敬意。此外，对大力支持这套教材出版的中国建筑工业出版社表示衷心的感谢，向在编写、审稿、出版过程中给予关心和帮助的单位和同仁致以诚挚的谢意。衷心希望"供热通风与空调工程技术""建筑电气工程技术""给排水工程技术"这三个专业教材的面世，能够受到各高职高专院校和从事本专业工程技术人员的欢迎，能够对高职高专教学改革以及高职高专教育的发展起到积极的推动作用。

全国高职高专教育土建类专业教学指导委员会

建筑设备类专业指导分委员会

2004 年 9 月

第三版前言

"水力学与应用"是土建类各专业重要专业课程之一。本课程主要学习任务是使学生掌握水力学基本概念、基本理论、水力计算基本方法及基本实验技能，为后续专业课学习及从事专业技术工作奠定坚实理论基础。

本教材充分体现了高职教育特点，针对性和实用性强；以必需与够用为度，以讲清概念和强化应用为重点。在编写中，基本原理简明扼要、清晰透彻、深入浅出、通俗易懂，易于教与学。同时，在"产教融合、校企合作"历史趋势和发展潮流下，努力践行"三教改革"，将企业资深专业人士引入教材编写队伍，吸收来自企业的经验和需求。本教材内容结合了最新规范与标准，反映了本专业技术领域内新的技术成果。本教材可作为高职高专给水排水工程技术、环境工程技术、水工业技术等专业教材，还可作为职业培训教材，也可供相关专业工程技术人员参考。

本教材共分为8个教学单元，重点介绍水静力学，水动力学，流动阻力与水头损失，孔口、管嘴出流与有压管流，明渠流，堰流，渗流等内容。教材中配有大量插图、例题、思考题和习题。另配有数字资源，扫描二维码可查看知识点讲解、虚拟仿真实验、动画、习题答案和解析、知识拓展等内容，形成了立体化和数字化教材。

参加本教材编写工作的人员，既包括有多年《水力学》或《流体力学》教学经验的高校教师，也包括具有多年工程一线实践经验的企业人员。具体分工如下：

教学单元1由黑龙江建筑职业技术学院罗娇赢编写；教学单元2由东北农业大学盖兆梅编写；教学单元3由黑龙江建筑职业技术学院刘仁涛编写；教学单元4由黑龙江建筑职业技术学院于明珂编写；教学单元5由齐齐哈尔工程学院宋明岩编写；教学单元6由黑龙江建筑职业技术学院杨丽英编写；教学单元7由黑龙江建筑职业技术学院王红梅编写；教学单元8由黑龙江建筑职业技术学院沈义编写。教学单元1知识链接由黑龙江建筑职业技术学院万思琦编写；教学单元2知识链接由黑龙江建筑职业技术学院刘方园编写；教学单元3知识链接由黑龙江建筑职业技术学院王彩蓄编写；教学单元4知识链接由黑龙江建筑职业技术学院单雨萌编写；教学单元5知识链接由黑龙江生态工程职业学院王琛编写；教学单元6知识链接由哈尔滨新尔环保技术开发有限公司曹立群编写；教学单元7知识链接由哈尔滨市阿城区给排水服务中心牛虹扉编写；教学单元8知识链接由龙建路桥第四工程有限公司薛文明编写。

教材由黑龙江建筑职业技术学院刘仁涛教授主编，黑龙江建筑职业技术学院罗娇赢副教授、东北农业大学盖兆梅副教授副主编，黑龙江建筑职业技术学院边喜龙教授主审。从教材编写大纲确定到教材编写的整个过程，边喜龙教授给予了全面深入的建设性指导。在理论联系实际方面，曹立群、牛虹扉和薛文明提出了许多宝贵意见和建议。

本教材编写出版得到了中国建筑工业出版社大力支持与帮助，在此一并表示诚挚谢意！

由于编者水平有限，缺点和错误在所难免，敬请读者批评指正。

第二版前言

"水力学与应用"是土建类各专业重要专业课程之一。本课程主要学习任务是使学生掌握水力学基本概念、基本理论、水力计算基本方法及基本实验技能，为后续专业课学习及从事专业技术工作奠定坚实理论基础。

本教材充分体现了高职教育特点，针对性和实用性强；以必需与够用为度，以讲清概念和强化应用为重点。在编写中，基本原理简明扼要、清晰透彻、深入浅出、通俗易懂，易于教与学。同时，在"产教融合、校企合作"历史趋势和发展潮流下，努力践行"三教改革"，将企业资深专业人士引入教材编写队伍，吸收来自企业的经验和需求。本教材内容结合了最新规范与标准，反映了本专业技术领域内新的技术成果。本教材可作为高职高专给水排水工程技术、环境工程技术、水工业技术等专业教材，还可作为职业培训教材，也可供相关专业工程技术人员参考。

本教材共分为8个教学单元，重点介绍水静力学、水动力学、流动阻力与水头损失、孔口、管嘴出流与有压管流、明渠流、堰流、渗流等内容。教材中配有大量插图、例题、思考题和习题。另配有数字资源，扫描二维码可查看知识点讲解、虚拟仿真实验、动画、习题答案和解析、知识拓展等内容，使教材向立体化方向发展。

参加本教材编写工作的人员，既包括有多年《水力学》或《流体力学》教学经验的高校教师，也包括具有多年企业实践经历的公司经理。具体人员和分工如下：黑龙江建筑职业技术学院毕轶（教学单元1和教学单元4的4.7节），黑龙江建筑职业技术学院刘影（教学单元4的4.1～4.6节），黑龙江建筑职业技术学院刘仁涛（教学单元2、教学单元3和教学单元6），黑龙江建筑职业技术学院郑福珍（教学单元5的5.1～5.3节），黑龙江建筑职业技术学院于景洋（教学单元5的5.4～5.6节），黑龙江碧水源环保工程有限公司王明刚（教学单元7），哈尔滨中浦市政环境工程有限公司蒋宇（教学单元8）；知识链接部分，教学单元1由黑龙江建筑职业技术学院陶竹君编写，教学单元2～3由黑龙江建筑职业技术学院王宇清编写，教学单元4～5由河北工业职业技术大学郑轶荣编写，教学单元6～8由黑龙江生态工程职业技术学院朱明华编写。教材由黑龙江建筑职业技术学院刘仁涛、陶竹君主编，于景洋、毕轶、郑福珍副主编，黑龙江建筑职业技术学院边喜龙教授主审。从教材编写大纲确定到教材编写的整个过程，陶竹君教授和王宇清教授给予了全面深入的建设性的指导。在理论联系实际方面，王明刚总经理和蒋宇总经理提出了许多宝贵意见和建议。

本教材编写出版得到了中国建筑工业出版社大力支持与帮助，在此一并表示诚挚谢意！

由于编者水平有限，缺点和错误在所难免，敬请读者批评指正。

第一版前言

《水力学与应用》是土建类各专业的一门重要的技术基础课。它的主要任务是使学生掌握水力学的基本理论、基本概念、水力计算的方法及基本实验技能，为学习专业课及从事专业技术工作奠定必要的理论基础。

本书根据高等职业教育教学的特点，体现以应用为目的，以必需与够用为度，以讲清概念、强化应用为重点。在编写中，基本原理简明扼要、清晰透彻、深入浅出、通俗易懂，易于教与学。加大应用部分的比例，从而保证教材具有较强的针对性和实用性。书中选编了类型多样、数量适中的例题、思考题与习题，各章后均附有学习指导，归纳汇总各章内容重点并提出学习指导性意见，通过思考题与习题正确理解基本概念，掌握基本原理及水力计算方法。

参加本书编写工作的有成都航空职业技术学院叶巧云（第二、六章），新疆建设职业技术学院胡世琴（第七、八章），黑龙江建筑职业技术学院陶竹君（第一、三、四、五、九、第七章中第四节）。由陶竹君负责全书的统稿，由重庆大学城市学院张健教授主审，并提出了宝贵的意见和建议。从教材编写大纲的制定到教材的编写，黑龙江建筑职业技术学院谷峡教授给予了指导性的意见和建议，在此表示衷心感谢。

本书的编写出版得到了土建学科高等职业教育专业委员会水、暖、电专业指导组和中国建筑工业出版社的帮助与支持，在此一并表示衷心感谢。

由于编者学识水平所限，书中难免出现缺点与错误，恳请读者批评指正。

本教材数字资源索引

目　　录

11

Chapter 01

教学单元**1**
绪　论

教学目标

1. 掌握密度和重度的概念和计算公式，以及二者之间的联系。
2. 理解液体的黏滞性、压缩性和膨胀性的概念。
3. 掌握作用在液体上的表面力和质量力的概念。

1.1　水力学及其应用

水力学是研究以水为代表的液体的机械运动规律及其在工程中应用的一门应用学科，也是一门理论与实验紧密结合的经验性学科。它广泛应用于市政建设、环境、土木、化工、水利、交通运输、航空和机械等工程中。

在给水与排水管道（渠）的设计、给水与污（废）水处理构筑物的设计，以及在给水与排水系统的运行管理等过程中，都涉及各种水力学问题。因而，水力学是给水排水工程技术专业的一门极为重要的技术基础课。

水力学可分为水静力学与水动力学两大部分。水静力学研究液体在静止平衡状态下的力学规律及其应用，分析作用在液体上的各种力之间的关系；水动力学研究液体在运动状态下的力学规律及其应用，分析作用在液体上的各种力与运动要素之间的关系、液体的运动特性、能量转换规律及其在工程实际中的应用。例如，管流、明渠流、堰流及渗流的水力计算等。

1.2　液体的主要物理性质

1.2.1　液体的基本特性

自然界中物质存在的形式有三种，即固体、液体和气体，气体和液体统称为流体。由于固体分子间的距离很小，内聚力很大，因此，固体能够保持一定的形状和体积，具有一定的抗拉、抗压、抗切的能力。气体分子间的距离很大，内聚力很小，因此，气体既无固定的形状，也没有固定的体积，即气体极容易流动。液体分子间的距离介于两者之间，由于液体分子间的内聚力较小，几乎不能承受拉力，但能承受很大的压力。液体分子在其内部可以成群地运动，因此，液体有一定的体积，但没有一定的形状，具有易流动性。

1.2.2　密度和重度

1. 密度

惯性是指物体保持原有运动状态的特性，液体与其他物体一样具有惯性。惯性的大小用质量来度量，质量越大，则惯性越大。对于均质液体，单位体积液体所具有的质量称为密度，用字母 ρ 表示。

$$\rho = \frac{m}{V} \tag{1-1}$$

式中　ρ——液体的密度，kg/m^3；

V——液体的体积，m^3；

m——液体的质量，kg。

2. 重度（容重）

对于均质液体，单位体积液体所具有的重力称为重力密度（简称容重或重度），用字母 γ 表示。

$$\gamma = \frac{G}{V} \tag{1-2}$$

密度与重度

式中　γ——液体的重度，N/m^3；

　　　V——液体的体积，m^3；

　　　G——液体的重力，N。

　　由于$G = m \cdot g$，则

$$\gamma = \frac{G}{V} = \frac{m \cdot g}{V} = \rho g \tag{1-3}$$

　　不同的液体，其密度和重度不同。液体的密度和重度随温度和压强变化很小，在一般的工程中可以忽略，将其视为常数。在工程计算中，常取4℃时纯水的$\rho = 1000 \text{kg/m}^3$和$\gamma = 9800 \text{N/m}^3$作为计算值。在一个标准大气压下，不同温度时水的密度和重度见表1-1，几种常见的液体的密度见表1-2。

水在101kPa压强下的重度及密度　　　　　　　　　　　　　　　　表1-1

温度 （℃）	重度 （kN/m^3）	密度 （kg/m^3）	温度 （℃）	重度 （kN/m^3）	密度 （kg/m^3）	温度 （℃）	重度 （kN/m^3）	密度 （kg/m^3）
0	9.806	999.9	30	9.755	995.7	70	9.590	977.8
5	9.807	1000.0	40	9.731	992.2	80	9.529	971.8
10	9.805	999.7	50	9.690	988.1	90	9.467	965.3
20	9.790	998.2	60	9.645	983.2	100	9.399	958.4

在一个标准大气压下常见液体的密度　　　　　　　　　　　　　　表1-2

液 体 名 称	密度（kg/m^3）	测 定 条 件
蒸馏水	1000	4℃
海 水	1020～1030	15℃
水 银	13590	0℃
纯乙醇	790	15℃
汽 油	680～740	150℃
煤 油	800～850	15℃

【例1-1】　试求在一个标准大气压下，3L淡水的质量和重力各为多少？

【解】　已知$V = 3L = 0.003 \text{m}^3$，$\rho = 1000 \text{kg/m}^3$，$\gamma = 9800 \text{N/m}^3$

由式（1-1）　$\rho = \dfrac{m}{V}$　得

$$m = \rho V = 1000 \times 0.003 = 3 \text{kg}$$

再由式（1-2）　$\gamma = \dfrac{G}{V}$得

$$G = \gamma V = 9800 \times 0.003 = 29.4 \text{N}$$

【例1-2】　已知水银的密度$\rho = 13600 \text{kg/m}^3$，试求其重度。

【解】　由式（1-3）

$$\gamma = \rho g = 13600 \times 9.8 = 133.3 \text{kN/m}^3$$

1.2.3 黏滞性

黏滞性是液体固有的物理性质。液体具有流动性，这说明静止的液体不能抵抗切力，无论作用在液体上的切力如何微小，都会破坏液体原有的静止状态，使其产生切向变形，即流动。液体在运动状态下具有抵抗剪切变形的能力，这一性质称为液体的黏滞性。任何一种液体都具有黏滞性，而黏滞性只有在液体产生相对运动时才会显示出来。即液体在相对运动时，液体内部才会产生黏滞力。因此，液体的黏滞性即为：液体内部相邻两流层间或液体质点之间因相对运动而产生黏滞力以抵抗相对运动的性质。

根据牛顿内摩擦定律：液体的内摩擦力 T（切向力）与流层间的接触面积 A、流层的速度梯度（$\mathrm{d}u/\mathrm{d}y$）成正比。即

$$T = \mu A \frac{\mathrm{d}u}{\mathrm{d}y} \tag{1-4}$$

以应力表示

$$\tau = \mu \frac{\mathrm{d}u}{\mathrm{d}y} \tag{1-5}$$

式中　T——内摩擦力（黏滞力），N；

τ——单位面积上的内摩擦力，或称黏滞切应力，$\mathrm{N/m^2}$；

μ——动力黏滞系数，$\mathrm{N \cdot s/m}$ 或 $\mathrm{Pa \cdot s}$；

$\mathrm{d}u/\mathrm{d}y$——速度梯度，相邻两流层间液体运动速度差与距离的比值。

凡符合牛顿内摩擦定律的流体，称为牛顿流体，如水、汽油、煤油、乙醇等。凡不符合牛顿内摩擦定律的流体，称为非牛顿流体，如泥浆、血浆等。本教材只讨论牛顿流体。

液体黏滞性的大小，用动力黏滞系数来度量。黏滞性大的液体 μ 值大，黏滞性小的液体 μ 值小。

在水力学中，将动力黏滞系数 μ 与密度 ρ 的比值称为运动黏滞系数，用字母 ν 表示，即

$$\nu = \frac{\mu}{\rho} \quad (\mathrm{m^2/s}) \tag{1-6}$$

压强对黏滞系数的影响较小，而温度对黏滞系数的影响较大，见表 1-3。从表中可以看出，液体的黏滞系数随温度的升高而减小。

不同温度下水的黏滞系数　　　　　　　　　　　　　　　表 1-3

t(℃)	μ ($10^{-3}\mathrm{Pa \cdot s}$)	ν ($10^{-6}\mathrm{m^2/s}$)	t(℃)	μ ($10^{-3}\mathrm{Pa \cdot s}$)	ν ($10^{-6}\mathrm{m^2/s}$)
0	1.792	1.792	40	0.654	0.659
5	1.519	1.519	45	0.597	0.603
10	1.310	1.310	50	0.549	0.556
15	1.145	1.146	60	0.469	0.478
20	1.009	1.011	70	0.406	0.415
25	0.895	0.897	80	0.357	0.367
30	0.800	0.803	90	0.317	0.328
35	0.721	0.725	100	0.284	0.296

【例 1-3】 试求 $t=22℃$ 时水的动力黏滞系数和运动黏滞系数。

【解】 查表 1-3 $t=20℃$，$\mu=1.009×10^{-3}Pa·s$

$t=25℃$，$\mu=0.895×10^{-3}Pa·s$

由内插法求得 $t=22℃$ 时

$$\mu=0.9634×10^{-3}Pa·s$$

由式（1-6）得

$$\nu=\frac{\mu}{\rho}=0.9612×10^{-6}m^2/s$$

1.2.4 压缩性及热胀性

1. 压缩性

当温度保持不变时，液体体积随压强增大而减小的性质称为压缩性。

液体的压缩性用压缩系数 β 来表示。在一定温度下，若液体原有体积为 V，当压强增加 dp 后，体积减小 dV，则压缩系数为：

$$\beta=\frac{-dV/V}{dp} \tag{1-7}$$

由于 $dV<0$，为使 β 为正值，故式中右侧加负号。β 值越大，液体越易压缩。β 的单位为 m^2/N。

水在不同压强下的压缩系数见表 1-4，表中符号 at 表示工程大气压，$1at=98kPa$。

水的压缩系数　　　　　　　　　　　　　　　　　　　　表 1-4

压强(at)	5	10	20	40	80
$\beta×10^9(m^2/N)$	0.538	0.536	0.531	0.528	0.515

从表 1-4 中可以看出，水的压缩系数是很小的。例如，压强从 40at 增加到 80at 时，相对体积的变化为：

$$-\frac{\Delta V}{V}=\beta\Delta p=0.515×10^{-9}×(80-40)×98×10^3=0.002=0.2\%$$

该数值表明，此时水的相对体积变化约为 0.2%。所以工程上一般可将水视为不可压缩的，即认为水的体积（或密度）与压力无关。但在瞬间压强变化很大的特殊场合，如教学单元 5 中讨论的有压管路中的水击问题，则必须考虑水的压缩性，不能忽略。

2. 热胀性

当压强保持不变时，液体体积随温度升高而增大的性质称为热胀性。

液体的热胀性用体积热胀系数 α 来表示。在一定压强下，若液体原有体积为 V，当温度升高 dt 后，体积增大 dV，则体积热胀系数为

$$\alpha=\frac{1}{V}\frac{dV}{dt}=\frac{dV/V}{dt} \tag{1-8}$$

α 的单位为 $1/℃$。

水在一个标准大气压下，不同温度的体积热胀系数见表 1-5。

水的热胀系数 表 1-5

温度（℃）	1～10	10～20	40～50	60～70	90～100
$\alpha×10^4(1/℃)$	0.14	0.15	0.42	0.55	0.72

从表 1-4、表 1-5 中可以看出，水的压缩系数和体积热胀系数都很小。因此在一般情况下，水的压缩性和热胀性都可以忽略不计。但在某些特殊情况下，如讨论有压管路中的水击问题时，则必须考虑水的压缩性；在讨论供热管路系统时，则必须考虑水的热胀性。忽略了压缩性的液体称为不可压缩液体，即 $\rho=$ 常数。实际液体都是可压缩的，不可压缩液体只是一种简化分析模型。

1.3　液体的主要力学模型

液体的主要力学模型包括连续介质模型、不可压缩液体模型和理想液体模型。这三种模型都是在一定基本假设条件下建立起来的，因此又把这三种模型统称为水力学的"三大假设"。

1.3.1　连续介质模型

水力学研究的对象是以水为代表的液体。从微观角度来看，液体是由大量分子构成的，分子之间存在着空隙。由于水力学研究的工程问题都是液体的宏观机械运动规律，而这一规律恰恰是研究对象中所有分子微观运动的宏观表现。因此，可以把液体视为由密集分布的液体质点组成的、内部没有空隙的连续介质，并将液体的物理参量看作是时间和空间的连续函数，从而可以充分利用数学分析中连续函数这一有力工具来研究液体的平衡和运动规律。这就是液体的连续介质模型。

在连续介质模型的基础上，一般可以认为液体具有均匀性和各向同性，即液体是均匀的，其各部分和各方向上的物理性质都一样。实践证明，连续介质模型对于绝大多数工程水力学问题都是适合的。

1.3.2　不可压缩液体模型

实际液体的密度都是随温度和压力变化的，即实际液体都是可压缩的。当液体的压缩性很小且可以忽略时，该液体被认为是不可压缩的（即 $\rho=$ 常数）。

实验测得，每增加一个标准大气压，水的密度仅仅增加十万分之五左右；10～20℃时，温度每升高 1℃，水的密度只减小万分之一点五，可见水的压缩性和膨胀性都是很小的。其他液体也是如此。因此，一般情况下可将液体视为不可压缩液体，其密度可视为常数。

1.3.3　理想液体模型

实际液体都具有黏滞性，这就给液体运动的研究带来了极大困难。为了方便研究，在水力学中，引入理想液体概念。所谓理想液体，是指无黏滞性（即 $\mu=0$）的液体。引入理想液体概念后，对理想液体运动的分析大为简化，在理论上研究比较容易，其所得结果通过实验加以修正，能够比较容易地解决许多工程实际问题。这也是液体力学常用的一种研究方法。

1.4 作用在液体上的力

无论液体处于静止状态，还是运动状态，都受到各种力的作用。因此，研究液体的平衡和机械运动规律，首先必须正确分析作用在液体上的力。按作用方式不同，作用在液体上的力可以分为两类：表面力与质量力。

1.4.1 表面力

表面力是指直接作用在液体表面上，其大小与作用面面积成正比的力。通常采用单位面积上所受表面力（即应力）来表示。表面力可以分解为垂直于作用面的法向分力和平行于作用面的切向分力。

如图 1-1 所示，在静止液体中，任取一由封闭表面所包围的液体作为隔离体进行分析，在其表面上取包含 A 点在内的微小面积 ΔA，若作用在 ΔA 上的总表面力为 ΔF，可将

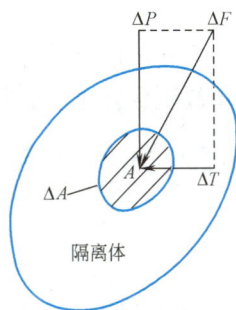

图 1-1 表面力

ΔF 分解为法向分力 ΔP 和切向分力 ΔT，则 $\bar{p}=\dfrac{\Delta P}{\Delta A}$ 为 ΔA 上的平均压应力，$\bar{\tau}=\dfrac{\Delta T}{\Delta A}$ 为 ΔA 上的平均切应力，

取极限

$$p_A = \lim_{\Delta A \to 0} \frac{\Delta P}{\Delta A}$$ 为 A 点的压应力，即为 A 点的压强；

$$\tau_A = \lim_{\Delta A \to 0} \frac{\Delta T}{\Delta A}$$ 为 A 点的切应力。

应力的单位是帕斯卡，简称帕，用符号 Pa 表示。$1\text{Pa}=1\text{N/m}^2$。

1.4.2 质量力

质量力是指作用在每个液体质点上，其大小与质量成正比的力。通常用单位质量力来表示。重力是最常见的质量力。对均质液体，质量与体积成正比，故又称其为体积力。

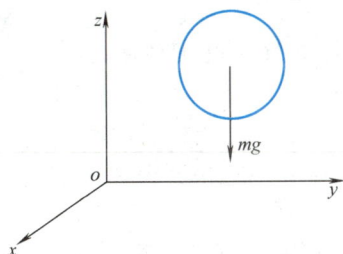

图 1-2 重力

设均质液体质量为 m，所受质量力为 $\vec{F}$，则单位质量力为：

$$\vec{f} = \frac{\vec{F}}{m}$$

单位质量力在直角坐标系各坐标轴上的分量分别为：

$$x = \frac{\vec{F_x}}{m}; \quad y = \frac{\vec{F_y}}{m}; \quad z = \frac{\vec{F_z}}{m}$$

若作用在液体上的单位质量力中只有重力，如图 1-2 所示，则

$$\vec{F}_x = 0, \quad \vec{F}_y = 0, \quad \vec{F}_z = -mg$$

单位质量力

$$x = 0,$$

$$y = 0,$$

$$z = \frac{-mg}{m} = -g$$

负号表示重力方向与 z 轴方向相反。

单位质量力的单位为 m/s^2，与加速度单位相同。

📚 知识链接

"逆天"工程——南水北调

中国是最早因水而兴，因水而长的国家。水利者，水之好处也；利益者，利民益国也。盛世修水利，浊世整甲兵。西汉武帝时一度呈现"用事者争言水利"的官场风尚，为其盛世奠定了坚实的基础。纵观世界文化发展史，可以清晰地看到，以兴水利而兴国，是世界各个民族各个国家发展的必由之路。

扫描二维码
看全部内容

👥 思考题

1-1 什么是液体的黏滞性？黏滞系数与哪些因素有关？

1-2 液体的主要物理性质有哪些？

1-3 什么是连续介质模型、不可压缩液体模型、理想液体模型？水力学中为什么要引入这些模型的概念？

✏️ 习题

1-1 某液体的密度为 $799kg/m^3$，试求其重度。

1-2 试求温度为 4℃，体积为 1L 的清水，在一个标准大气压下的重力和质量各为多少？

1-3 20℃的水 $2.5m^3$，当温度升至 80℃时，其体积增加多少？

1-4 已知水的重度 $\gamma = 9.7kN/m^3$，动力黏滞系数 $\mu = 0.6 \times 10^{-3} Pa \cdot s$，求其运动黏滞系数 ν。

1-5 当空气温度从 0℃增加至 20℃，运动黏滞系数 ν 值增加 15%，密度减少 10%，问此时动力黏滞系数 μ 值增加了多少？

1-6 如图 1-3 所示，一供暖系统，为了防止水温升高时，体积膨胀导致水管胀裂，在系统的顶部设置膨胀水箱。若该系统内水的总体积为 $8m^3$，加热前后的温差为 50℃，在其温度范围内水的膨胀系数 $\alpha = 0.00051/℃$。求膨胀水箱的最小容积。

1-7 如图 1-4 所示，已知流速分布 $u \sim y$ 为三种形式：（1）矩形分布；（2）三角形分布；（3）抛物线分布。试定性地绘出每种情况下的切应力分布图 $\tau \sim y$。

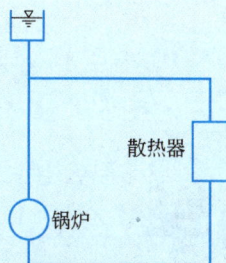

图 1-3　题 1-6 图

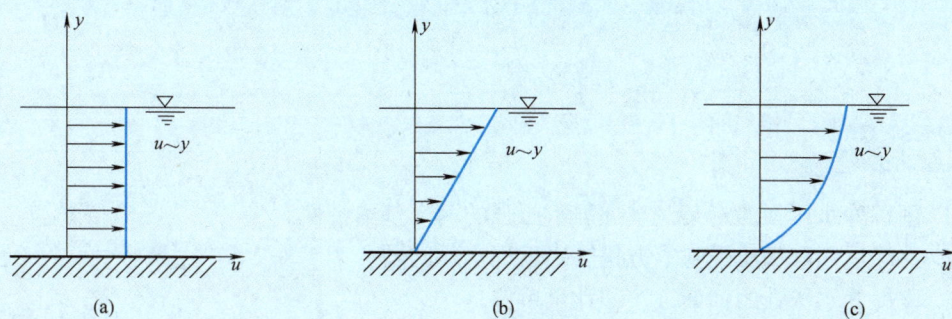

图 1-4　题 1-7

1-8　有一矩形宽渠道，其水流速度分布为 $u=0.002\rho g(hy-0.5y^2)/\mu$，式中 ρ、μ 分别为水的密度和动力黏滞系数，h 为水深。试求 $h=0.5\text{m}$ 时渠底（$y=0$）处的切应力。

习题解析及
参考答案

教学单元2

水静力学

Chapter 02

教学目标

1. 理解静水压强的定义，掌握静水压强的两个基本特性。
2. 熟练运用静水压强基本方程解决工程实际问题。
3. 掌握静水压强的计量方法和计量单位。
4. 掌握等压面的概念及应用。
5. 掌握静水压强的测量方法。
6. 理解作用在平面上和曲面上的静水总压力计算方法。

　　水静力学的任务是研究水体在平衡状态下的力学规律及在工程实际中的应用，例如计算压力容器所受静水总压力，浸没于静止液体中的物体所受的浮力等。这里所指的平衡状态有两种：一种是静止状态，即水体相对于地球没有运动，处于相对静止状态；另一种是相对平衡状态，即所研究的整个水体对于地球虽有运动，但水体相对于容器或者水体质点之间没有相对运动，处于相对平衡状态。在这两种状态下，由于水体质点之间以及水体与固体接触面之间没有相对运动，水体质点间就不存在内摩擦力，所以黏滞性就表现不出来。因此，在研究水静力学问题时，必然需要应用理想液体模型，不考虑水的黏滞性。

　　水静力学着重研究水在平衡状态下的力学规律，即静水压力在空间上的分布规律，并应用这些规律分析计算静水压强和确定水体对受压面的静水总压力。根据液体流动性可知，在静止状态下，液体内部只存在压应力，即压强。

2.1　静水压强及特性

2.1.1　静水压力与静水压强

　　在日常生活或工程实际中，静水压力现象随处可见。例如，有一个盛满水的水箱，如果在侧壁上开个孔口，水就会立即喷出来，这说明静止的水中存在压力。静止的水体具有压力的根本原因，是在地心引力作用下，上面水体的重力传递给下面水体而形成的。

　　图 2-1（a）所示的静止水体，取水平截面 $abcd$ 将此水体分为Ⅰ、Ⅱ两部分，第Ⅰ部分水体对第Ⅱ部分水体在作用面 $abcd$ 上产生的静水压强就是第Ⅰ部分水体的重力，用符号 P 来表示。若作用面面积为 A，单位面积上的静水压力称为平均静水压强，以符号 p 来表示，即

$$p = \frac{P}{A} \tag{2-1}$$

式中　p——作用面上的平均静水压强，N/m^2，Pa；

　　　P——水体对作用面的静水总压力，N；

　　　A——作用面的受压面积，m^2。

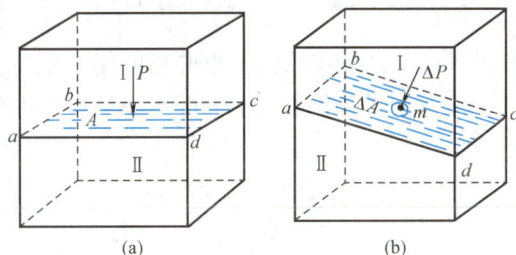

图 2-1　水体静压受力分析

　　若受压面上的静水压强分布不是均匀的，如图 2-1（b）所示，则需要计算某一点的静水压强，即点静水压强。所谓点静水压强是以该点（如图中的 m 点）为中心无限小的面积 ΔA 上的平均静水压强的极限值，以符号 p 表示，即

$$p = \lim \frac{\Delta P}{\Delta A} \tag{2-2}$$

平均静水压强反映作用面上各点静水压强的平均值，而点静水压强则精确地反映作用面上某点的静水压强的大小。

压强在国际单位制中用 N/m² （Pa）或 kN/m² （kPa）表示；在工程单位制中用吨/米² （t/m²）或千克力/厘米² （kgf/cm²）表示。

2.1.2 静水压强基本特性

静水压强有两个重要的特性：

（1）垂直性。静水压强的方向与作用面垂直，并指向作用面。

在平衡水体中取出一微小水体 M，如图 2-2 （a）所示。用 $N{-}N$ 面将 M 分为 Ⅰ、Ⅱ两部分，若取第 Ⅱ 部分水体作为隔离体，在分割面 $N{-}N$ 上，第 Ⅰ 部分水体对第 Ⅱ 部分水体存在静水压力。设某点 K 所受的静水压力为 P，围绕 K 点取微小面积 ΔA，ΔA 上所受的静水压力为 $\mathrm{d}P$。若 $\mathrm{d}P$ 不垂直于作用面而与通过 K 点的切线相交成 α 角，如图 2-2 （b）所示，则 $\mathrm{d}P$ 可分解为垂直于 ΔA 的作用力 $\mathrm{d}P_n$ 及平行于通过 K 点切线的作用力 $\mathrm{d}P_\tau$，由于 $\mathrm{d}P_\tau$ 的作用，水体势必要运动，就会破坏水体的平衡状态。所以静水压力 $\mathrm{d}P$ 及相应的静压强 p 必与其作用面相垂直，即：$\alpha = 90°$。同样，如与作用面垂直的静水压力 $\mathrm{d}P$ 不是指向作用面，如图 2-2 （c）所示，而是指向作用面的外法线方向，则水体将受到拉力，而水体是不能承受拉力的，否则平衡状态也要受到破坏。

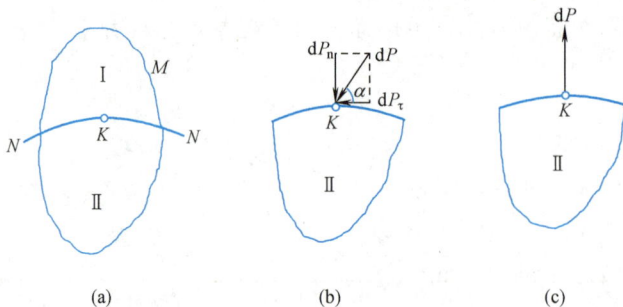

图 2-2 静水压强的方向的分析

以上讨论表明，在平衡水体中，静水压强垂直并指向作用面。

（2）等值性。水体内任意一点所受各个方向的静水压强大小均相等，与作用面的方位无关。

在静止水体中任取一微小三棱柱，它在垂直于纸面方向高度为 $\mathrm{d}l$，设柱体底面三边的长度分别为 $\mathrm{d}a$、$\mathrm{d}b$、$\mathrm{d}c$，作用在三个微小侧面的压强分别为 p_1、p_2、p_3，如图 2-3 （a）所示，于是作用在这三个面上的静水压力分别为

$$P_1 = p_1 \mathrm{d}a\, \mathrm{d}l$$
$$P_2 = p_2 \mathrm{d}b\, \mathrm{d}l$$
$$P_3 = p_3 \mathrm{d}c\, \mathrm{d}l$$

这个三棱柱的重量 $\mathrm{d}G$ 是无限小量，可以略去不计。由于这三个压力处于平衡状态，根据力学原理，必然组成一闭合力三角形，如图 2-3 （b）所示，根据几何学，这两个三

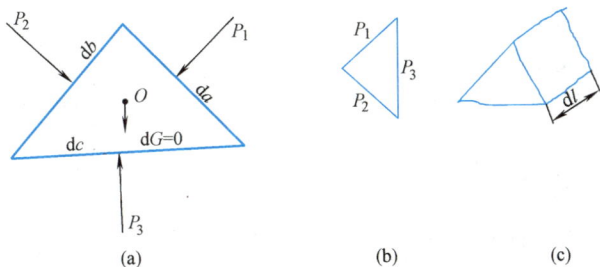

图 2-3 微小三棱柱水体的平衡

角形是相似的，即

$$\frac{P_1}{\mathrm{d}a}=\frac{P_2}{\mathrm{d}b}=\frac{P_3}{\mathrm{d}c}$$

则有

$$p_1\mathrm{d}l=p_2\mathrm{d}l=p_3\mathrm{d}l$$

即

$$p_1=p_2=p_3$$

当三棱柱体积无限缩小接近 O 点时，p_1、p_2、p_3 表示 O 点上的压强。而三棱柱体是任意取的，这就证明了静止水体内任意一点各方向的静水压强相等，与作用面的方位无关；当所取点位置不同时，对应的 p 也不同，因而静水压强只与质点的位置有关，仅是空间位置的函数，即 $p=f(x,y,z)$。因此，研究静水压强的根本问题就是研究静水压强的分布规律。

根据静水压强的特性，在实际工程中进行受力分析时，可确定不同作用面上静水压强的方向，如图 2-4 所示。

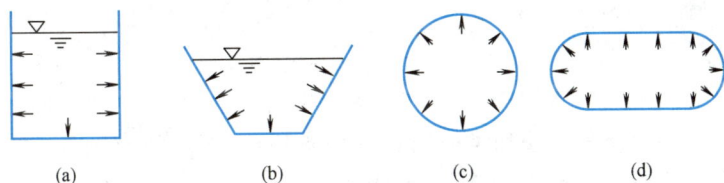

图 2-4 各种容器内静水压强方向表示

2.2 静水压强的表示方法

2.2.1 压强的计量方法

在实际计算中，不同情况静水压强有时需采用不同的基准来计量。由于起算基准不同，同一点的压强可用不同的数值来描述。

1. 绝对压强

以绝对真空状态作为零点计量的压强，称为绝对压强，以符号 p_{abs} 表示。

2. 相对压强

以当地大气压作为零点计量的压强，称为相对压强，以符号 p 表示。

压强的计量方法

压力表与大气连通时，指针读数为零，那么用这一压力表所测得的压强为相对压强。因此，相对压强又可称为表压强。

普通工程结构、工业设备都处在当地大气压的作用下，采用相对压强往往能使计算简化。例如，在确定压力容器壁面所受压力时，若采用绝对压强计算，还需要减去外面大气压对壁面的压力；若采用相对压强计算，则不必再考虑外面大气压的作用。因此，本书中有关压强的文字和计算，如无特殊说明，均按相对压强考虑。

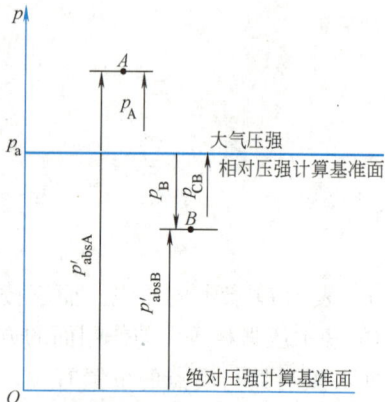

绝对压强和相对压强，是按两种不同基准（即零点）计量的压强，它们之间相差一个当地大气压强值 p_a，二者的关系如图 2-5 所示，其数学表达式为

$$p = p_{abs} - p_a \qquad (2\text{-}3)$$

在实际工程中，常会遇到自由表面开敞于大气的情况，自由表面上的气体压强等于当地大气压强，即 $p_0 = p_a$。此时静止水体内部任意点的相对压强为

$$p = (p_a + \rho gh) - p_a = \rho gh \qquad (2\text{-}4)$$

图 2-5 绝对压强与相对压强的关系

3. 真空压强

下面介绍一下真空及有关概念。绝对压强总是正值，而相对压强则可能为正值，也可能为负值。当水中某点的绝对压强小于当地大气压强（即其相对压强为负值）时，则称该点存在真空。真空的大小常用真空压强（或称真空值）p_c 表示，真空压强是指该点绝对压强小于当地大气压强的数值，即

$$p_c = p_a - p_{abs} = -p \qquad (2\text{-}5)$$

可见，真空存在的点，真空压强又可表示为相对压强的负值，故又称之为负压。

在实际工程中，真空的大小通常还用真空度来表示。所谓真空度是真空压强与当地大气压的比值，是一个百分数，常用符号 H 来表示，即

$$H = \frac{p_c}{p_a} \times 100\% = \frac{p_a - p_{abs}}{p_a} \times 100\% \qquad (2\text{-}6)$$

2.2.2　压强的计量单位

工程上为了使用方便，在不同情况下，计量压强的单位也不同。常用压强单位表示方法有以下三种：

1. 定义法

用单位面积上所受静水压力来表示。在国际单位制中用牛顿/米^2（N/m^2 或 Pa）、千牛/米^2（kN/m^2 或 kPa）表示；在工程单位制中用千克力/米^2（kgf/m^2）或千克力/厘米^2（kgf/cm^2）表示。

$$1 kg/m^2 = 9.8 N/m^2 \quad 1 kg/cm^2 = 10000 kg/m^2$$

2. 液柱高度法

水中任一点的静水压强，还可以用液柱高度来表示，这种表示方法在工程技术上有着特殊的意义，它具有形象、直观、方便的特点。一般用水柱或水银柱高度来表示，常用单

位有米水柱（mH_2O）或毫米汞柱（mmHg）。

相对压强的公式（2-4）可改写成如下形式

$$h = \frac{p}{\rho g} \qquad (2-7)$$

因为 ρ 是水的密度，当压力及温度没有很大变化时，可看作常数，所以每一相对压强 p 值都将有与之相对应的固定水柱高度。因此，水体中任意一点相对压强都可以用水柱高度 h 表示，通常称 h 为压强水头。比如绝对压强 $98000N/m^2$，若用水柱高度来表示时（水的密度 $\rho = 1000kg/m^3$），则

$$h = \frac{p_{abs}}{\rho g} = 10mH_2O$$

用汞柱高度表示时（水银的密度 $\rho_{Hg} = 13600kg/m^3$），则

$$h = \frac{p_{abs}}{\rho_{Hg} g} = 735mmHg$$

反之，$10mH_2O$ 或 $735mmHg$，就会产生相当于 $98000N/m^2$ 的压强。

3. 大气压倍数法

大气压的概念有两种：一种是标准大气压（又称物理大气压）；另一种是工程大气压。大家已经知道，环绕地球的大气层对地面和空间一切物体都有压力，大气压力通常简称为大气压。由于各地区海拔高度和气候条件不同，所以各地区大气压强大小也随之而变化。国际上统一为海平面温度为 0℃ 时，空气的平均压强定为标准大气压，用符号 atm 表示。

$$1atm = 98223.4N/m^2 = 10330kg/m^2$$

$$1atm = 760mmHg = 10.33mH_2O$$

在工程上，为计算方便，可以不计小数，称为工程大气压，用符号 at 表示，即

$$1at = 10000kg/m^2 = 98000N/m^2$$

$$1at = 735mmHg = 10mH_2O$$

一般工程中常以工程大气压来表示大气压强，只有在研究较精确的问题时，才采用标准大气压进行计算。

归纳起来，压强各计量单位之间的相互换算关系如下：

$$1at = 98000Pa = 10mH_2O = 735mmHg$$

当应用静水压强基本方程式计算静水压强时，如果采用不同的计量基准和计量单位，其结果数值也不同。因此计算中要注意以下几点：

（1）公式 $p = p_0 + \rho g h$ 中，要分清自由表面上的压强是绝对压强还是相对压强，求出的任意点压强 p 应与 p_0 的基准一致。工程上大多采用相对压强。

（2）若自由表面上为大气压强，即 $p_0 = p_a$，则公式 $p = p_0 + \rho g h$ 可写为

$$p_{abs} = p_a + \rho g h \qquad (2-8)$$

$$p = \rho g h$$

【例 2-1】 已知某点的绝对压强 $p_{abs} = 245000Pa$，试用其他单位表示该点的绝对压强和相对压强的大小。

【解】

$$p_{abs} = 245000Pa = 245000N/m^2 = 245kN/m^2$$

$$= \frac{245000}{1000 \times 9.8} = 2.5at$$

$$= 2.5 \times 10 = 25mH_2O$$

$$= 2.5 \times 735.6 = 1839mmHg$$

由于 $p = p_{abs} - p_a$，得

$$p = 245000 - 98000 = 147000N/m^2 = 147000Pa = 147kN/m^2$$

$$= \frac{147000}{1000 \times 9.8} = 1.5at$$

$$= 1.5 \times 10 = 15mH_2O$$

$$= 1.5 \times 735.6 = 1103mmHg$$

2.3 静水压强基本方程

自然界中最常见的是质量力仅为重力的水体，这一节主要讨论重力作用下静止水体中压强的分布规律，并由此导出静水压强基本方程。

2.3.1 静水压强基本方程式

为了导出重力作用下静止水体的静水压强基本方程式，我们在静止水体中任选一点

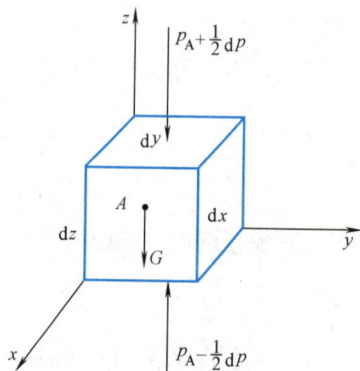

图 2-6 微元六面体

A，根据该点取棱长分别为 dx、dy、dz 的微元六面体，如图 2-6 所示。由于所取的微元六面体处于静止状态，所以六面体左右两面和前后两面作用的压强大小相等、方向相反，暂不作分析；而在上下两个面，即 z 轴方向上受到三个力的作用。不妨设微元六面体中心为 A，其静水压强为 p_A，上下两面的静压强差为 dp，则作用在上表面上的静水压强为 $p_A + \frac{1}{2}dp$，作用在下表面上的静水压强为 $p_A - \frac{1}{2}dp$。除了以上两个作用力外，还有微元六面体本身的重量 dG。

这三个力的大小分别为：

作用在微元六面体上表面的静水总压力为

$$P_1 = \left(p_A + \frac{1}{2}dp\right)dxdy，且方向向下；$$

作用在微元六面体下表面的静水总压力为

$$P_2 = \left(p_A - \frac{1}{2}\mathrm{d}p\right)\mathrm{d}x\,\mathrm{d}y,\ 且方向向上;$$

作用在微元六面体中心 A 的重力（即六面体本身的重量）为 $\mathrm{d}G = \rho g\,\mathrm{d}x\,\mathrm{d}y\,\mathrm{d}z$，且方向向下。

所取微元六面体处于静止状态，在 z 轴上的合力应为零，即

$$P_2 - P_1 - \mathrm{d}G = 0$$

或

$$\left(p_A - \frac{1}{2}\mathrm{d}p\right)\mathrm{d}x\,\mathrm{d}y - \left(p_A + \frac{1}{2}\mathrm{d}p\right)\mathrm{d}x\,\mathrm{d}y - \rho g\,\mathrm{d}x\,\mathrm{d}y\,\mathrm{d}z = 0$$

上式各项除以 $\mathrm{d}x\,\mathrm{d}y$ 得到

$$\mathrm{d}p = -\rho g\,\mathrm{d}z$$

上式是重力作用下静止水体的静水压强微分方程式，对其积分可得

$$p = -\rho g z + C'$$

式中 C'——积分常数。

现将上面关系式两边同除以 ρg，并整理得到

$$z + \frac{p}{\rho g} = C \tag{2-9}$$

上式就是只有重力作用下静止水体静水压强基本方程式的形式之一，式中积分常数可由边界条件确定。该方程式表明：对于只在重力作用下的静止水体，其内部任意一点的 $z + \dfrac{p}{\rho g}$ 总是一个常数。如图 2-7 所示，对于 A、B、C 三点存在如下关系

$$z_A + \frac{p_A}{\rho g} = z_B + \frac{p_B}{\rho g} = z_C + \frac{p_C}{\rho g} = 常数$$

若设水体自由表面上任意点的 z 坐标为 $z = z_0$，自由表面上的气体压强 $p = p_0$，代入式 (2-9) 中得，$z_0 + \dfrac{p_0}{\rho g} = C$

因此

$$z + \frac{p}{\rho g} = z_0 + \frac{p_0}{\rho g}$$

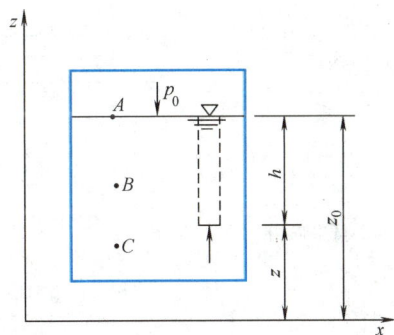

图 2-7 只有重力作用下静止水体分析

由于 $z_0 - z = h$，h 为所取点的淹没深度，故可得只有重力作用下静水压强基本方程的另一种形式为

$$p = p_0 + \rho g h \tag{2-10}$$

式中 p——静止液体内某点的压强，Pa；

p_0——静止液体的液面压强，Pa；

ρg——液体的重度（容重），N/m³；

h——该点在液面下的深度，m。

根据静水压强基本方程式（2-9）和（2-10），可以得出以下结论：

（1）静止液体中任一点的压强由液面压强 p_0 和该点在液面以下的深度与重度（容重）的乘积 ρg 两部分组成。压强的大小与容器的形状无关。

（2）当液面压强 p_0 变化时，液体内各点的静水压强亦随之相应变化，即液面压强的增减将等值传递到液体内部各点，这就是著名的帕斯卡原理。水压机、液压千斤顶及液压传动装置都是利用这一原理。

（3）液体中压强大小随深度增加而增大。当液体重度（容重）一定时，压强随水深按线性规律增加。在实际工程中修筑堤坝，愈到下面的部分愈要加厚，以便承受逐渐增大的压强，其道理即在于此。

在实际应用静水压强基本方程式分析问题时，我们还常常将式（2-10）进行推广应用。如图 2-8 中 A、B 为静止水体中任意两点，其位置高度和压强分别为 z_A、z_B 和 p_A、p_B，水深相差为 h，自由表面上的气体压强为 p_0，则有

$$p_A = p_0 + \rho g h_A$$

$$p_B = p_0 + \rho g h_B$$

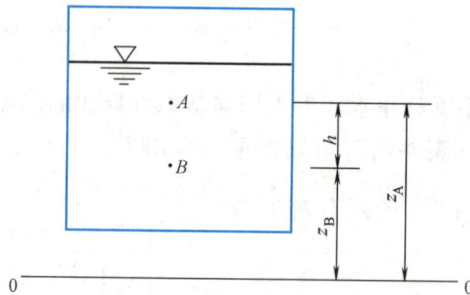

图 2-8　静止水体中两点

两式相减得

$$p_B - p_A = \rho g h_B - \rho g h_A = \rho g (h_B - h_A)$$

$$p_B - p_A = \rho g h \qquad (2\text{-}11)$$

上式表明：静止水体中任意点的压强可由其上某点的压强与这两点水深差产生的压强之和表示。

这里需要说明的一点是：静水压强基本方程不仅仅适用于水，也同样适用于其他液态的牛顿流体，因此静水压强基本方程又称为液体静压强基本方程。

2.3.2　静水压强基本方程式的意义

1. 物理意义

静水压强基本方程式 $z + \dfrac{p}{\rho g} = c$ 中，从物理学的角度来说，各项分别表示单位重量液体所具有的机械能。

z——单位重量液体所具有的相对于基准面的位置势能，简称位能，kPa；

$\dfrac{p}{\rho g}$——单位重量液体所具有的压力势能，简称压能，kPa；

$z+\dfrac{p}{\rho g}$——单位重量液体所具有的总势能，kPa。

　　静水压强基本方程表明，在静止液体中，各质点液体单位重量的总势能均相等。

2. 几何意义

　　我们将单位重量液体所具有的能量以等效液柱高度来表示，并将其定义为"水头"。

那么，在静水压强基本方程 $z+\dfrac{p}{\rho g}=c$ 中，从几何意义角度来讲，各项分别代表单位重量液体所对应的水头。

　　z——液体中某点相对于基准面的高度，称为位置水头，mH_2O；

　　$\dfrac{p}{\rho g}$——该点所对应的压强水头，mH_2O；

　　$z+\dfrac{p}{\rho g}$——测压管液面相对于基准面的高度，称为测压管水头；mH_2O。

　　静水压强基本方程表明，在同一容器的连通静止的同种液体中，所有各点的测压管水头均相等。关于测压管的概念及相关知识，将在后面章节中进行介绍。

【例 2-2】　如图 2-9 所示，作用在水面上的气体压强为 $p_0=147000\,Pa$，$h_1=1m$，$h_2=2m$，试求 A、B 两点的静水压强各为多少？

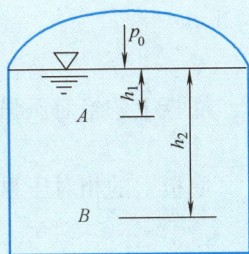

图 2-9　例 2-1 图

【解】　根据压强公式（2-4）可知 A 点的压强为
$$p_A=p_0+\rho gh_1$$
$$=147000\times1000\times9.8\times1=156800\,Pa$$

又由式（2-11）可知 B 点压强也可由此求得，即
$$p_B=p_A+\rho g(h_2-h_1)$$
$$=156800+1000\times9.8\times(2-1)$$
$$=166600\,Pa$$

B 点压强也可以由式（2-10）求得，即
$$p_B=p_0+\rho gh_2=147000+9800\times2=166600\,Pa$$

【例 2-3】　有一封闭水箱如图 2-10 所示，自由表面上气体压强 p_0 为 $85kN/m^2$，求水面下 $h=1m$ 处点 C 的绝对压强、相对压强、真空压强和真空度。

【解】　由式（2-10）可知，C 点绝对压强为
$$p_{abs}=p_0+\rho gh=85+9.8\times1.0=94.8kN/m^2$$

由式（2-12）得 C 点的相对静压强为
$$p=p_{abs}-p_a=94.8-98=-3.2kN/m^2$$

相对静压强为负值，说明 C 点存在真空，根据式（2-8），C 点真空压强为
$$p_c=p_a-p_{abs}=98-94.8=3.2kN/m^2$$

根据式（2-9）可知，C 点的真空度为

$$H = \frac{p_c}{p_a} \times 100\% = \frac{3.2}{98} \times 100\% \approx 3.27\%$$

【例 2-4】 如图 2-11 所示，有一底部水平，侧壁倾斜的油槽，侧壁倾角为 30°，被油淹没部分壁长 L 为 6m，自由表面上压强 $P_a = 98\text{kN/m}^2$，油的重度 ρg 为 8kN/m^3，试求槽底板上压强为多少？

【解】 槽底板为水平面，因此底板上各处压强相等，底板在液面下的淹没深度

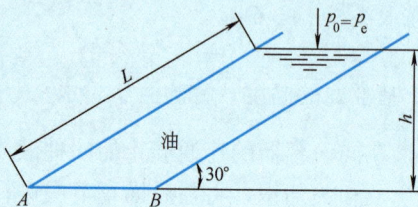

图 2-10 例 2-3 图

$$h = L\sin 30° = 6 \times \frac{1}{2} = 3\text{m}$$

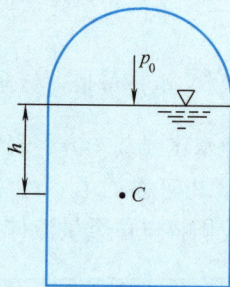

图 2-11 例 2-4 图

底板上的绝对压强为

$$p_{abs} = p_a + \rho g h = 98 + 8 \times 3 = 122\text{kN/m}^2$$

底板上的相对压强为

$$p = p_{abs} - p_a = \rho g h = 8 \times 3 = 24\text{kN/m}^2$$

2.4 连通器与等压面

2.4.1 连通器

本节为方便分析，将针对液体作讨论。所谓连通器就是液体自由表面以下互相连通的两个（或几个）容器。下面分别对连通器的三种情况进行讨论。

（1）第一种情况，两个相连的容器Ⅰ和Ⅱ中盛有同一种液体（$\rho_1 = \rho_2$），且液面上压强相等（$p_{01} = p_{02}$），如图 2-12 所示。由于液体处于平衡状态，根据静水压强的第二个特性（等值性），A 点左右两侧的静水压力相等，所以

$$p_{A1} = p_{A2}$$
$$p_{01} + \rho_1 g h_1 = p_{02} + \rho_2 g h_2$$
$$\rho_1 = \rho_2$$
$$\because p_{01} = p_{02}$$
$$\therefore h_1 = h_2$$

$$(2-12)$$

式（2-12）说明，对于盛有相同液体且自由表面上气体压强相等的连通器，其液体自由表面高度相等。工程上广泛应用的水位计，如锅炉气泡水位计、汽轮机油箱油位计等，

就是利用这个原理。

（2）第二种情况，在连通器中盛有相同的液体（$\rho_1 = \rho_2 = \rho$），但自由表面上的气体压强不相等（$p_{01} \neq p_{02}$），如图 2-13 所示，在这种情况下，可写出 A 点左右两侧静压强平衡方程式

$$p_{01} + \rho_1 gh = p_{02} + \rho_2 gh_2$$

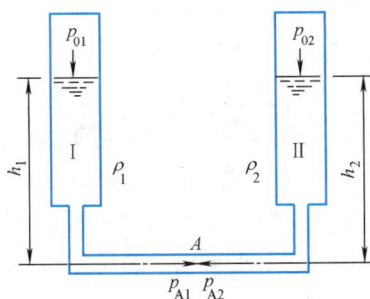

图 2-12　连通器情况一　　　　　　图 2-13　连通器情况二

或

$$p_{01} - p_{02} = \rho g(h_2 - h_1) = \rho gh$$

且

$$h_1 < h_2 \tag{2-13}$$

式（2-13）说明，对于盛有相同液体的连通器，其自由表面上的气体压强差，等于连通器两容器中液体自由表面高度差所产生的压强值。工程上常用的 U 形管，就是根据这个原理测量压强的。

（3）第三种情况，在连通器的两个容器中盛有两种不同的液体（$\rho_1 \neq \rho_2$），但自由表面上的压强相等（$p_{01} = p_{02}$），如图 2-14 所示，在这种情况下 A 点左右两侧静压强分别为

$$p_{A1} = p_{01} + \rho_1 gh_1 + \rho_1 gh$$
$$p_{A2} = p_{02} + \rho_2 gh_2 + \rho_1 gh$$
$$\because p_{A1} = p_{A2}$$
$$\therefore p_{01} + \rho_1 gh_1 + \rho_1 gh = p_{02} + \rho_2 gh_2 + \rho_1 gh$$
$$\therefore \rho_1 h_1 = \rho_2 h_2$$

图 2-14　连通器情况三

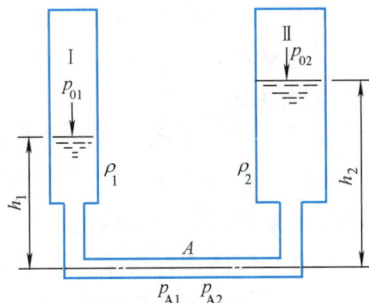

或

$$\frac{h_1}{h_2} = \frac{\rho_2}{\rho_1} \tag{2-14}$$

式（2-14）说明，在液体自由表面上气体压强相等、连通器分别盛有两种不相混的不同液体时，自分界面起，自由表面的高度之比与液体密度成反比。利用这个关系，可测定液体的密度或进行液柱高度的换算。

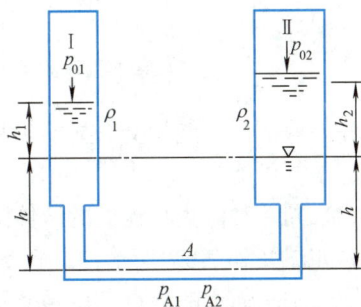

2.4.2 等压面

在平衡液体中，液体静压强的大小是空间坐标的函数。一般说来，不同点具有不同的静压强值。在平衡液体中，由具有相同静压强值的点连接而成的面称为等压面。例如液体与气体的分界面（自由表面）就是等压面。如果自由表面与大气接触，这时自由表面上各点的压强都等于大气压。

等压面的形成，必须同时具备三个条件：①同种液体；②连续液体；③静止液体。这里需要说明的一点是：等压面不一定都是平面，有时也可能是一个曲面。

等压面的概念对于分析液体压强平衡方面的问题很有用，由等压面的概念及静水压强基本方程可以得出以下结论：

（1）在平衡液体中等压面与质量力的合力互相垂直。这个特性可以用与静水压强第一个特性相类似的方法证明。根据这一特性，可以在已知质量力的方向后去求等压面的形状，或者反过来在已知等压面的形状后确定质量力的方向。如图 2-15（a）所示，在只有重力作用的静止液体中，因重力是垂直方向的，故等压面是个水平面。若除了重力之外，还有惯性作用时（在相对平衡状态），则等压面就不再呈现为水平面了。

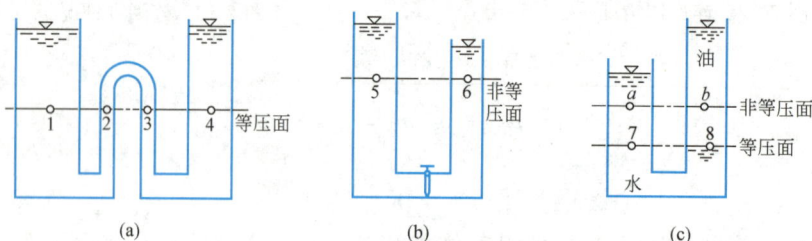

图 2-15　等压面示意图
（a）连通容器；（b）连通器被隔断；（c）盛有不同种类溶液的连通器

（2）等压面不能相交。显然，如果等压面相交，在相交处液体质同时具有两个静压强值，这是不可能的。

（3）同一种静止且连通的液体的水平面是等压面，但对于不连续流体，如液体被阀门隔开，如图 2-15（b）所示，或者一个水平面穿过了不同液体，如图 2-15（c）所示，则位于同一水平面上的各点，压强并不一定相等，即此时水平面不一定是等压面。

（4）在同一静止流体中，深度相同的各点，压强也相同。这些深度相同的点所组成的平面是一个水平面。由此可见，静止水平面是压强处处相等的面，即等压面。

（5）两种密度不同互不混合的液体，在同一容器中处于静止状态，两种液体之间形成分界面。此分界面既是水平面又是等压面。

（6）静止液体和气体接触的自由表面，受到相同的气体压强。所以，自由表面是分界面的一种特殊形式。静止的自由表面既是等压面，也是水平面。事实上，水平面这个概念就是从静止的水面、湖面、池面等具体形式抽象出来的。

（7）静止液体任一边界面上压强的变化，将等值传递到其他各点（只要静止不被破坏），这就是静水压强等值传递的帕斯卡定律。该定律在水压机、液压传动、气动阀门、水力闸门等水力机械中得到广泛应用。

这里需要强调：在应用上述结论时，必须注意要同时满足"同种、连续、静止"三个条件。如不能同时满足这三个条件，就不能应用上述结论。

【例 2-5】　如图 2-16 所示，静止液体中，已知 $p_a = 98000 \text{N/m}^2$，$h_1 = 1.00\text{m}$，$h_2 = 0.20\text{m}$，油的密度 $\rho_{oil} = 760 \text{kg/m}^3$，水银的密度 $\rho_{Hg} = 13600 \text{kg/m}^3$，$C$ 与 D 点同高，问 C 点压强为多少？

【解】　C 点与 D 点同高，且处于同一连续液体中，即 C 点与 D 点在同一等压面上，压强相等，即

$$p_C = p_D$$

而
$$\begin{aligned}
p_{absD} &= p_a + \rho_{oil}gh_1 + \rho_{Hg}gh_2 \\
&= 98000 + 760 \times 9.8 \times 1.00 + 13600 \times 9.8 \times 0.20 \\
&= 132104 \text{N/m}^2 \\
&= 132.104 \text{kN/m}^2
\end{aligned}$$

$$\therefore p_C = 132.104 \text{kN/m}^2$$

【例 2-6】　图 2-17 所示的容器中，左侧玻璃管的顶端封闭，其自由表面上气体绝对压强 $p_{abs01} = 0.75\text{at}$（工程大气压），右端倒装玻璃管内液体为水银，水银高度 $h_2 = 1.20\text{m}$，容器内 A 点的淹没深度 $h_A = 2.00\text{m}$。设当地大气压为 1at，试求（1）容器内空气的绝对压强 p_{abs02} 和真空值 p_{2c}；（2）A 点的相对压强 p_A；（3）左侧管内水面超出容器内水面的高度 h_1。

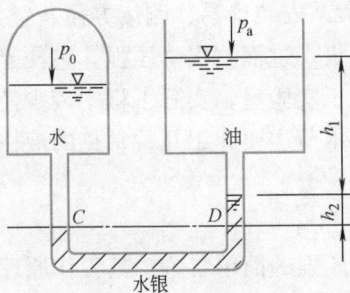

图 2-16　例 2-5 图

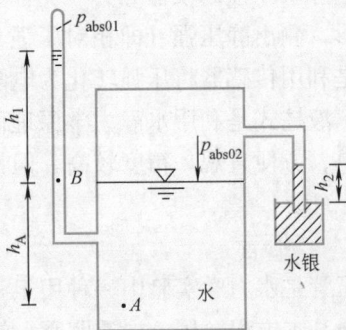

图 2-17　例 2-6 图

【解】　（1）求 p_{abs02} 和 p_{2c}

由于气体的密度很小，在高差不大的范围内，ρgh 引起的压强差很小，可以忽略，因此在小范围内一般认为各点的气体压强相等。在题中可以认为在右侧水银柱表面的压强即为容器内空气压强。根据静压基本方程式和等压面的概念可得

$$p_{abs02} + \rho_{Hg}gh_2 = p_a$$

则

$$p_{abs02} = p_a - \rho_{Hg}gh_2 = 98000 - 13600 \times 9.8 \times 0.12 = 82006.4 \text{N/m}^2$$

容器内空气的真空压强如用 mmHg 表示，即为 120mm，即

$$p_{2c} = \rho_{Hg}gh_2 = 13600 \times 9.8 \times 0.12 = 15993.6 \text{N/m}^2$$

或

$$p_{2c} = p_a - p_{abs02} = 98000 - 82006.4 = 15993.6 \text{N/m}^2$$

（2）求 p_A

容器内空气的相对压强为

$$p_{02} = -p_{2c} = -15993.6 \text{N/m}^2$$

因而

$$p_A = p_{02} + \rho gh_A = -15993.6 + 1000 \times 9.8 \times 0.20 = -14033.6 \text{N/m}^2$$

（3）求 h_1

$$p_{abs01} = 0.75 \text{at} = 0.75 \times 98000 = 73500 \text{N/m}^2$$

容器中的自由表面与左侧测压管中 B 点在同一等压面上，故

$$p_{abs01} + \rho gh_1 = p_{abs02}$$

$$h_1 = \frac{p_{abs02} - p_{abs01}}{\rho g} = \frac{82006.4 - 73500}{9800} = 0.868 \text{m}$$

2.5 静水压强的测量

测量静水压强的仪器分为三类：金属式、电测式和液柱式。金属式是利用压强使金属元件变形，测出静压强（即相对压强），它的量程较大、安装容易、测读方便、经久耐用。电测式是利用传感器将压强转化为电阻、电容等物理量，进而测出静压强，它便于进行自动测控。液柱式是利用水静力学原理而设计的，常用于实验室，实际工程中较少使用，它构造简单、方便直观，精度较高，但量程一般较小。本节主要介绍几种常见的液柱式测压计及其原理。

2.5.1 测压管

测压管是水力学实验中一种用于直接测量液体静压强的简单装置。其工作原理是基于静水压强基本方程，用一根透明管一端与待测点相连，另一端向上开口与大气相通，通过管内液柱高度反映该点静水压强值。如图 2-18 所示，A 与 B 点处于同一等压面，两点压强相等。从测压管来看，B 点在自由面下淹没深度为 h，则可得 A 点相对压强为

$$p_A = \rho gh \tag{2-15}$$

式中 h 称为测压管高度或压强高度，而

$$h = \frac{p_A}{\rho g}$$

在使用测压管测量液体压力时，应注意以下几点：

（1）材质：应选用透明玻璃管或塑料管，以便于观察管中液柱高度。

（2）直径：首先不能太细，以免发生毛细现象；其次不能太粗，太粗会导致增大测量误差。通常，测压管直径取在 5～15mm 为宜。

（3）垂直度：使用时必须严格垂直于基准面，确保液柱高度准确反映静水压强。

（4）密封性：应保证其密封性，若漏气或渗液，抑或管中夹杂气泡，均会对测量结果造成影响。

测压管通常用来测量较小的压力，一般不超 2mH₂O。当量程再大一些，测量的压强较大时，其解决办法是采用重度较大的液体，这样就可以使测压管高度大大缩短。

2.5.2 微压计

如果所测点压强较小，为提高测量精度，可把测压管倾斜放置，以增大测压管标尺读数，这种装置常称之为微压计或倾斜测压计，如图 2-19 所示。此时用于计算压强的测压管高度 $h = l\sin\alpha$，A 点的相对压强则为

$$p_A = \rho g l \sin\alpha \qquad (2\text{-}16)$$

由于测定时 α 为定值，只需测得倾斜长度 l，就可得出压强。倾斜角度越小，测量值的放大系数就越大，精度就越高。由式（2-16）还可知，ρ 越小，读数 l 就越大。因此，工程上使用的微压计常用密度比水更小的液体，例如酒精，以提高测量的精确度。

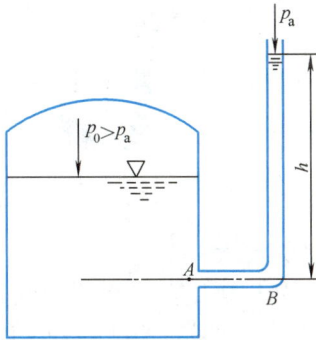

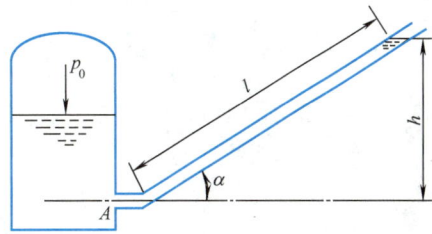

图 2-18 测压管　　　　　　　　　　　　　图 2-19 倾斜测压计

2.5.3 U 形测压管

如图 2-20 所示，内装水银的 U 形管，一端与大气相通，另一端与容器被测点 A 连接，在静水压强作用下，U 形管右支水银面就会上升。令被测点 A 与左支水银面的高差为 b，右支水银面与左支水银面高差为 h。以下各式中 ρ 与 ρ_{Hg} 分别为水和水银的密度。

对测压计右支

$$p_{abs2} = p_a + \rho_{Hg}gh$$

对测压计左支

$$p_{abs1} = p_A + \rho gb$$

在 U 形管内，水银面 N—N 为等压面，因而点 1 和点 2 压强相等，即 $p_{abs1} = p_{abs2}$。

所以　　　　　　　　　　　$p_A + \rho gb = p_a + \rho_{Hg}gh$

A 点的绝对压强

$$p_{absA} = p_a + \rho_{Hg}gh - \rho gb$$

A 点的相对压强

$$p_A = \rho_{Hg}gh - \rho gb \qquad (2\text{-}17)$$

如果容器中不是液体而是气体，由于气体重度比水银重度小得多，故气体高度所产生的压强就可以忽略不计，在这种情况下容器中液面的绝对压强为：

$$p_{abs0} = p_a + \rho_{Hg}gh$$

相对压强为：

$$p_0 = \rho_{Hg}gh$$

U形管测压计也可用来测量真空，称为 U 形管真空计，此时 2 点自由表面将低于 1 点，如图 2-21 所示，因为真空值等于相对压强的相反数，所以容器中 A 点的真空值可由下式求得：

$$p_{Ac} = -p_A = \rho_{Hg}gh + \rho gb \qquad (2\text{-}18)$$

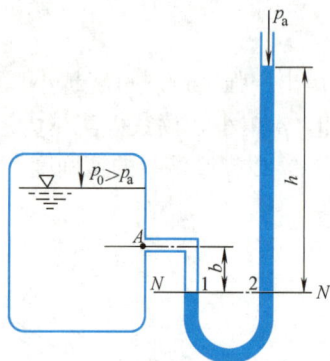

图 2-20 U形测压管

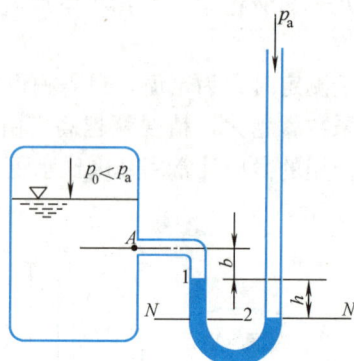

图 2-21 U形管真空计

2.5.4 水银压差计

压差计（又称比压计）是测量两处压强差的仪器，如图 2-22 所示。将 U 形水银管两部分分别与 A、B 两个容器相连。欲测量其压强差 $p_A - p_B$ 时，可写出等压面 d—d 上 1 点和 2 点的压强平衡式，即

$$p_1 = p_2$$
$$\because p_1 = p_A + \rho_A gh_A$$
$$p_2 = p_B + \rho_B gh_B + \rho_{Hg}gh$$
$$\therefore p_A + \rho_A gh_A = p_B + \rho_B gh_B + \rho_{Hg}gh$$
$$\therefore p_A - p_B = \rho_{Hg}gh + \rho_B gh_B - \rho_A gh_A$$

图 2-22 水银压差计

由图 2-22 的几何关系可知

$$h_A + s = h_B + h$$
$$h_A = h + h_B - s$$

则可得

$$\Delta p = p_A - p_B = (\rho_{Hg}g - \rho_A g)h + (\rho_B g - \rho_A g)h_B + \rho_A gs \qquad (2\text{-}19)$$

上式即为两点压强差的计算公式。当两容器中盛有同种介质（即 $\rho_A g = \rho_B g = \rho g$）时，A、B 两点压强差为

$$p_A - p_B = (\rho_{Hg}g - \rho g)h + \rho_A gs$$

当两容器盛有同种介质，且 A、B 两点位于同一高程（即 $s=0$）时，A、B 间压强差为

$$p_A - p_B = (\rho_{Hg}g - \rho_A g)h \qquad (2\text{-}20)$$

【例 2-7】　有一水塔，如图 2-23 所示，为了量出塔中水位，在地面上装置 U 形水银测压计，测压计左支用软管与水塔连通。现读出测压计左支水银面高程 $\nabla_1 = 502.00m$，左右两支水银面高差 h_1 为 116cm。试求此时塔中水面高程 ∇_2。

【解】　令塔中水位与水银测压计左支水银面高差为 h_2，$h_2 = \nabla_2 - \nabla_1$。从测压计左支来看，$\nabla_1$ 高程处的相对压强为　　$p = \rho g(\nabla_2 - \nabla_1) = \rho g h_2$

从测压计右支来看其相对压强为　　$p = \rho_{Hg}g h_1$

$$\therefore h_2 = \frac{\rho_{Hg} h_1}{\rho} = \frac{13600 \times 1.16}{1000} = 15.78m$$

塔中水位　　　　　$\nabla_2 = \nabla_1 + h_2 = 502.00 + 15.78 = 517.78m$

【例 2-8】　如图 2-24 所示，有一压力供水管路，为测出管路中 A 点压强，在管路上安装一复式水银测压计。已知测压计显示的各液面标尺读数为：$\nabla_1 = 1.8m$，$\nabla_2 = 0.7m$，$\nabla_3 = 2.0m$，$\nabla_4 = 0.9m$，$\nabla_5 = 1.5m$。试求 A 点压强。

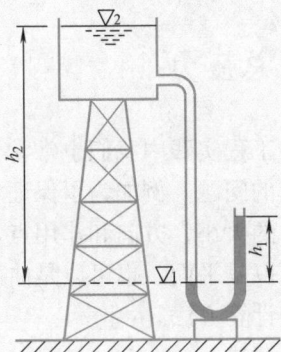

图 2-23　例 2-7 图

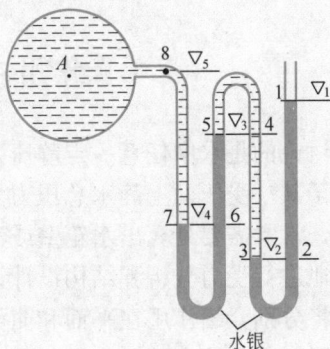

图 2-24　例 2-8 图

【解】　已知 1 点与大气接触，其相对压强为零，因此可以从此点开始，通过等压面，利用静水压强基本方程式逐点推算，最后求得 A 点压强。

由于相互连通的同一种液体的水平面是等压面，所以图中 $A-8$，$7-6$，$5-4$，$3-2$ 等都是等压面，因而

$$p_A = p_8, \quad p_7 = p_6, \quad p_5 = p_4, \quad p_3 = p_2$$

2 点压强为

$$p_2 = p_1 + \rho_{Hg}g(\nabla_1 - \nabla_2)$$

因为 $p_1 = p_a = 0$，考虑到要求计算的是相对压强，

所以　　　　　　　　　$p_2 = \rho_{Hg}g(\nabla_1 - \nabla_2)$

因为 $p_3 = p_2$，所以 $p_3 = \rho_{Hg}g(\nabla_1 - \nabla_2)$

4 点的压强为

$$p_4 = p_3 - \rho g(\nabla_3 - \nabla_2) = \rho_{Hg}g(\nabla_1 - \nabla_2) - \rho g(\nabla_3 - \nabla_2)$$

因为 $p_4 = p_5$，所以 $p_5 = \rho_{Hg}g(\nabla_1 - \nabla_2) - \rho g(\nabla_3 - \nabla_2)$

6点的压强为 $\quad p_6 = p_5 + \rho_{Hg} g (\nabla_3 - \nabla_4)$

$$= \rho_{Hg} g (\nabla_1 - \nabla_2) - \rho g (\nabla_3 - \nabla_2) + \rho_{Hg} g (\nabla_3 - \nabla_4)$$

因 $p_7 = p_6$，所以 $p_7 = \rho_{Hg} g (\nabla_1 - \nabla_2) - \rho g (\nabla_3 - \nabla_2) + \rho_{Hg} g (\nabla_3 - \nabla_4)$

8点的压强为

$$p_8 = p_7 - \rho g (\nabla_5 - \nabla_4)$$

$$= \rho_{Hg} g (\nabla_1 - \nabla_2) - \rho g (\nabla_3 - \nabla_2) + \rho_{Hg} g (\nabla_3 - \nabla_4) - \rho g (\nabla_5 - \nabla_4)$$

因 $p_A = p_8$，所以 A 点压强为

$$p_A = \rho_{Hg} g (\nabla_1 - \nabla_2) - \rho g (\nabla_3 - \nabla_2) + \rho_{Hg} g (\nabla_3 - \nabla_4) - \rho g (\nabla_5 - \nabla_4)$$

将已知值代入，得

$$p_A = 13600 \times 9.8 \times (1.8 - 0.7) - 1000 \times 9.8 \times (2.0 - 0.7) +$$
$$13600 \times 9.8 \times (2.0 - 0.9) - 1000 \times 9.8 \times (1.5 - 0.9)$$
$$= 274.596 \text{kN/m}^2$$

2.6 作用在平面上的静水总压力

前面讨论的是水中任意一点静压强及其分布规律。在工程实践中我们也常常会遇到要确定作用于某一受压面上静水总压力大小、方向和作用点的问题。例如为了保证水箱或水池的强度，常常需要计算出水箱壁或池壁所受静水总压力的大小、方向和作用点，以便对水箱或水池进行受力分析和结构设计计算。这里受压面可以是平面，也可以是曲面。本节及下一节将分别介绍作用在平面和曲面上的静水总压力的计算方法。

计算平面上的静水总压力有两种方法，即解析法和图解法。

如图 2-25 所示，有一水箱水深为 h，由于水箱底面是水平的，底面各点静压力均为 $\rho g h$，则底面所受总静压力为 $p = \rho g h \cdot A$。但由于侧壁上各点静压强随水深不同而不同，因此要计算侧壁上的静水总压力就应采用解析法或图解法。

2.6.1 解析法

解析法根据力学原理，运用数理分析计算方法，确定作用在平面上的静水总压力，这种方法适用于任意形状的受压平面。如图 2-26 所示，有一任意形状平面 EF，倾斜置于水体中，与液体自由面夹角为 α，平面面积为 A，平面形心在 C 点。下面研究作用在该平面上静水总压力的大小和压力中心位置。

1. 静水总压力的大小

我们把倾斜平面 EF 绕 Oy 轴转 $90°$，受压平面图形就在 xOy 平面上清楚地显现出来了，受压面的延长面与液面的交线即是 Ox 轴。然后，我们在 xOy 坐标系中分析受压平面 EF 的受力问题。

静水总压力是由每一微小面积上的静水压力构成的，因此，先在 EF 平面上任选一点 M，围绕点 M 取一微小面积 dA。设 M 点在水面下淹没深度为 h，故 M 点的静水压强为 $p = \rho g h$，微分面 dA 上各点压强可视为与 M 点相同，在 dA 面上所作用的静水压力 $p dA = \rho g h dA$；整个 EF 平面上的静水总压力则为

$$P = \int_A \mathrm{d}p = \int_A \rho g h \, \mathrm{d}A$$

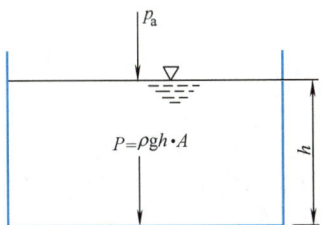

图 2-25 水箱静水总压力示意图

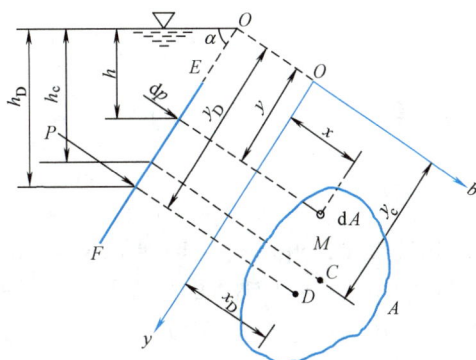

图 2-26 任意形状平面在水中的受压示意图

设 M 点在 xOy 参考坐标系上的坐标为 (x, y)，由图可知

$$h = y \sin\alpha$$

于是

$$P = \rho g \sin\alpha \int_A y \, \mathrm{d}A \tag{2-21}$$

式中 $\int_A y \mathrm{d}A$ 表示平面 EF 对 Ox 轴的面积矩，并且

$$\int_A y \mathrm{d}A = y_c \cdot A \tag{2-22}$$

y_c 表示平面 EF 形心点 C 至 Ox 轴的距离。将式（2-22）代入式（2-21），得

$$P = \rho g \sin\alpha y_c A$$

或

$$P = \rho g h_c \cdot A \tag{2-23}$$

式中 h_c 为平面 EF 形心点 C 在水面下的淹没深度，$h_c = y_c \sin\alpha$；而 $\rho g h_c$ 为形心点 C 的静水压强 p_c，故式（2-23）又可写作

$$P = p_c \cdot A \tag{2-24}$$

式（2-24）表明：作用于任意平面上的静水总压力等于平面形心点处静水压强与平面面积的乘积。形心点压强 p_c 可视为整个平面的平均静水压强。

2. 静水总压力的作用点（压力中心）

设静水总压力作用点的位置在 D，它在坐标系中的坐标值为 (x_D, y_D)。由理论力学可知，合力对任意轴的力矩等于各分力对该轴力矩的代数和。按照这一原理，现在来考查静水压力分别对 Ox 轴及 Oy 轴的力矩。

对 Ox 轴：

$$P \cdot y_D = \int_A y p \, \mathrm{d}A$$

将 $p = \rho g h = \rho g y \sin\alpha$ 代入上式则

$$P \cdot y_D = \rho g \sin\alpha \int_A y^2 \, \mathrm{d}A \tag{2-25}$$

令 $I_x = \int_A y^2 \mathrm{d}A$，$I_x$ 表示平面 EF 对 Ox 轴的面积惯性矩，由平行移轴定理得：

29

$$I_{\mathrm{x}}=I_{\mathrm{c}}+y_{\mathrm{c}}^2 A$$

式中，I_{c} 表示平面 EF 对于通过其形心 C 且与 Ox 轴平行的轴线的面积惯性矩，将上式代入式（2-25）得

$$P \cdot y_{\mathrm{D}}=\rho g \sin\alpha I_{\mathrm{x}}=\rho g \sin\alpha(I_{\mathrm{c}}+y_{\mathrm{c}}^2 A)$$

于是

$$y_{\mathrm{D}}=\frac{\rho g \sin\alpha I_{\mathrm{x}}}{P}=\frac{\rho g \sin\alpha(I_{\mathrm{c}}+y_{\mathrm{c}}^2 A)}{\rho g y_{\mathrm{c}}\sin\alpha A}$$

简化后得

$$y_{\mathrm{D}}=y_{\mathrm{c}}+\frac{I_{\mathrm{c}}}{y_{\mathrm{c}} A} \tag{2-26}$$

由此可见，$y_{\mathrm{D}}>y_C$，即静水总压力作用点 D（压力中心），总是在平面形心 C 之下。

压力中心在 Ox 轴上的坐标取决于平面形状。在实际工程中，受压面常是对称于 Oy 轴的，则压力中心 D 点在 Ox 轴上的位置就必然在平面的对称轴上，无需进行计算。

2.6.2 图解法

求规则平面，特别是矩形平面上的静水总压力及其作用点问题，采用图解法较为方便。这种方法是先绘出静水压强分布图，再根据静水压强分布图计算静水总压力，所以也常称此法为压力图法。

1. 静水压强分布图的绘制

由计算静水压强的基本公式可知，压强与水深成直线性关系。把某一受压面上压强随水深变化的这种关系表示成的图形称为静水压强分布图。其绘制方法是：

（1）按一定比例，用线段长度代表该点静水压强大小；

（2）用箭头表示静水压强方向，并与作用面垂直。

因为 p 与 h 为一次方关系，故在水深方向静水压强呈直线分布，只要绘出两个点的压强即可确定出直线。在图 2-27 中，A 点在自由面上，其相对压强 $p_{\mathrm{A}}=0$；B 点的淹没深度为 H，其相对压强 $p_{\mathrm{B}}=\rho g H$，用带箭头的线段 EB 表示 p_{B}，连接直线 AE，则 AEB 即表示 AB 面上相对压强分布图。如在 A 点及 B 点分别加上当地大气压强 p_{a}，得 G、F 点，则 $AGFB$ 即为 AB 面上的绝对压强分布图。

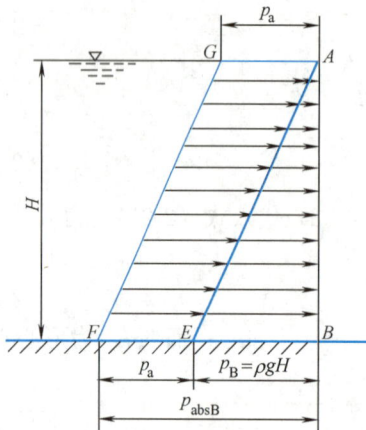

图 2-27 静水压强分布图绘制

在实际工程中，受压面及其背面均受大气压强，其作用可互相抵消，故一般只需绘制相对压强分布图。图 2-28 所示为几种有代表性的相对压强分布图。

2. 静水总压力计算

平面上静水总压力的大小，应等于分布在平面上各点静水压力的总和，而作用在单位宽度上的静水总压力，应等于静水压强分布图的面积；整个矩形平面的静水总压力，则等于压强分布图的面积乘以矩形平面的宽。

图 2-29 表示一任意倾斜放置的矩形平面 $ABEF$，平面长为 L，宽为 b，并令其压强分布图的面积为 Ω，则作用于该矩形平面上的静水总压力

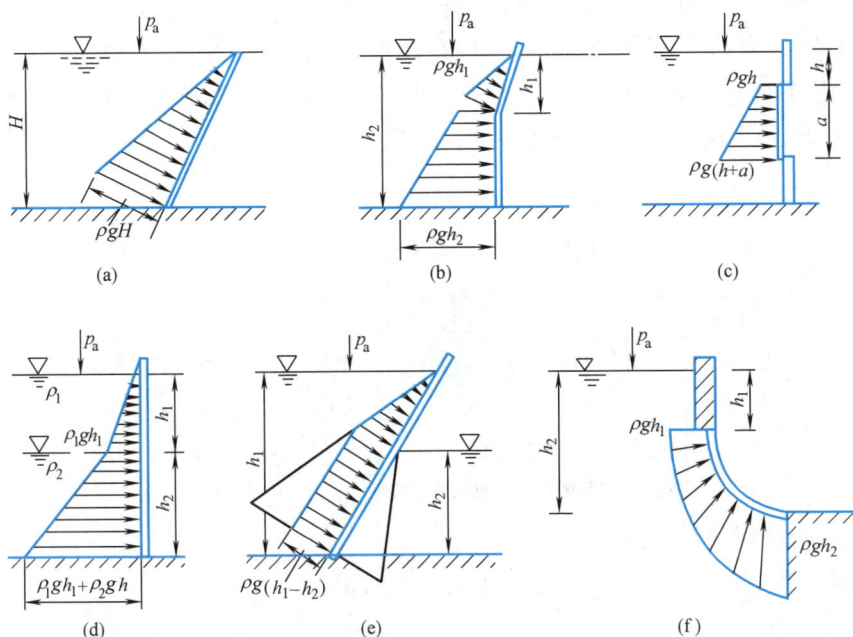

图 2-28　静压分布图

$$P = b\Omega \tag{2-27}$$

因为压强分布图为梯形，其面积为

$$\Omega = \frac{1}{2}(\rho g h_1 + \rho g h_2)L$$

故

$$P = \frac{\rho g}{2}(h_1 + h_2)bL \tag{2-28}$$

矩形平面有纵向对称轴，P 的作用点 D（又称压力中心），必须位于纵向对称轴 O—O 上，同时静水总压力 P 的作用点还应通过压强分布图的形心点 D。

当静压分布图为三角形分布时，静水总压力作用 D 离底部距离为 $e = L/3$；当静压分布为梯形时，静水总压力中心 D 点距底部距离为 $e = \dfrac{L(2h_1 + h_2)}{3(h_1 + h_2)}$，如图 2-30 所示。

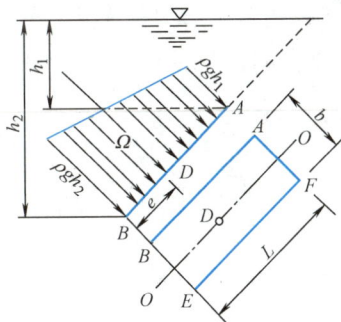

图 2-29　静水总压力计算示意图

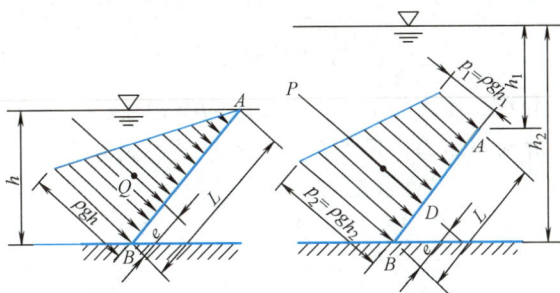

图 2-30　两种静压分布图示意

31

【例2-9】 图2-31为某引水隧洞，在进口处倾斜设置一矩形平板闸门，倾角 $\alpha = 60°$，闸门宽 b 为4m、长 L 为6m，闸门顶在水面下淹没深度 h_1 为10m，若不计闸门自重，问沿斜面拖动闸门所需的拉力为多少（已知闸门与门框之间的摩擦系数 f 为0.25）？并求闸门上静水总压力的作用点的位置。

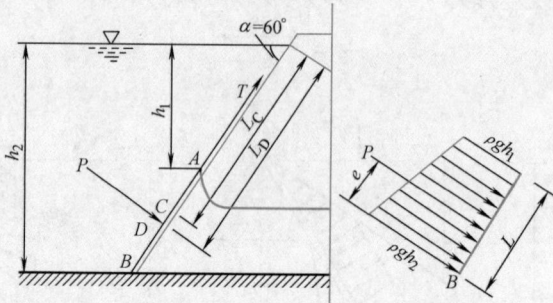

图2-31 例2-9图

【解】 当不计门重时，拖动门的拉力至少需克服闸门与门槽间的摩擦力。为此，须首先求出作用于闸门的静水总压力 P。

（1）用图解法求静水总压力 P 及作用点位置：

首先画出闸门 AB 的静水压强分布图。

闸门顶部静水压强为

$$\rho g h_1 = 1000 \times 9.8 \times 10$$

$$= 98000 \text{N/m}^2 = 98 \text{kN/m}^2$$

闸门底部静水压强为

$$\rho g h_2 = \rho g (h_1 + L \sin 60°)$$

$$= 1000 \times 9.8 \times \left(10 + 6 \times \frac{\sqrt{3}}{2} \right)$$

$$= 149000 \text{N/m}^2 = 149 \text{kN/m}^2$$

静水压强分布图为梯形，其面积为

$$\Omega = \frac{1}{2} (\rho g h_1 + \rho g h_2) L = \frac{1}{2} (98 + 149) \times 6 = 741 \text{kN/m}$$

静水总压力为 $\qquad P = b \cdot \Omega = 4 \times 741 = 2964 \text{kN}$

静水总压力作用点距闸门底部的倾斜距离

$$e = \frac{L(2h_1 + h_2)}{3(h_1 + h_2)} = \frac{6 \left(2 \times 10 + 10 + 6 \times \frac{\sqrt{3}}{2} \right)}{3 \left(10 + 10 + 6 \times \frac{\sqrt{3}}{2} \right)} = 2.79 \text{m}$$

静水总压力 P 距水面的倾斜距离

$$L_{\mathrm{D}}=\left(L+\frac{h_1}{\sin 60°}\right)-e=\left(6+\frac{10}{0.87}\right)-2.79$$

$$=17.5-2.79=14.71\mathrm{m}$$

（2）用解析法计算 P 及 L_{D}，并进行比较：

由式（2-26）$P=p_{\mathrm{c}}\cdot A=\rho gh_{\mathrm{c}}\cdot bL$

$$h_{\mathrm{c}}=h_1+\frac{L}{2}\times\sin 60°=10+\frac{6}{2}\times 0.87=12.61\mathrm{m}$$

$$P=1000\times 9.8\times 12.61\times 4\times 6=2966\mathrm{kN}$$

由式（2-28）求 P 的作用点距水面的倾斜距离

$$L_{\mathrm{D}}=L_{\mathrm{c}}+\frac{I_{\mathrm{C}}}{L_{\mathrm{C}}A}$$

$$L_{\mathrm{c}}=\frac{L}{2}+\frac{h_1}{\sin 60°}=3+\frac{10}{0.87}=3+11.5=14.5\mathrm{m}$$

对矩形平面，绕形心轴的惯性矩为

$$I_{\mathrm{c}}=\frac{1}{12}bL^3=\frac{1}{12}\times 4\times 6^3=72\mathrm{m}^4$$

$$L_{\mathrm{D}}=14.5+\frac{72}{14.5\times 4\times 6}=14.5+0.21=14.71\mathrm{m}$$

可见，采用上述两种方法计算其结果完全相同。

（3）沿斜面拖动闸门的拉力为：

$$T=P\cdot f=2966\times 0.25=741.5\mathrm{kN}$$

【例 2-10】 图 2-32 所示为一冷却水池的泄水孔，进口有一垂直放置的圆形平板闸门，已知闸门半径 R 为 1m，形心在水下的淹没深度为 8m，求作用于闸门上静水总压力的大小及作用点位置。

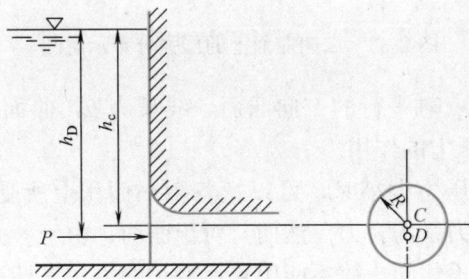

图 2-32 例 2-10 图

【解】 由式（2-24）计算静水总压力：

$$P=p_{\mathrm{c}}\cdot A=\rho gh_{\mathrm{c}}\times\pi R^2=1000\times 9.8\times 8\times 3.14\times 1^2=246\mathrm{kN}$$

作用点 D 位于纵向对称轴上，故仅需求出 D 点在纵向对称轴上的位置。在本题情况下，式（2-26）中 $L_{\mathrm{c}}=h_{\mathrm{c}}$，$L_{\mathrm{D}}=h_{\mathrm{D}}$。故

$$h_D = h_c + \frac{I_c}{h_c A}$$

圆形平面绕圆心轴线的惯性矩为

$$I_c = \frac{1}{4}\pi R^4$$

则

$$h_D = 8 + \frac{\frac{1}{4}\pi R^4}{8 \times \pi R^2} = 8 + \frac{R^2}{32} = 8.03\text{m}$$

2.7 作用在曲面上的静水总压力

在工程实践中常遇到受压面为曲面的情况，例如输水管道、球形水箱、弧形闸墩、弧形闸门，而且这些曲面多数为二向曲面（或称柱面）。所以，本节着重分析二向曲面静水总压力计算方法。

作用在曲面上任意点处的相对静水压强，其大小仍等于该点的淹没深度乘以水体的容重，即 $p = \rho g h$；其方向也是垂直指向作用面，二向曲面上的压强分布如图 2-33 所示。

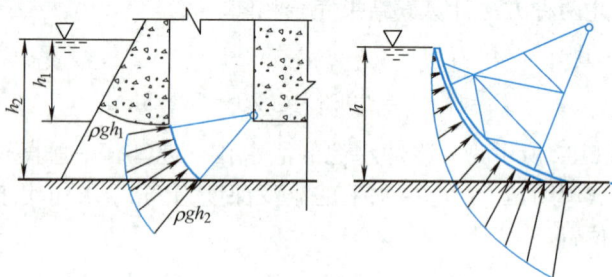

图 2-33 二向曲面上的压强分布示意图

图 2-34 为一母线与 Oy 轴平行的二向曲面，线长为 b，曲面在 xOz 面上的投影为曲线 EF，曲面左侧受静水压力的作用。

在计算平面上静水总压力大小时，可以把各微小面积上所受静水压力直接求其代数和，这相当于求一个平行力系的合力。然而，对于曲面，由于各微小面积上所受静水压力除大小不同外，方向也各不相同，故不能用求代数和的方法来计算静水总压力。为了把它变成一个求平行力系合力的问题，只能分别计算作用在曲面上静水总压力的水平分力 P_x 和垂直分力 P_z，然后再将 P_x 与 P_z 求合力，成为静水总压力 P。

2.7.1 静水总压力的水平分力

如图 2-34，在曲面 EF 上取一微小柱面 KL，其面积为 dA，对微小柱面积 KL，不妨视之为倾斜平面，设它与铅垂面的夹角为 α，作用于微小面积 KL 面上的静压力为 dP，由图可见，在水平方向的分力为

$$dP_x = dP\cos\alpha$$

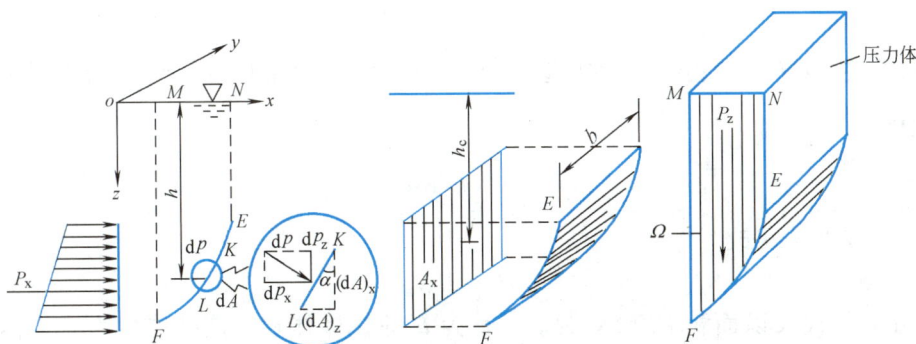

图 2-34　一母线与 Oy 轴平行的二向曲面示意图

静水总压力的水平分力可看作无限多个 dP_x 的合力，故

$$P_x = \int dP_x = \int dP\cos\alpha \tag{2-29}$$

根据平面静水总压力计算公式

$$dP = p \cdot dA = \rho g h \cdot dA$$

h 为 dA 面形心点在水面下的淹没深度。

于是

$$dP\cos\alpha = \rho g h\, dA\cos\alpha$$

令 $dA\cos\alpha = (dA)_x$，$(dA)_x$ 为 dA 在 yOz 坐标平面的投影面积。

则

$$P_x = \int \rho g h\, dA\cos\alpha = \rho g \int_{A_x} h(dA)_x \tag{2-30}$$

由理论力学可知

$$\int_{A_x} h(dA)_x = h_c A_x \tag{2-31}$$

式中 A_x 为曲面 EF 在 yOz 坐标面上的投影面积，h_c 为受压曲面形心点 C 在水面下的淹没深度。

将式（2-31）代入式（2-30）得

$$P_x = \rho g h_c A_x \tag{2-32}$$

式（2-32）表明：作用在曲面上静水总压力 P 的水平分力 P_x，等于曲面在 yOz 平面上的投影面 A_x 上的静水总压力。这样，把求曲面上静水总压力的水平分力，转化为求另一铅垂平面 A_x 的静水总压力问题。很明显，水平分力 P_x 的作用线应通过 A_x 平面的压力中心。

2.7.2　静水总压力的垂直分力

如图 2-34，在微小柱面 KL 上，静水压力 dP 铅垂方向的分力为

$$dP_z = dP\sin\alpha$$

整个 EF 曲面上静水总压力的垂直分力 P_z，可看作许多个 dP_z 的合力，故

$$P_z = \int dP_z = \int dP\sin\alpha = \int_A \rho g h\, dA\sin\alpha \tag{2-33}$$

令 $(dA)_z = dA\sin\alpha$，$(dA)_z$ 为 dA 在 xOy 平面上的投影，代入式（2-33）

$$p_z = \rho g \int_{Az} h (\mathrm{d}A)_z \qquad (2\text{-}34)$$

从图 2-34 来看，$h(\mathrm{d}A)_z$ 为 KL 面所承托的水体体积，而 $\int_{Az} h (\mathrm{d}A)_z$ 为 EF 曲面所承托的水体积。

令

$$V = \int_{Az} h (\mathrm{d}A)_z \qquad (2\text{-}35)$$

则式（2-34）可改写为

$$P_z = \rho g V \qquad (2\text{-}36)$$

式中，V 代表以面积 $EFMN$ 为底，长为 b 的柱体体积，该柱体称为压力体。式（2-36）表明：作用于曲面上的静水总压力 P 的垂直分力 P_z，等于压力体内水体的重量。

令压力体底面积（即 $EFMN$ 的面积）为 Ω，则

$$V = b\Omega \qquad (2\text{-}37)$$

2.7.3 压力体

压力体一般是三种面所封闭的体积：即底面是受压曲面，顶面是受压曲面边界线封闭的面积在自由液面或其延伸面上的投影面，中间是通过受压曲面边界线所作的铅直面。

1. 实压力体

压力体和液体在曲面 AB 的同侧，如同压力体内实有液体，习惯上称为实压力体，P_z 的方向向下（图 2-35）。

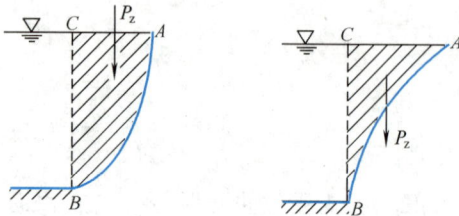

图 2-35　实压力体　　　　　　　　　　　图 2-36　虚压力体

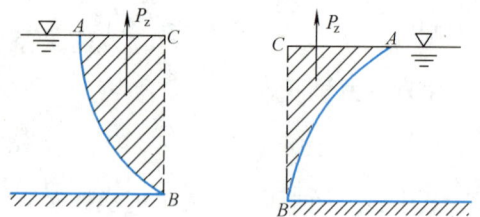

2. 虚压力体

压力体和液体在曲面 AB 的异侧，其顶面为自由液面的延伸面，压力体内虚空，习惯上称为虚压力体，P_z 的方向向上（图 2-36）。

3. 压力体叠加

对于水平投影重叠的曲面，分开确定压力体，然后相叠加。例如半圆柱面 ABC 的压力体（图 2-37），分别按曲面 AB、BC 确定，叠加后得到虚压力体 ABC，P_z 方向向上。

P_z 的方向取决于受压曲面和液体的相对位置和曲面所受相对压强的正负，可根据具体情况加以判断。但是，不论 P_z 的方向如何，它的大小都等于压力体内的液体重量，其作用线均通过压力体的形心。

2.7.4 静水总压力

由力的合成定理，曲面所受静水总压力的大小为

$$P = \sqrt{P_x^2 + P_z^2} \qquad (2\text{-}38)$$

为了确定静水总压力 P 的方向，可以求出 P 与水平面的夹角 α 值，如图 2-38 所示。

$$\text{tg}\alpha = \frac{P_z}{P_x} \qquad (2\text{-}39)$$

或

$$\alpha = \text{arctg}\frac{P_z}{P_x} \qquad (2\text{-}40)$$

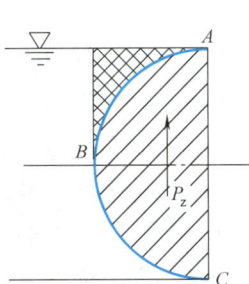

图 2-37 压力体叠加

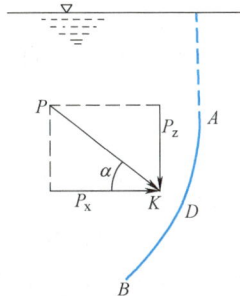

图 2-38 静水总压力
合成示意图

静水总压力 P 的作用线应通过 P_x 与 P_z 的交点 K，如图 2-38 所示，过 K 点沿 P 的方向延长交曲面于 D，D 点即为总压力 P 在曲面 AB 上的作用点。

【例 2-11】 贮水容器上有三个半球形盖，如图 2-39 所示。已知 $H = 2.5\text{m}$，$h = 1.5\text{m}$，$R = 0.5\text{m}$，求作用于三个半球形盖上的静水总压力。

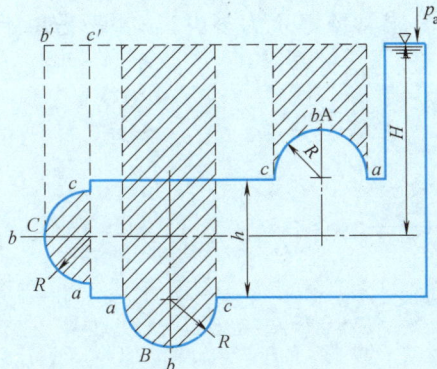

图 2-39 例 2-11 图

【解】 本题是曲面受压问题，受压曲面的边界线都是圆周，在图上表现为受压曲面的两个端点 a 和 c。

(1) 求各半球盖所受的水平分力。

半球盖 A、B 的边界线都是在水平面上的圆周，它封闭的面积在铅直面上的投影为一直线，故投影面积为 0，即 $A_{AZ} = A_{BZ} = 0$，所以

$$P_{Ax} = 0, \quad P_{Bx} = 0$$

半球形盖 C 的边界线是铅直面上的圆周，它封闭的面积在铅直面上的投影面积就是它自身，即

$$A_{Cz} = \frac{\pi}{4}d^2$$

形心点的水深为 H，则

$$P_{Cx} = p_c A_{Cz} = \rho g H \cdot \frac{1}{4}\pi d^2 = 9.8 \times 2.5 \times \frac{\pi}{4} \times 1^2 = 19.23\text{kN}$$

依图 2-39 判断，方向向左。

(2) 求各半球形盖所受的铅直分力。

半球形盖 A、B 的压力体，其底面为受压曲面，顶面为边界线圆周封闭的面积在相对压强为零的液面延长面上的投影面积，中间仍以边界线圆周为起点，向上作铅直投影柱面。这三种面所封闭的体积就是压力体。图中阴影部分为压力体的剖面图，现分别计算如下

$$P_{Az} = \rho g V_A = \rho g \left[\left(H - \frac{h}{2} \right) \times \frac{1}{4}\pi d^2 - \frac{\pi}{12}d^3 \right]$$

$$= 9.8 \times \left[\left(2.5 - \frac{1.5}{2} \right) \times \frac{\pi}{4} \times 1^2 - \frac{\pi}{12} \times 1^3 \right] = 10.90\text{kN}$$

因液体与压力体在受压面两侧，可知为虚压力体，故 P_{Az} 的方向向上。

$$P_{\text{Bz}} = \rho g V_{\text{B}} = \rho g \left[\left(H - \frac{h}{2} \right) \times \frac{1}{4} \pi d^2 - \frac{\pi}{12} d^3 \right]$$

$$= 9.8 \times \left[\left(2.5 + \frac{1.5}{2} \right) \times \frac{\pi}{4} \times 1^2 + \frac{\pi}{12} \times 1^3 \right] = 27.57 \text{kN}$$

因液体与压力体在受压曲面同侧，可知为实压力体，故 P_{Bz} 的方向向下。

半球盖 C 的压力体，由于其在水平液面上的投影重叠，因此，要以通过其圆心的水平面将其分成上下两部分，分别作压力体（方法同上）。其中曲面 C_{cb} 的虚压力体 $cbb'c'$，方向向上，曲面 C_{ba} 的实压力体 $abb'c'$，方向向下。两压力体叠加，得到的压力体为半球体 cba（阴影部分），方向向下，即

$$P_{\text{Cz}} = \rho g V_{\text{C}} = \rho g \times \frac{\pi}{12} d^3 = 9.8 \times \frac{\pi}{12} \times 1^3 = 2.57 \text{kN}$$

【例 2-12】 有一薄壁金属压力管，管中受均匀压力作用，其压强为 p，如图 2-40 所示，管内径为 D，当管壁允许拉应力为 $[\sigma]$ 时，求管壁厚 δ 为多少？（不考虑由于管道自重和水重而产生的应力）

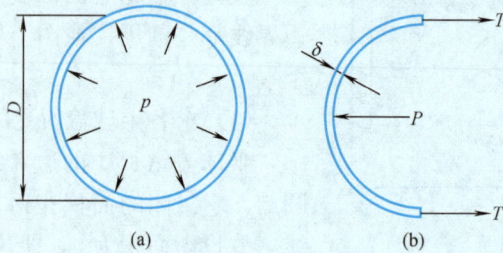

图 2-40 例 2-12 图

【解】 剖开圆管分析管壁受力情况。取半个圆管时，由于静水压力的作用，管壁所受的拉应力为最大。

设圆管为单位长度 l，内径为 D，管内水体静压强为 p，则作用在半个圆管上静水总压力的水平分力为

$$P_{\text{x}} = pA = plD$$

作用于圆管上静水总压力的垂直分力，则由于管壁上各对称点所受静压力的大小相等且方向相反而抵消，即 $P_{\text{z}} = 0$，所以 $P = P_{\text{x}}$。

如图 2-40（b）中，设圆管管壁上承受的拉力为 T，根据力的平衡条件：

$$2T = P_{\text{x}} = plD$$

$$T = \frac{1}{2} plD$$

又设管壁厚度为 δ，则管壁断面上单位面积上承受的拉力为

$$\sigma = \frac{T}{l\delta}$$

σ 称为抗拉应力，根据力学原理，在液体静压强作用下，管壁的抗拉应力不得超过管壁材料的允许拉应力 $[\sigma]$，否则管道将会破裂，因此

即 $$\sigma \leqslant [\sigma]$$

$$\frac{T}{l\delta} \leqslant [\sigma]$$

或 $$\frac{\frac{1}{2}plD}{l\delta} \leqslant [\sigma]$$

$$\therefore \delta \geqslant \frac{pD}{2[\sigma]}$$

📖 知识链接

高峡出平湖——三峡工程

三峡水电站，即长江三峡水利枢纽工程，又称三峡工程。三峡水利枢纽工程是湖北宜昌境内的长江西陵峡段与下游的葛洲坝水电站构成的梯级电站，工程财务决算总金额为 2078.73 亿元，是世界上规模最大的水电站，也是中国建设的最大型的工程项目之一。

扫描二维码
看全部内容

👥 思考题

2-1 水静力学的任务是什么？水静力学中所指的平衡状态的含义是什么？

2-2 静止水体产生静压的原因是什么？试述压强的概念。

2-3 静水压强的基本特性是什么？

2-4 写出表示静水压强分布规律的三种表达式。其物理意义是什么？

2-5 压强的计算基准有哪些？

2-6 真空的含义是什么？什么是真空值、真空度？

2-7 压强的度量单位有哪些？它们之间如何换算？

2-8 什么叫连通器？连通器三种情况及静压平衡分析结论是什么？

2-9 什么叫等压面？等压面的特征是什么？

2-10 测量静水压强的仪器有哪些？试分析说明测压管、U 形测压管和水银压差计的测量原理。

2-11 写出用解析法确定平面上静水总压力大小、作用点的计算公式，并解释其物理意义。

2-12 什么叫静水压强分布图？其绘制规则有哪些？

2-13 如何用图解法确定平面上静水总压力的大小和作用点？

2-14 简述计算曲面上静水总压力的思路及相关计算公式。

✏️ 习题

2-1 密闭盛水容器如图 2-41 所示，测压管液面高于容器内液面 $h=1.8\text{m}$，液体密度为 850kg/m^3。求容器液面压强。

2-2 如图 2-42 所示密闭容器，两侧分别安装测压管，右管上端封闭，其中水面高出容器水面

3m，管内液面压强 p_0 为 78kPa，左管与大气相通，求：（1）容器内液面压强 p_c；（2）左侧管内水面距容器液面高度 h 为多少？

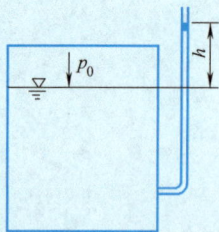

图 2-41　题 2-1 图

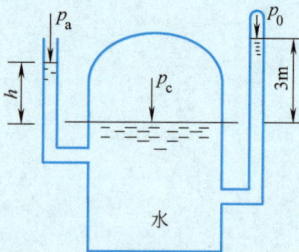

图 2-42　题 2-2 图

2-3　如图 2-43 所示，封闭容器的水面绝对压强 $p_{abs}=107.7\text{kN/m}^2$，当地大气压强为 98.1kN/m^2。

试求：（1）水深 $h_1=0.8$m 时，A 点的绝对压强和相对压强。

　　　（2）压力表和酒精（7.944kN/m^3），测压计 h 的读数为何值？

2-4　如图 2-44 所示，试求露天水池，水深 3m 处的相对压强和绝对压强。已知当地大气压为 98kPa。

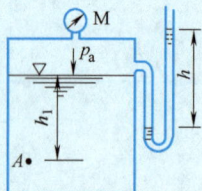

图 2-43　题 2-3 图

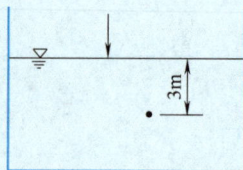

图 2-44　题 2-4 图

2-5　如图 2-45 所示密闭盛水容器，水面上压力表读值为 10kPa，当地大气压 98kPa。试求水面下 2m 处的相对压强和绝对压强。

2-6　某点的真空值为 70kPa，当地大气压为 100kPa，试求该点的绝对压强和相对压强。

2-7　虹吸输水管中某点绝对压强为 58.8kPa，大气压强为 98.07kPa。试求该点相对压强，判断该点是否存在真空状态，真空压强为多少？

2-8　如图 2-46 所示，两高度差 $Z=20$cm 的水管，压差计中 $h=10$cm，试求当 γ_1 分别为空气和油时两管道的压差。

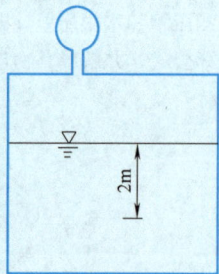

图 2-45　题 2-5 图

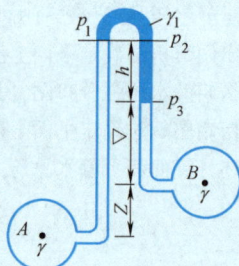

图 2-46　题 2-8 图

2-9　如图 2-47 所示，管路上安装 U 形测压管，测得 $h_1=30$cm，$h_2=60$cm，当 γ 为油，γ_1 为水时；求 A 点压强的水柱高度。

2-10　如图 2-48 所示，已知水箱真空表 M 的读数为 0.98kN/m^2，水箱与油箱的液面差 $H=1.5\text{m}$，水银柱差 $h_2=0.2\text{m}$，$\gamma_{油}=7.85\ \text{kN/m}^3$，求 h_1。

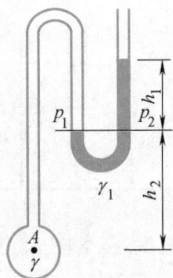

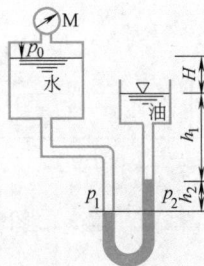

图 2-47　题 2-9 图　　　　图 2-48　题 2-10 图

2-11　如图 2-49 所示，绘出下列各图中标有字母的受压面上的静水压强分布图。

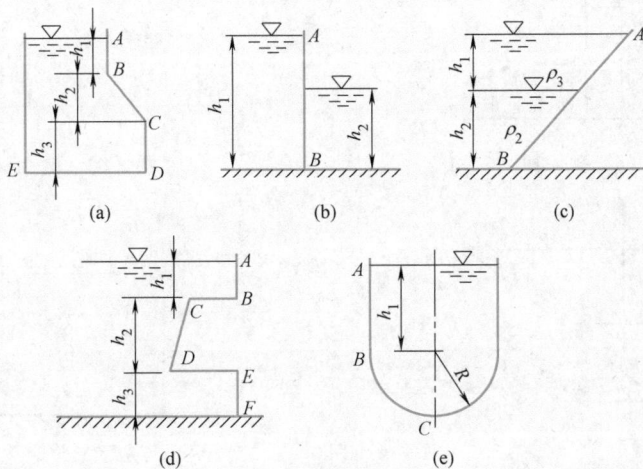

图 2-49　题 2-11 图

2-12　混凝土重力坝如图 2-50 所示，为了校核坝的稳定性，试分别计算下游有水或无水两种情况下，宽度 $B=1\text{m}$（垂直于纸面）的坝体受到的水平方向和垂直方向的总水压力。已知数据：上游水深 $H_1=26\text{m}$，下游水深 $H_2=0$ 或 $H_2=6\text{m}$；上游坡高 $h_1=8\text{m}$，下游坡高 $h_2=24\text{m}$；上游坡底长度 $l_1=4\text{m}$，下游坡底长度 $l_2=12\text{m}$。

2-13　如图 2-51 所示，已知矩形闸门高 $h=3\text{m}$，宽 $b=2\text{m}$，上游水深 $h_1=6\text{m}$，下游水深 $h_2=4.5\text{m}$。试求作用在闸门上静水总压力的压力作用点位置。

2-14　如图 2-52 所示，矩形平板闸门一侧挡水，宽 $b=0.8\text{m}$，高 $h=1\text{m}$，若要求箱中水深 h_1 超过 2m 时，闸门即可自动开启，试求铰链 y 的位置。

2-15　如图 2-53 所示，平面闸门 AB 倾斜放置，已知 $\alpha=45°$，门宽 $b=1\text{m}$，水深 $h_1=3\text{m}$，$h_1=2\text{m}$，求闸门所受静水压力大小及作用点。

2-16　矩形平板闸门 AB 一侧挡水如图 2-54 所示，已知长 $l=2\text{m}$，宽 $b=1\text{m}$，形心点水深 $h_c=2\text{m}$，倾角 $\alpha=45°$，闸门上缘 A 处设有转轴，忽略闸门自重及门轴摩擦力。试求开启闸门所需拉力 T。

2-17　一弧形闸门如图 2-55 所示，宽 2m，圆心角 $\alpha=30°$，半径 $r=3\text{m}$，闸门转轴与水平面齐平，求作用在闸门上静水总压力的大小与方向（即合力与水平面夹角）。

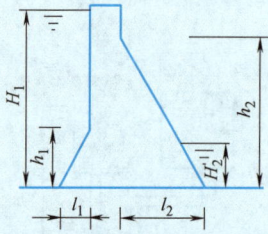

图 2-50　题 2-12 图

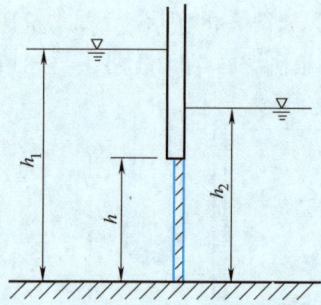

图 2-51　题 2-13 图

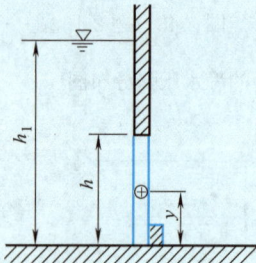

图 2-52　题 2-14 图

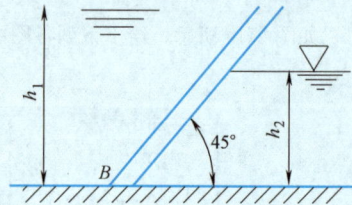

图 2-53　题 2-15 图

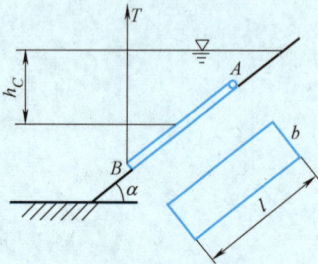

图 2-54　题 2-16 图

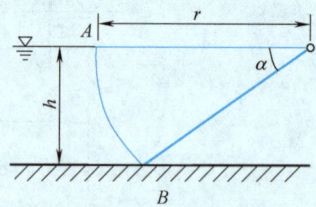

图 2-55　题 2-17 图

2-18　如图 2-56 所示，密闭盛水容器，已知 $h_1=60\text{cm}$，$h_2=100\text{cm}$，水银测压计读值 $\Delta h=25\text{cm}$。试求：半径 $R=0.5\text{m}$ 的半球形盖 AB 所受总压力的水平分力和垂直分力。

2-19　极地附近海面上露出冰山一角，已知冰山密度为 920kg/m^3，海水密度为 1025kg/m^3，试求露出海面的冰山体积和海面下体积之比。

2-20　试绘出图 2-57 中各曲面的压力体图，并指出垂直分压力的方向。

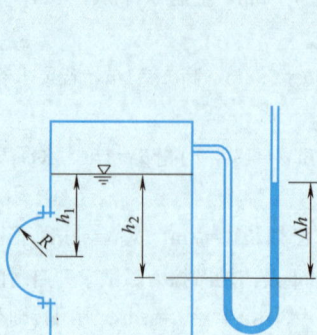

图 2-56　题 2-18 图

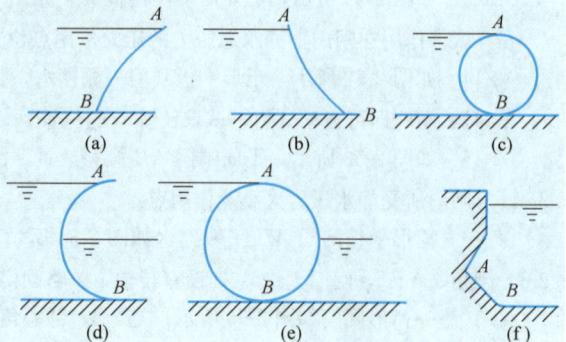

图 2-57　题 2-20 图

Chapter 03

教学单元 **3**

水动力学

教学目标

1. 理解描述液体运动的两种方法，理解流线与迹线的区别。
2. 掌握描述液体运动的基本概念和基本类型。
3. 掌握能量方程各项物理意义和几何意义，掌握能量方程应用条件和解题一般步骤。
4. 熟练运用连续性方程、能量方程解决工程实际问题。
5. 理解动量方程及其应用。

在自然界和工程实践中，液体多处于运动状态，液体在存在形态上最基本的特征就是其流动性。因此，研究液体的运动规律及其在生产实践中的应用，更具有普遍性和实际意义。

在水动力学中，把表征液体运动状态的物理量，如速度、加速度、动水压强、切应力等统称为运动要素。研究液体的运动规律，就是要寻求运动要素随时间与空间的变化规律及相互之间的关系，从而提出工程中实际问题的解决方法。

本章首先建立液体运动的基本概念，从液体运动所遵循的基本规律出发，建立液体运动所遵循的三大基本方程。根据质量守恒定律建立连续性方程，根据能量守恒定律建立能量方程，根据动量守恒定律建立动量方程。这三个液体运动基本方程，是有压管流、明渠流、堰流等一系列工程水力学计算的理论基础。

3.1 液体运动的基本概念

3.1.1 描述液体运动的方法

描述液体运动的方法有两种。一种是像研究固体那样，跟踪每一个液体质点的运动轨迹，研究在运动过程中该质点运动要素随时间的变化情况，这种方法被称为拉格朗日法。例如，研究河中某漂浮物随时间漂流的轨迹线。由于液体质点的运动轨迹非常复杂，而实际工程中通常没有必要去了解每个质点运动的详尽过程。因此，这种研究方法在水力学中很少采用。

另一种描述液体运动的方法是研究整个流场内，各空间位置点上质点运动要素的分布与变化情况，这种研究方法通常称为欧拉法。例如，研究管道中不同位置断面的水流速度、压强分布规律，以满足工程设计需要。欧拉法是液体运动研究中具有实用意义的重要方法。

为了便于研究，本书均采用欧拉法来描述液体运动。

3.1.2 描述液体运动的基本概念

1. 流线与迹线

流线是某一时刻流场中一系列液体质点的运动方向线。位于这条曲线上的所有液体质点在该时刻的速度方向都与这条曲线相切，如图 3-1 所示。

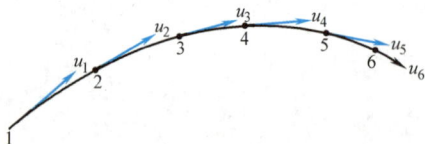

图 3-1 流线

根据流线的定义，流线具有以下特性：

（1）流线不能相交。如果同一时刻两条流线相交，则在交点处必然会存在两个速度方向，而这是不可能的。

（2）流线不能转折。因为，如果流线转折，在转折点也会出现上述情况。因此，流线只能是一条光滑曲线或直线。

（3）某点流速方向便是在该点的切线方向。

（4）流线疏密程度反映了该处流速的大小。流线越密处，流速越大；反之，流线越疏处，流速越小。

（5）流线的形状和固体边界形状有关。离边界越近，受边界影响就越大。在边界形状变化急剧的地方，由于惯性作用，边界附近的质点产生与边界脱离的现象，并在主流与边界之间形成旋涡区。图 3-2 是水流通过突然扩大管路时的流线图，据此可以清晰地看出整个水流的流动趋势。

迹线是指某一液体质点在一段连续时间内的运动路径。

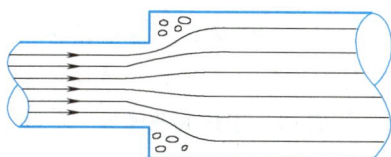

图 3-2 流线示意图

流线与迹线是两个完全不同的概念，流线是同一时刻各个质点的运动方向线，而迹线是同一个质点在某一时段内的运动轨迹。流线是欧拉法对液体流动的描述，迹线是拉格朗日法对液体流动的描述。在一般情况下，流线与迹线是不重合的。但是在恒定流中，由于空间各点的流速不随时间而变化，故流线也不随时间而变化，流线上的液体质点沿着固定流线运动。此时，流线与迹线在几何上是一致的，两者完全重合。

2. 流管与流束

在流场中，任取一非流线的封闭曲线，通过该曲线上各点作流线，由这些流线所构成的封闭管状表面称为流管，充满液体的流管称为流束，如图 3-3 所示。

图 3-3 流管

因为流线不能相交，所以流管中的液体质点不能穿越流管的侧壁流动，而只能在流管的两端流进流出。

3. 过水断面

与流束中所有流线都垂直的横断面称为过水断面。过水断面不一定是平面。当流线为相互平行直线时，过水断面是平面；否则，过水断面为曲面，如图 3-4 所示。

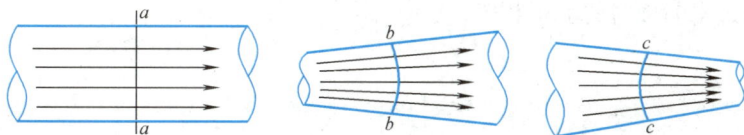

图 3-4 过水断面

4. 元流与总流

过水断面无限小的流束称为元流。元流的几何特征与流线相同。由于元流过水断面无限小，所以，断面上各点运动要素均相同。

无数元流的总和称为总流。工程上和自然界中运动的液体，如河流、水渠、水管中的水流等都是总流。总流过水断面上各点运动要素一般不相同。

5. 流量与断面平均流速

（1）流量

单位时间内通过某一过水断面的液体体积称为体积流量，简称流量，用符号 Q 表示，单位为 $\mathrm{m^3/s}$ 或 $\mathrm{L/s}$。

设元流过水断面积为 $\mathrm{d}A$，流速为 u，则元流的流量为

$$\mathrm{d}Q = u\,\mathrm{d}A$$

总流流量等于所有元流流量之和，即

$$Q = \int dQ = \int_A u\,dA \tag{3-1}$$

有时根据需要，总流流量还可用单位时间内通过某一过水断面液体的质量或重量来表示，分别称为质量流量和重量流量。质量流量用符号 M 表示，单位是 kg/s；重量流量用符号 G 表示，单位是 kN/s。质量流量、重量流量与体积流量三者之间的关系如下

$$M = \rho Q \tag{3-2}$$

$$G = Mg = \rho g Q \tag{3-3}$$

（2）断面平均流速

由于液体黏滞性的影响，总流过水断面上各点的流速并不相等。例如，水在管道或渠道中流动时，管壁或渠壁附近流速较小，管轴线或渠道自由液面处流速最大。如图 3-5 所示。

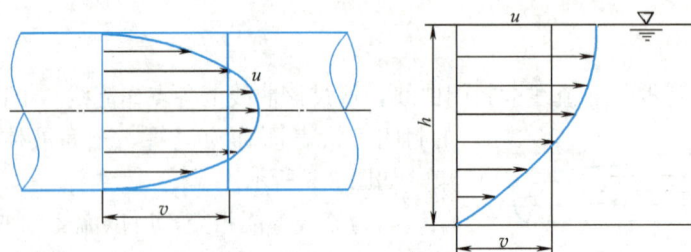

图 3-5　过水断面流速分布

由于过水断面上各点流速不易确定，为便于计算，引入断面平均流速概念，用符号 v 表示。这是一种假想流速，即认为液体质点都以该速度通过过水断面时，其流量与以实际流速通过同一过水断面时的流量相等。

$$v = \frac{\int_A u\,dA}{\int_A dA} = \frac{Q}{A}$$

即

$$Q = vA \tag{3-4}$$

式中　Q——液体流量，m^3/s；

　　　v——过流断面平均流速，m/s；

　　　A——过水断面面积，m^2。

【例 3-1】　某输水管道，管径 $d = 300mm$，流速 $v = 1.5m/s$，试求通过该管道水流的体积流量、质量流量和重量流量。

【解】　由式（3-4）

$$Q = vA$$

可知

$$Q = v \cdot \frac{\pi}{4}d^2 = 1.5 \times \frac{\pi}{4} \times 0.3^2 = 0.11 m^3/s$$

另由式（3-2）、式（3-3）得

质量流量 $M=\rho Q=1000\times0.11=110\text{kg/s}$

重量流量 $G=\rho gQ=1000\times9.8\times0.11=1078\text{kN/s}$

【例 3-2】　有一变径圆管，已知 1—1 断面直径 $d_1=200\text{mm}$，断面平均流速 $v_1=1.5\text{m/s}$，2—2 断面直径 $d=100\text{mm}$。试求：(1) 管中流量 Q；(2) 2—2 断面的断面平均流速。

【解】　(1) 管中流量

$$Q=v_1A_1=v_1\cdot\frac{\pi}{4}d_1^2$$

$$=1.5\times\frac{\pi}{4}\times0.2^2$$

$$=0.05\text{m}^3/\text{s}$$

(2) 由公式 $Q=vA$ 得

$$v=\frac{Q}{A_2}=\frac{Q}{\frac{\pi}{4}d_2^2}=\frac{4Q}{\pi d_2^2}$$

代入数据得

$$v=\frac{4\times0.05}{3.14\times0.1^2}=6.37\text{m/s}$$

通常情况下，计量结果精度取小数点后两位，即精确到百分位。

3.1.3　液体运动的基本类型

1. 恒定流与非恒定流

按液体运动要素是否随时间而变化，将其分为恒定流与非恒定流。在流场中，各空间点上全部运动要素均不随时间而变化，仅与空间位置有关，这种流动称为恒定流。

反之，各空间点上运动要素不仅与空间位置有关，而且随时间而变化，这种流动称为非恒定流。

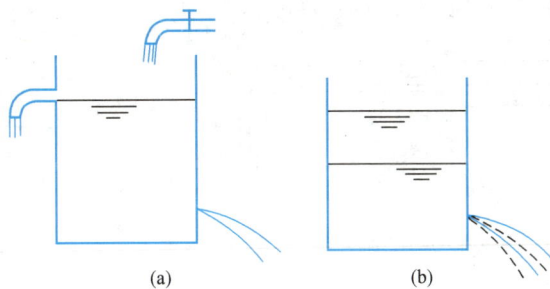

液体运动的基本类型

图 3-6　恒定流与非恒定流
(a) 恒定流；(b) 非恒定流

如图 3-6(a) 所示，当水箱泄水量与补充水量相等时，水箱中水位保持恒定，此时水流中各点流速与压强等运动要素均不随时间而变化，该流动即为恒定流。如图 3-6(b) 所示，当水箱中水位逐渐下降时，水流中各点流速与压强等运动要素随时间而变化，该流动

即为非恒定流。

恒定流的求解与非恒定流相比要简单得多。严格地说，自然界与工程实际中的水流运动，真正的恒定流是极少见的，大多数是非恒定流。但由于许多非恒定流中运动要素随时间变化非常缓慢，因此可以将其作为恒定流来处理。本章主要研究恒定流。

2. 均匀流与非均匀流

按流速是否沿程变化，将液体运动分为均匀流与非均匀流。流速大小及方向沿程都不变的流动称为均匀流。反之，流速大小或方向沿程变化的流动，称为非均匀流。例如，液体在等径长直管道中的流动以及在断面形状、尺寸沿程不变的长直渠道中的流动为均匀流，如图 3-7(a) 所示。而液体在渐缩管、渐扩管、弯管中的流动以及在断面形状或尺寸沿程变化的渠道中的流动为非均匀流。如图 3-7(b)、图 3-7(c) 所示。

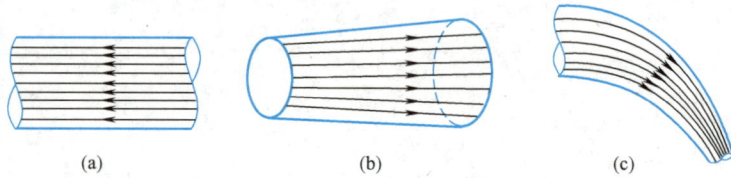

图 3-7　均匀流与非均匀流
(a) 均匀流；(b) 非均匀流；(c) 非均匀流

根据均匀流定义可知，均匀流流线是平行直线，故均匀流过水断面是平面。

3. 渐变流与急变流

按流线是否近似平行及弯曲程度将非均匀流分为渐变流与急变流。如图 3-8 所示。流线曲率及流线间夹角都很小、流线近似为平行直线的流动称为渐变流，如图 3-9 所示。渐变流的极限情况即为均匀流。反之，流线曲率及流线间夹角很大的流动称为急变流。

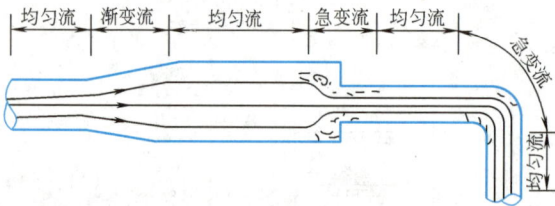

图 3-8　渐变流与急变流

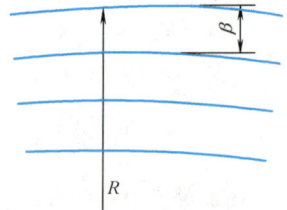

图 3-9　渐变流

渐变流过水断面具有以下两个性质：

(1) 渐变流过水断面近似为平面；

(2) 渐变流的同一过水断面上，动水压强按静水压强规律分布。即同一过水断面上各点的测压管水头相等$\left(Z+\dfrac{p}{\rho g}=C\right)$；

(3) 渐变流流段上只有沿程损失，且水力坡度相同。

4. 有压流与无压流

按液流是否具有自由液面，将液体运动分为有压流与无压流。当液体通过管道时，管道断面均被液体所充满，管内无自由液面，这种流动称为有压流或管流。例如，给水管道、有压涵管均为有压流；反之，具有自由液面的液流称为无压流或明渠流。例如，天然河道、人工渠道、污水管渠中的水流均为无压流。

本单元我们将要学习的液体运动三大基本方程，其建立的基本条件均要求为恒定流，因此我们需要对液体的流动进行判断，确定其是否为恒定流，以进一步判断能否应用三大基本方程解决该问题。我们给出以下结论：均匀流一定是恒定流，其他类型均有可能但都不一定是恒定流，需要结合其他条件进一步判断。

3.2 恒定流连续性方程

液体运动与其他物质运动一样，必然遵守质量守恒定律。恒定流连续性方程就是质量守恒定律在水力学中的具体应用。

3.2.1 连续性方程

如图 3-10 所示，在恒定总流中，任取过水断面 1—1 与 2—2 间的流段进行分析，1—1、2—2 断面面积分别为 A_1、A_2；断面平均流速为 v_1、v_2。在恒定流条件下，该流段的形状、位置不随时间而变化，故在同一时间内，流入 1—1 断面的液体质量等于流出 2—2 断面液体的质量，即 $m_1 = m_2$。

所以：
$$v_1 A_1 \rho_1 T = v_2 A_2 \rho_2 T$$

对于不可压缩液体 $\rho_1 = \rho_2 = C$，又有 $A = \dfrac{\pi}{4} d^2$

图 3-10 总流连续性方程

则得恒定总流连续性方程为：
$$Q_1 = Q_2 \text{ 或 } Q = vA = C \text{（常数）}$$

即
$$v_1 A_1 = v_2 A_2 \tag{3-5}$$

或
$$v_1 \cdot \frac{\pi}{4} d_1^2 = v_2 \cdot \frac{\pi}{4} d_2^2 \tag{3-6}$$

式（3-5）、式（3-6）称为恒定流连续性方程。它反映了液流过水断面与流速之间的关系。该式表明，在不可压缩液体的恒定流中，各个断面的流量均相等，断面平均流速与过水断面面积成反比。即：断面面积大，则流速小；断面面积小，则流速大。

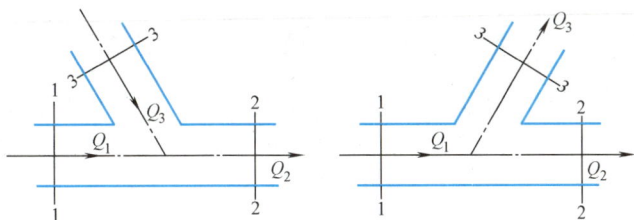

图 3-11 沿程流量的汇入与分出

连续性方程是在沿程流量不变的条件下得出的，若沿程流量有变化，如图 3-11 所示，则连续性方程形式应随之相应变化。

$$Q_1 \pm Q_3 = Q_2 \tag{3-7}$$

式中，Q_3 为汇入（取正值）或分出（取负值）的流量。

连续性方程的适用条件为恒定流、不可压缩液体。

3.2.2 连续性方程的应用

恒定流连续性方程是水动力学中三大基本方程之一，由于连续性方程式中未涉及作用在液体上的力，因此对于理想液体和实际液体均适用，在各种实际工程的水力计算中应用广泛。

【例 3-3】 如图 3-12 所示，一输水管路系统，已知各管段直径分别为 $d_1 = 250\text{mm}$，$d_2 = 200\text{mm}$，$d_3 = 150\text{mm}$，出口流速 $v_3 = 3\text{m/s}$，试求管路通过的流量及各管段的断面平均流速。

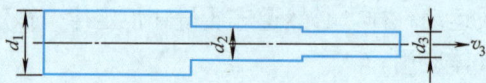

图 3-12　输水管路系统

解法 1　由恒定流连续性方程式（3-5）

$$v_1 A_1 = v_2 A_2 = v_3 A_3$$

得

$$v_1 = \frac{A_3}{A_1} v_3 = \left(\frac{d_3}{d_1}\right)^2 v_3 = \left(\frac{0.15}{0.25}\right)^2 \times 3 = 1.08\text{m/s}$$

$$v_2 = \frac{A_3}{A_2} v_3 = \left(\frac{d_3}{d_2}\right)^2 v_3 = \left(\frac{0.15}{0.2}\right)^2 \times 3 = 1.69\text{m/s}$$

由 $Q = vA$ 得

$$Q = v_3 A_3 = 3 \times \frac{\pi}{4} \times 0.15^2 = 0.053\text{m}^3/\text{s}$$

解法 2　由恒定流连续性方程

$$v_1 A_1 = v_2 A_2 = v_3 A_3$$

可得

$$v_1 \cdot \frac{\pi}{4} d_1^2 = v_3 \cdot \frac{\pi}{4} d_3^2$$

代入已知数据得

$$v_1 \times \frac{\pi}{4} \times 0.25^2 = 3 \times \frac{\pi}{4} \times 0.15^2$$

解得

$$v_1 = 1.08\text{m/s}$$

同理可知

$$v_2 \cdot \frac{\pi}{4} d_2^2 = v_3 \cdot \frac{\pi}{4} d_3^2$$

代入已知数据得

$$v_2 \times \frac{\pi}{4} \times 0.2^2 = 3 \times \frac{\pi}{4} \times 0.15^2$$

解得
$$v_2 = 1.69 \text{m/s}$$

由 $Q = vA$ 得

$$Q = v_3 A_3 = v_3 \cdot \frac{\pi}{4} d_3^2 = 3 \times \frac{\pi}{4} \times 0.15^2 = 0.053 \text{m}^3/\text{s}$$

【例 3-4】 如图 3-13 所示，输水管路中有一个三通管，已知管径 $d_1 = d_2 = 200\text{mm}$，$d_3 = 100\text{mm}$，断面平均流速 $v_1 = 3\text{m/s}$，$v_2 = 2\text{m/s}$，试求断面平均流速 v_3。

解法 1 由式 (3-7) 得
$$Q_1 = Q_2 + Q_3$$

即
$$v_1 A_1 = v_2 A_2 + v_3 A_3$$

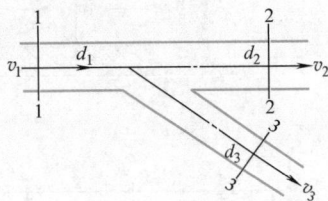

图 3-13 三通输水管

$$v_3 = \frac{\frac{\pi}{4} d_1^2 (v_1 - v_2)}{\frac{\pi}{4} d_3^2} = \left(\frac{d_1}{d_3}\right)^2 (v_1 - v_2)$$

$$= \left(\frac{0.2}{0.1}\right)^2 \times (3-2) = 4 \text{m/s}$$

解法 2 由式 (3-7) 得
$$Q_1 = Q_2 + Q_3$$

即
$$v_1 \cdot \frac{\pi}{4} d_1^2 = v_2 \cdot \frac{\pi}{4} d_2^2 + v_3 \cdot \frac{\pi}{4} d_3^2$$

代入数据得

$$3 \times \frac{\pi}{4} \times 0.2^2 = 2 \times \frac{\pi}{4} \times 0.2^2 + v_3 \times \frac{\pi}{4} \times 0.1^2$$

解得

$$v_3 = 4 \text{m/s}$$

3.3 恒定流能量方程

　　恒定流能量方程是物质能量转化与守恒定律在液体运动中的具体运用，它反映了运动液体机械能沿流程的变化情况，以及各断面流速、压强、断面位置三者之间的关系。恒定流能量方程为解决实际工程中的水力计算问题奠定了理论基础。

3.3.1 液流的能量转换现象
　　自然界中不同的运动形式具有不同的能量，当运动形式之间相互转化时，能量也随之相互转化。在转化过程中，必然遵守能量转化与守恒定律这一自然界物质运动的普遍规律。

液流与其他运动物质一样具有动能和势能。但不同的是，液流的势能可分为位置势能与压力势能两种。液流的动能与势能之间、机械能与其他形式能量之间可以相互转化，其转化关系同样遵守能量转化与守恒定律。只是由于液流本身特点，致使这一规律在液流中有其特殊的表现形式。如图 3-14 所示，分别以溢流坝和管道为例，说明液流各种机械能之间的相互转化现象。

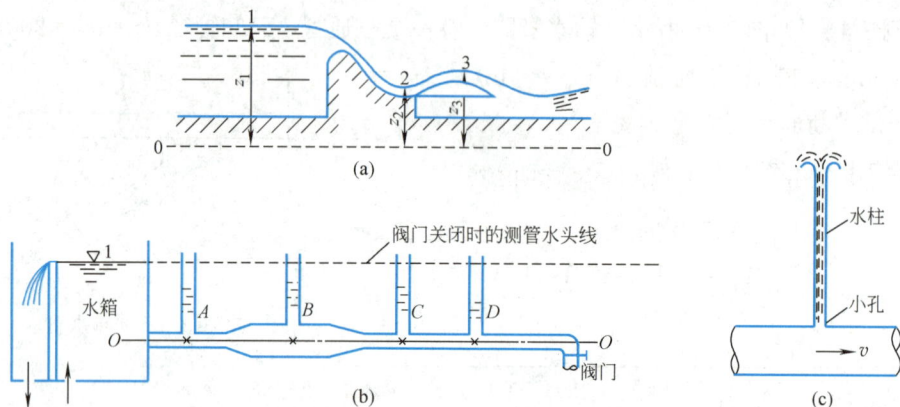

图 3-14　液流的能量转化现象

在图 3-14(a) 中，溢流坝上游点 1 断面处位置最高、位能最大，该断面面积大、流速小、动能也小。随着水流沿坝面下泄，其位能逐渐减小，动能逐渐增大。当水流下泄至挑流坎最低点 2 断面处时，位能最小，动能达到最大。水流从挑流坎射出后，位能又逐渐增大，而动能逐渐减小。水流经过点 3 后又重新下降，故其位能又逐渐减小，动能又逐渐增大。这就是水流的动能与位能之间相互转化的例子。

在图 3-14(b) 中，水箱中的水经水平变径管段恒定出流。取管道轴线水平面 O—O 作为基准面，在管道 A、B、C、D 断面处各设一根测压管，观察液流能量转化情况。

如将阀门关闭，则管道中的水处于静止状态。各测压管中液面均与水箱液面齐平。如图 3-14(b) 中虚线所示。这表明静止液体各点测压管水头 $\left(z+\dfrac{p}{\rho g}\right)$ 等于常数。

将阀门打开，水开始在管道中流动，各测压管中液面普遍下降。当水箱水位保持恒定时，各测压管中液面分别保持一定高度。观察 A、B 两根测压管，发现 B 点测压管中液面高于 A 点测压管中液面，这是因为 B 点处管径大于 A 点处管径，即 $A_{\mathrm{B}} > A_{\mathrm{A}}$。根据恒定流连续性方程，则 $v_{\mathrm{B}} < v_{\mathrm{A}}$。当水流自细管流至粗管时，其动能减小，压能增加。由于水平管道中水流位能均相等，所以 B 点测压管中液面高于 A 点测压管中液面。

然后再观察具有相同管径的 C、D 两根测压管，发现下游测压管液面低于上游测压管液面。C、D 两点流速相同，动能与位能也相等，但由于液体黏滞性作用，在其运动过程中产生摩擦阻力，从而使水流能量有所损失，损失的能量转化为热能而散失。所以 D 点测压管中液面低于 C 点测压管中液面。

如果在管道某处开一小孔，则管中水流在动水压力作用下，将以一定流速由小孔向上喷射，如图 3-14(c) 所示。随着射出水流的持续上升，流速不断减小，当升至某一高度时，流速变为零。说明此时水流动能全部转化为位能。

以上讨论说明，液流机械能三种形式之间可以相互转化。

实际工程中所涉及的许多水力学问题，都与液流能量转化与守恒有着密切关系。因此，研究液流能量转化与守恒的规律，是解决许多水力学问题的有效途径。

3.3.2　恒定元流的能量方程

恒定元流能量方程可根据物理学中的动能定理导出。动能定理指出：外力对物体做功的总和等于物体动能的增量。即

$$\sum W = \frac{1}{2}mv_2^2 - \frac{1}{2}mv_1^2$$

式中　$\sum W$——所有外力对物体做功的总和；

　　　　m——物体的质量，kg；

　　　　v_1——物体的初速度，m/s；

　　　　v_2——物体的末速度，m/s。

如图 3-15 所示，在恒定总流中，任取一元流，并取过水断面 1—1 与 2—2 间的流段进行分析，以 0—0 面作为基准面。进口断面 1—1、出口断面 2—2 的面积分别为 $\mathrm{d}A_1$、$\mathrm{d}A_2$，断面形心距基准面的垂直距离分别为 z_1、z_2，两断面上动水压强及流速分别为 p_1、p_2、u_1、u_2。

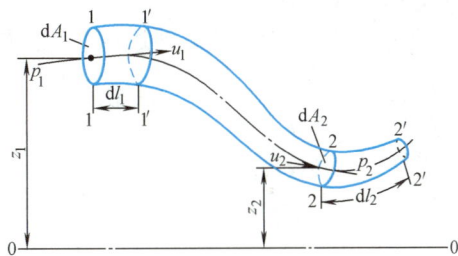

图 3-15　恒定元流能量方程

经过 $\mathrm{d}t$ 时间，该元流段由 1—2 位置运动到 $1'$—$2'$ 位置。在运动过程中，外力对流段做了功，使液体动能发生了相应变化。根据动能定理可知，外力对流段做功总和等于该流段动能增量。具体分析如下：

1. 外力作功

作用在流段 1—2 上的外力有质量力与表面力两种。

（1）质量力做功。

作用在流段上的质量力中只有重力。由于 $1'$—2 为运动前后公共段，对于恒定流来说，该流段形状、位置不随时间而变化，故该流段位移等于零，重力对该流段不做功。所以流段从 1—2 位置运动到 $1'$—$2'$ 位置时，重力所做的功等于流段从 1—$1'$ 位置运动到 2—$2'$ 位置时重力所做的功。即

$$W_G = \rho g\,\mathrm{d}Q\,\mathrm{d}t\,(z_1 - z_2)$$

（2）表面力做功。

作用在流段侧面上的动水压力与液体运动方向垂直，故不做功。

作用在流段两过水断面上的动水总压力分别为 $P_1 = p_1\mathrm{d}A_1$，$P_2 = p_2\mathrm{d}A_2$，故压力作功为

$$W_P = p_1\mathrm{d}A_1\mathrm{d}l_1 - p_2\mathrm{d}A_2\mathrm{d}l_2$$

式中，dl_1、dl_2 分别为两过水断面移动的距离。

$$dl_1 = u_1 dt$$
$$dl_2 = u_2 dt$$

则

$$W_P = p_1 u_1 dA_1 dt - p_2 u_2 dA_2 dt$$
$$= dQ dt (p_1 - p_2)$$

由于液体具有黏滞性，在其流动过程中，摩擦阻力必然作功。因阻力方向与液体运动方向相反，故阻力做负功。阻力作功使液流机械能转化成热能而散失，从而形成了机械能损失。关于流动阻力将在第四章中讨论，现在令这项负功为

$$W_T = -\rho g \, dQ \, dt h'_w$$

式中，h'_w 为受单位重力作用的液体由 1—1 断面运动至 2—2 断面的机械能损失。

外力对流段做功的总和为

$$\sum W = W_G + W_P + W_T$$
$$= \rho g \, dQ \, dt (z_1 - z_2) + dQ \, dt (p_1 - p_2) - \rho g \, dQ \, dt h'_w$$

2. 动能增量

由于流段 $1'$—2 是运动前后公共段，在恒定流条件下，该流段液体质量及流速均不随时间而变化，故该流段运动前后动能不变。因此，流段 1—2 运动前后动能增量等于 2—$2'$段动能与 1—$1'$段动能之差。即运动前后流段动能增量

$$\Delta E = \frac{1}{2} dm_2 u_2^2 - \frac{1}{2} dm_1 u_1^2$$

式中，dm_1、dm_2 分别为流段 1—$1'$、2—$2'$段液体质量；

$$dm_1 = \rho_1 u_1 dA_1 dt$$
$$dm_2 = \rho_2 u_2 dA_2 dt$$

对于不可压缩液体，$\rho_1 = \rho_2 = \rho$，根据连续性方程

$$u_1 dA_1 = u_2 dA_2 = dQ$$

故

$$dm_1 = dm_2 = \rho dQ dt$$

则流段动能增量

$$dE = \frac{1}{2} \rho dQ dt (u_2^2 - u_1^2)$$

根据动能定理

$$\sum W = \Delta E \quad 即$$

$$\rho g \, dQ \, dt (z_1 - z_2) + dQ \, dt (p_1 - p_2) - \rho g \, dQ \, dt h'_w = \rho dQ dt \left(\frac{u_2^2}{2} - \frac{u_1^2}{2} \right)$$

3. 恒定元流的能量方程

等式两边同除以 $\rho g \, dQ \, dt$，则

$$(z_1 - z_2) + \frac{p_1 - p_2}{\rho g} - h'_w = \frac{u_2^2}{2g} - \frac{u_1^2}{2g}$$

整理后，得

$$z_1 + \frac{p_1}{\rho g} + \frac{u_1^2}{2g} = z_2 + \frac{p_2}{\rho g} + \frac{u_2^2}{2g} + h'_w \tag{3-8}$$

式（3-8）即为不可压缩液体恒定元流能量方程，又称恒定元流伯努利方程。它反映了恒定元流沿程各断面受单位重力作用的液体的能量变化关系。

3.3.3　恒定总流的能量方程

1. 能量方程

恒定元流能量方程中各项表示受单位重力作用的液体所具有的能量，将该方程中各项乘以 $\rho g\,\mathrm{d}Q$，即可得到单位时间内通过元流两过水断面的全部液体的能量关系式

$$\left(z_1+\frac{p_1}{\rho g}+\frac{u_1^2}{2g}\right)\rho g\,\mathrm{d}Q=\left(z_2+\frac{p_2}{\rho g}+\frac{u_2^2}{2g}\right)\rho g\,\mathrm{d}Q+h'_{\mathrm{w}}\rho g\,\mathrm{d}Q$$

由连续性方程

$$\mathrm{d}Q=u_1\mathrm{d}A_1=u_2\mathrm{d}A_2$$

则上式改写为：

$$\left(z_1+\frac{p_1}{\rho g}+\frac{u_1^2}{2g}\right)\rho g u_1\mathrm{d}A_1=\left(z_2+\frac{p_2}{\rho g}+\frac{u_2^2}{2g}\right)\rho g u_2\mathrm{d}A_2+h'_{\mathrm{w}}\rho g\,\mathrm{d}Q$$

总流是无数元流的总和，将元流能量方程沿总流过水断面进行积分，即可得到总流能量方程。

$$\int_{A_1}\left(z_1+\frac{p_1}{\rho g}\right)\rho g u_1\mathrm{d}A_1+\int_{A_1}\frac{u_1^2}{2g}\rho g u_1\mathrm{d}A_1$$
$$=\int_{A_2}\left(z_2+\frac{p_2}{\rho g}\right)\rho g u_2\mathrm{d}A_2+\int_{A_2}\frac{u_2^2}{2g}\rho g u_2\mathrm{d}A_2+\int_Q\rho g h'_{\mathrm{w}}\mathrm{d}Q \tag{3-9}$$

上式中积分有三种类型：

(1) $\int_A\left(z+\dfrac{p}{\rho g}\right)\rho g u\,\mathrm{d}A$，表示单位时间内通过总流过水断面的液体的总势能。

由于所取总流过水断面为渐变流断面，则同一过水断面上动水压强按静水压强规律分布，即同一过水断面上 $\left(z+\dfrac{p}{\rho g}\right)=C$。则

$$\int_A\left(z+\frac{p}{\rho g}\right)\rho g u\,\mathrm{d}A=\rho g\left(z+\frac{p}{\rho g}\right)\int_A u\,\mathrm{d}A=\left(z+\frac{p}{\rho g}\right)\rho g Q \quad①$$

(2) $\int_A\dfrac{u^2}{2g}\rho g u\,\mathrm{d}A$，表示单位时间内通过总流过水断面的液体的总动能。

由于恒定总流过水断面上各点流速不同，过水断面上速度分布一般难以确定，故采用断面平均流速 v 来代替断面上各点的实际流速 u，并引入动能修正系数 α，α 等于实际动能与按断面平均流速计算的动能的比值。即

$$\alpha=\frac{\int_A u^3\mathrm{d}A}{v^3A}$$

则

$$\int_A\frac{u^2}{2g}\rho g u\,\mathrm{d}A=\rho g Q\frac{\alpha v^2}{2g} \quad②$$

α 值的大小取决于总流过水断面上的速度分布情况，如果速度分布均匀，则 $\alpha=1$；速度分布较均匀，$\alpha=1.05\sim1.10$；速度分布不均匀时 α 值较大，甚至可以达到 2.0。为方便计算，实际工程中通常取 $\alpha=1$。

（3）$\int_Q h'_w \rho g \, \mathrm{d}Q$，表示单位时间总流 1—1 断面与 2—2 断面之间的机械能损失。为方便计算，现定义 h_w 为受单位重力作用的液体在总流两断面间的平均机械能损失，称为总流的水头损失，即

$$\int_Q h'_w \rho g \, \mathrm{d}Q = h_w \rho g Q \qquad\qquad ③$$

将①、②、③式代入式（3-7）中，得

$$\left(z_1 + \frac{p_1}{\rho g}\right)\rho g Q_1 + \frac{\alpha_1 v_1^2}{2g}\rho g Q_1 = \left(z_2 + \frac{p_2}{\rho g}\right)\rho g Q_2 + \frac{\alpha_2 v_2^2}{2g}\rho g Q_2 + h_w \rho g Q$$

由于两断面间没有流量流入或流出，即

$$Q_1 = Q_2 = Q$$

用 $\rho g Q$ 除式中各项，得

$$z_1 + \frac{p_1}{\rho g} + \frac{\alpha_1 v_1^2}{2g} = z_2 + \frac{p_2}{\rho g} + \frac{\alpha_2 v_2^2}{2g} + h_{w1-2} \qquad\qquad (3\text{-}10)$$

式（3-10）即为恒定总流能量方程又称恒定总流伯努利方程。方程给出了不同过水断面能量之间的相互关系。是水动力学中第二个基本方程。恒定总流能量方程深刻反映了液体运动能量转化的基本规律，是用来分析水流现象、解决工程实际问题的一个极为重要的基本原理。

2. 能量方程的意义

（1）物理意义。

恒定总流能量方程中各项分别表示单位重量液体所具有的不同形式的机械能。

z——单位重量液体所具有的位能，kPa；

$\dfrac{p}{\rho g}$——单位重量液体所具有的压能，kPa；

$\dfrac{\alpha v^2}{2g}$——单位重量液体所具有的平均动能，kPa；

$z + \dfrac{p}{\rho g}$——单位重量液体所具有的总势能，kPa；

$z + \dfrac{p}{\rho g} + \dfrac{\alpha v^2}{2g}$——单位重量液体所具有的总机械能，kPa；

h_w——总流两过水断面间单位重量液体的平均能量损失，kPa。

（2）几何意义。

恒定总流能量方程中各项都具有长度的单位。

z——过水断面上某点距基准面的位置高度，称为位置水头，mH_2O；

$\dfrac{p}{\rho g}$——过水断面上的压强高度，称为压强水头，mH_2O；

$\dfrac{\alpha v^2}{2g}$——过水断面的平均流速水头，mH_2O；

$$z+\frac{p}{\rho g}$$ ——过水断面的测压管水头，用 H_P 表示，mH_2O；

$$z+\frac{p}{\rho g}+\frac{\alpha v^2}{2g}$$ ——过水断面的总水头，用 H 表示，mH_2O；

$$h_w$$ ——两过水断面间的水头损失，mH_2O。

为了更清晰地体现能量方程中各项的物理意义与几何意义以及二者之间的对应关系，现将其以表格形式呈现，见表 3-1。

能量方程中各项的物理、几何意义　　　　　表 3-1

序号	能量方程中各项	物理意义	几何意义
1	z	位置势能(位能)	位置水头
2	$\frac{p}{\rho g}$	压力势能或称压强势能(压能)	压强水头(测压管高度)
3	$z+\frac{p}{\rho g}$	总势能	测压管水头
4	$\frac{\alpha v^2}{2g}$	平均动能	流速水头或称速度水头
5	$z+\frac{p}{\rho g}+\frac{\alpha v^2}{2g}$	总机械能	总水头
6	h_w	机械能损失	水头损失

这里需要说明的是，位能的计算点和压能的计算点应当一致。这是因为在推导恒定总流能量方程时，渐变流过水断面中位能和压能之和为常数，是作为整体从积分号内提出的。另外，需要注意测压管高度和测压管水头的区别与联系。

3. 能量方程的图形表示

恒定总流能量方程中各项及总水头、测压管水头的沿程变化，可以用几何图形来表示，如图 3-16 所示。

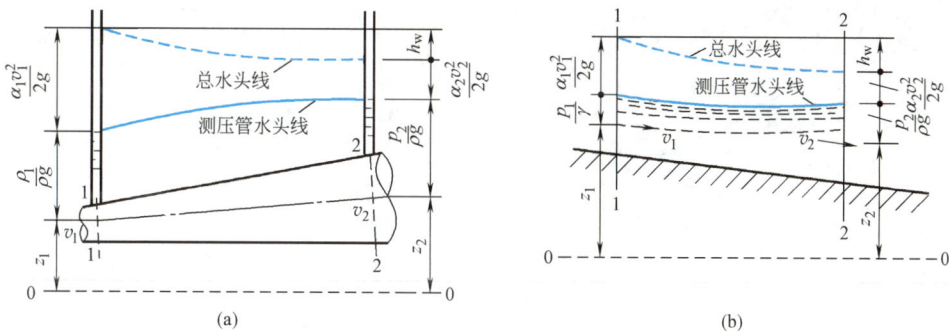

图 3-16　总水头线与测压管水头线
(a) 管流的水头线；(b) 明渠流的水头线

图中各断面的总水头的连线称为总水头线。测压管水头的连线称为测压管水头线。图 3-16 为通过管道和渠道的液流的总水头线及测压管水头线。随着流程的增加，水头损失不断增大，总水头不断减小。因此，总水头线总是沿程下降的。沿程单位长度上的总水头

减小值或沿程单位长度上的水头损失称为水力坡度，用 J 表示，即

$$J = \frac{H_1 - H_2}{L} = \frac{h_w}{L} \tag{3-11}$$

沿程单位长度上两测压管水头差称为测压管坡度，用 J_P 表示，即

$$J_P = \frac{\left(z_1 + \dfrac{p_1}{\rho g}\right) - \left(z_2 + \dfrac{p_2}{\rho g}\right)}{L} \tag{3-12}$$

测压管液面的高低，取决于水头损失 h_w 与流速水头 $\dfrac{\alpha v^2}{2g}$。虽然水头损失总是沿程增加的，但流速水头沿程可能减小，也可能增加。因此，测压管水头线沿程可能下降，也可能上升。故测压管坡度可正可负。

用水头线来描述各断面能量的变化与损失情况更加直观与清晰，因而在实际工程中，经常用它来定性分析液体流动过程中的能量变化情况。

3.3.4 恒定总流能量方程的应用

1. 应用条件

如前所述，恒定总流能量方程在推导过程中限定了一定的条件。因此，在应用该方程时，也要受到这些条件的限制。

（1）液流必须是恒定流。

（2）不可压缩液体，即 $\rho = C$。

（3）作用在液体上的质量力中只有重力。

（4）所选取的两个过水断面，必须是均匀流或渐变流过水断面（但两个过水断面之间可以是急变流）。

（5）流量沿程不变，即两过水断面间没有流量汇入或分出。

（6）能量沿程不变，即两过水断面间没有能量输入或输出。

若两过水断面间有流量的分出或汇入，如图 3-17 所示，则应分别对每一支水流列能量方程。

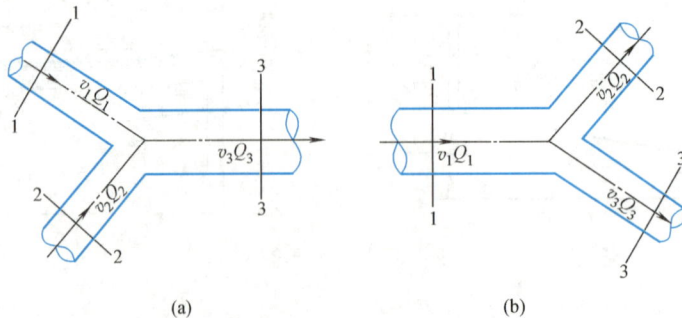

图 3-17　沿程有流量汇入或分出的分支管路

如图 3-17（a）所示，两支汇合的水流，因

$$Q_1 + Q_2 = Q_3$$

于是对每一支水流有

$$z_1 + \frac{p_1}{\rho g} + \frac{\alpha_1 v_1^2}{2g} = z_3 + \frac{p_3}{\rho g} + \frac{\alpha_3 v_3^2}{2g} + h_{w1-3}$$

$$z_2 + \frac{p_2}{\rho g} + \frac{\alpha_2 v_2^2}{2g} = z_3 + \frac{p_3}{\rho g} + \frac{\alpha_3 v_3^2}{2g} + h_{w2-3}$$

对有流量分出的情况，如图 3-17（b）所示，则有

$$z_1 + \frac{p_1}{\rho g} + \frac{\alpha_1 v_1^2}{2g} = z_2 + \frac{p_2}{\rho g} + \frac{\alpha_2 v_2^2}{2g} + h_{w1-2}$$

$$z_1 + \frac{p_1}{\rho g} + \frac{\alpha_1 v_1^2}{2g} = z_3 + \frac{p_3}{\rho g} + \frac{\alpha_3 v_3^2}{2g} + h_{w1-3}$$

恒定总流的伯努利方程式（3-10）是在两过流断面间除水头损失之外，无能量输入或输出的条件下导出的。当两过流断面间有水泵（图 3-18）、风机或水轮机（图 3-19）、汽轮机等流体机械时，存在能量的输入或输出。此时根据能量守恒原理，应计入单位重量流体经流体机械获得或失去的机械能，扩展为有能量输入或输出的伯努利方程

$$z_1 + \frac{p_1}{\rho g} + \frac{\alpha_1 v_1^2}{2g} \pm H_m = z_2 + \frac{p_2}{\rho g} + \frac{\alpha_2 v_2^2}{2g} + h_l \tag{3-13}$$

式中　$+H_m$——单位重量流体通过流体机械获得的机械能，如水泵的扬程；

$-H_m$——单位重量流体给予流体机械的机械能，如水轮机的作用水头。

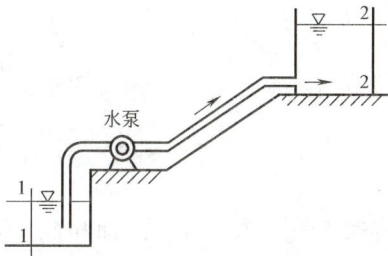

图 3-18　有能量输入的总流

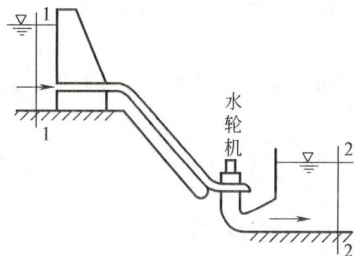

图 3-19　有能量输出的总流

2. 解题一般步骤

（1）选择计算断面。

两计算断面除了应符合均匀流或渐变流条件以外，应取在已知量较多，且包含所求未知量在内的断面上。

（2）选择计算点。

为了计算方便，对于管流通常取在管道中心点，对于明渠流则取在自由液面上。

（3）选择基准面。

基准面的位置可任意选择，但在计算不同断面的位置高度时，必须选取同一基准面。应以不使位置高度出现负值，且计算简便为原则。通常，基准面可取下游出水断面形心点所在的水平面。

（4）选择压强基准。能量方程中的动水压强 p_1、p_2 可采用绝对压强，也可采用相对压强，但在同一方程中必须统一。通常采用相对压强较为方便。

（5）确定动能修正系数。不同过水断面上动能修正系数 α 并不相等，也不等于 1。但

对大多数渐变流取 $\alpha_1 = \alpha_2 = 1$，由此引起的误差可忽略不计。

（6）建立能量方程求解。全面分析和考虑所选取的两过流断面之间的能量损失（详见教学单元4），列出能量方程并求解。

【例 3-5】 如图 3-20 所示，水箱中的水经底部立管恒定出流，已知水深 $H = 1.5\text{m}$，管长 $L = 2\text{m}$，管径 $d = 200\text{mm}$，不计能量损失，并取动能修正系数 $\alpha = 1.0$，试求：

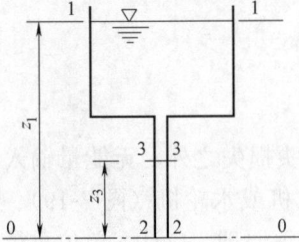

图 3-20　水经水箱立管出流

（1）立管出口处水的流速；

（2）离立管出口 1m 处水的压强。

【解】（1）立管出口处水的流速

本题水流为恒定流，水箱水面的和欲求流速的出口断面均为渐变流断面，满足能量方程的应用条件。

在立管出口处取基准面 0-0，列出水箱水面 1-1 与出口断面 2-2 的能量方程式

$$z_1 + \frac{p_1}{\rho g} + \frac{\alpha_1 v_1^2}{2g} = z_2 + \frac{p_2}{\rho g} + \frac{\alpha_2 v_2^2}{2g} + h_{w1\text{-}2} \tag{3-14}$$

以上七项，按断面从左至右逐项确定如下：

断面 1-1 距离基准面的垂直高度

$$z_1 = 1.5 + 2 = 3.5\text{m}$$

断面 1-1 处与大气相接触，按相对压强考虑 $p_1 = p_a = 0$

断面 1-1 与 2-2 相比，面积要大得多，因此流速 v_1 比 v_2 小得多。而流速水头 $\frac{\alpha_1 v_1^2}{2g}$ 远小于 $\frac{\alpha_2 v_2^2}{2g}$，可以忽略不计，即认为 $\frac{\alpha_1 v_1^2}{2g} = 0$。

断面 2-2 与基准面重合，$z_2 = 0$。断面 2-2 处直通大气，取与 1-1 断面相同压强基准，即相对压强，则 $p_2 = p_a = 0$。

不计能量损失，即 $h_{w1\text{-}2} = 0$。且动能修正系数 $\alpha_1 = \alpha_2 = 1.0$。

把上述已知条件代入能量方程式后，可得 $3.5 + 0 + 0 = 0 + 0 + \frac{v_2^2}{2g} + 0$

即 $\frac{v_2^2}{2g} = 3.5$

所以立管出口处水的流速

$$v_2 = \sqrt{3.5 \times 2g} = \sqrt{7 \times 9.81} = 8.35\text{m/s}$$

（2）离立管出口 1m 处水的压强

基准面 0-0 仍取在立管出口处，2-2 断面也不变，3-3 断面则必须取在离立管出口1m 处，以便确定其压强。

断面 3-3 与 2-2 的能量方程为

$$z_3 + \frac{p_3}{\rho g} + \frac{\alpha_3 v_3^2}{2g} = z_2 + \frac{p_2}{\rho g} + \frac{\alpha_2 v_2^2}{2g} + h_{w3\text{-}2} \tag{3-15}$$

在这里，能量损失已加在流动的末端断面即下游断面上。

由于 $z_3=1\text{m}$，$z_2=0$，$p_2=p_a=0$，$\alpha_3=\alpha_2=1$，$h_{w3\text{-}2}=0$ 代入上式得

$$1+\frac{p_3}{\rho g}+\frac{v_3^2}{2g}=0+0+\frac{v_2^2}{2g}+0$$

已知立管的直径不变，则流速水头相等，即 $\dfrac{v_2^2}{2g}=\dfrac{v_3^2}{2g}$，所以上式为

$$1+\frac{p_3}{\rho g}=0 \quad 或 \quad \frac{p_3}{\rho g}=-1$$

因此离立管出口 1m 处的压强为

$$p_3=-1\times\rho g=-1\times9810=-9810\text{N/m}^2=-9.81\text{kPa}$$

在解题过程中，我们采用了相对压强为基准，所以计算结果 p_3 为相对压强。

【例 3-6】 水流由水箱经前后相接的两管流出大气中。大小管断面的比例为 2∶1。全部水头损失的计算式参见图 3-21。

(1) 求出口流速 v_2；

(2) 绘总水头线和测压管水头线；

(3) 根据水头线求 M 点的压强 p_M。

【解】 (1) 划分水面 1—1 断面及出流断面 2—2，基准面通过管轴出口。则

$$p_1=0 \quad z_1=8.2\text{m} \quad v_1=0$$
$$p_2=0 \quad z_2=0$$

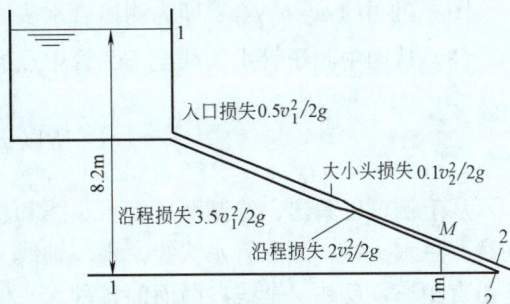

图 3-21 水头损失的计算

写能量方程

$$8.2+0+0=0+0+\frac{v_2^2}{2g}+h_w$$

根据图 3-21

$$h_w=0.5\frac{v_1^2}{2g}+0.1\frac{v_2^2}{2g}+3.5\frac{v_1^2}{2g}+2\frac{v_2^2}{2g}$$

由于两管断面之比为 2∶1，两管流速之比为 1∶2，即 $v_2=2v_1$，则 $\dfrac{v_2^2}{2g}=4\dfrac{v_1^2}{2g}$ 代入

$$h_w=3.1\frac{v_2^2}{2g}$$

则

$$8.2=4.1\frac{v_2^2}{2g}$$

$$\frac{v_2^2}{2g}=2\text{m}, \quad v_2=\sqrt{19.6\times2}=6.25\text{m/s}$$

$$\frac{v_1^2}{2g}=0.5\text{m}$$

(2) 现在从 1—1 断面开始绘总水头线，水箱静水水面高 $H=8.2\text{m}$，总水头线就是水面线。入口处有局部损失，$0.5\dfrac{v_1^2}{2g}=0.5\times0.5=0.25\text{m}$。则 1-$a$ 的铅直向下长度为

0.25m。从 A 到 B 的沿程损失为 $3.5\dfrac{v_1^2}{2g}=1.75\text{m}$，则 b 低于 a 的铅直距离为 1.75m。

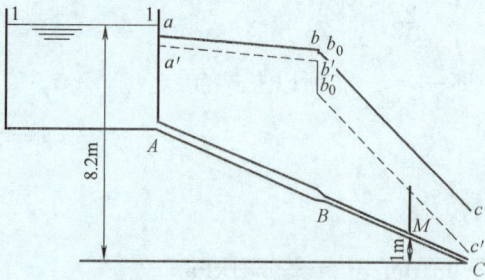

图 3-22　水头线的绘制

以此类推，直至水流出口，图 3-22 中 $1\text{-}a\text{-}b\text{-}b_0\text{-}c$ 即为总水头线。

测压管水头线在总水头线之下，距总水头线的铅直距离：在 $A\text{-}B$ 管段为 $\dfrac{v_1^2}{2g}=0.5\text{m}$，在 $B\text{-}C$ 管段的距离为 $\dfrac{v_2^2}{2g}=2\text{m}$。由于断面不变，流速水头不变。二管段的测压管水头线，分别与各管段的总水头线平行。图 3-22 中 $1\text{-}a'\text{-}b'\text{-}b_0'\text{-}c$ 即为测压管水头线。

（3）从图中测压管水头线至 BC 管中点的距离，求出 M 点的压强。得出

$$\frac{p_M}{\gamma}=1\text{m}\quad \text{所以}\ p_M=9807\text{N/m}^2$$

从上例可以看出，绘制测压管水头线和总水头线之后，图形上出现四根有能量意义的线：总水头线，测压管水头线，水流轴线（管轴线）和基准面（线）。这四根线的相互铅直距离，反映了全线各断面的各种水头值。这样，水流轴线到基准线之间的铅直距离，就是断面的位置水头。测压管水头线到水流轴线之间的铅直距离，就是断面的压强水头。而总水头线到测压管水头线之间的铅直距离，就是断面流速水头。

3. 能量方程在工程中的应用实例

恒定流能量方程除了在理论上具有指导意义之外，在工程实际中也得到了广泛的应用。

（1）在流速测量中的应用——毕托管。

毕托管是一种测量水流中任一点流速的仪器，如图 3-23 所示。它由一根弯成直角的两端开口的测速管和一根测压管组成，当需要测定水流中某点 A 的流速时，将测速管前端置于 A 点的前方 B 点处，并正对水流方向。这时 B 点水流由于测速管阻滞作

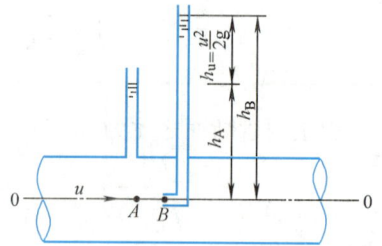

图 3-23　测速管

用的影响，流速变为零，其动能全部转化为压能，使测速管中的液面上升至 h_B 高度。A 点由于未受到测速管影响，其流速为 u，测压管液面高度为 h_A。取 0—0 作为基准面，对 A、B 两点列元流的能量方程，并忽略其能量损失。

$$\frac{p_A}{\rho g}+\frac{u^2}{2g}=\frac{p_B}{\rho g}$$

$$\frac{u^2}{2g}=\frac{p_B-p_A}{\rho g}=h_B-h_A=h_u$$

则

$$u=\sqrt{2g(h_B-h_A)}=\sqrt{2gh_u} \qquad (3\text{-}16)$$

工程中使用的毕托管是将测速管和测压管装入同一弯管内，如图 3-24 所示。考虑到毕托管放入后对水流产生的干扰影响，需对式（3-16）加以修正，引入修正系数 φ，则

$$u=\varphi\sqrt{2gh_u} \qquad (3\text{-}17)$$

修正系数 $\varphi=u/u'$（u 为实际流速，u' 为理论流速）。φ 值可由实验测定，通常 $\varphi=0.98\sim1.0$。使用时将两管上端与压差计相连接，只要测出压差计液面高差，即可按式（3-17）计算出所测点的流速。

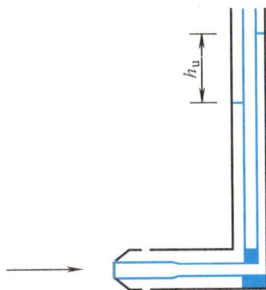

图 3-24　毕托管

【例 3-7】　用毕托管测定水中某点流速，测得压差计液面高差 h_u 为 5cm，已知 $\varphi=1.0$，试求该点流速。

【解】　由式（3-17），得

$$u=\varphi\sqrt{2gh_u}=1.0\times\sqrt{2\times9.8\times0.05}=0.98\text{m/s}$$

（2）在流量测量中的应用——文丘里流量计。

文丘里流量计是一种测量有压管道流量的仪器。它由渐缩管、喉管及渐扩管三部分组成。在渐缩段进口断面及喉管处分别安装测压管（或水银压差计），如图 3-25 所示。

因喉管处管径较小，当液体通过时，由于管径收缩而引起动能增大，势能相应减小，故测压管 2 中液面明显低于测压管 1 中液面。在测得两测压管液面高差 Δh 后，应用能量方程，即可算出通过管道的流量。

取渐缩管进口断面为 1—1 断面，喉管断面为 2—2 断面，以水平面 0—0 作为基准面，暂不考虑能量损失，并取 $\alpha_1=\alpha_2=1$，列能量方程：

$$z_1+\frac{p_1}{\rho g}+\frac{v_1^2}{2g}=z_2+\frac{p_2}{\rho g}+\frac{v_2^2}{2g}$$

得：

$$\left(z_1+\frac{p_1}{\rho g}\right)-\left(z_2+\frac{p_2}{\rho g}\right)=\frac{v_2^2-v_1^2}{2g} \qquad ①$$

根据连续性方程

$$v_1A_1=v_2A_2 \quad 得$$

$$v_2=\left(\frac{A_1}{A_2}\right)v_1=\left(\frac{d_1}{d_2}\right)v_1 \qquad ②$$

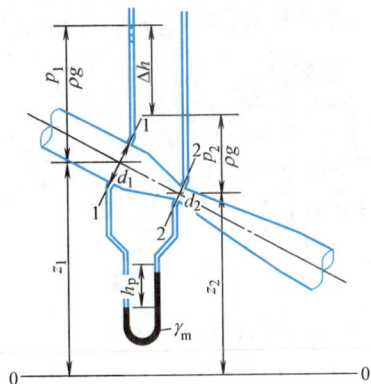

图 3-25　文丘里流量计

又

$$\left(z_1+\frac{p_1}{\rho g}\right)-\left(z_2+\frac{p_2}{\rho g}\right)=\Delta h \qquad ③$$

将式②、式③代入式①中，得

$$v_1 = \sqrt{\frac{2g\,\Delta h}{(d_1/d_2)^4 - 1}}$$

因此，通过管道的流量

$$Q = v_1 A_1 = \pi/4\, d_1^2 \sqrt{\frac{2g\,\Delta h}{(d_1/d_2)^4 - 1}}$$

令

$$K = \pi/4\, d_1^2 \sqrt{\frac{2g}{(d_1/d_2)^4 - 1}}$$

则

$$Q = k\sqrt{\Delta h} \tag{3-18}$$

式中　k——文丘里管系数，由文丘里管结构而定。

考虑到能量损失，管道实际流量小于按式（3-16）计算的流量，故需加以修正。则实际流量为

$$Q = \mu k\sqrt{\Delta h} \tag{3-19}$$

式中　μ——文丘里流量系数，$u = Q/Q'$（Q 为实际流量，Q' 为理论流量）由实验确定，
　　　　一般 $\mu = 0.95 \sim 0.98$。

如果文丘里流量计安装的是水银压差计，如图 3-25 中管道下部所示，根据水银与水的密度关系，文丘里流量计算公式为

$$Q = \mu k\sqrt{12.6 h_{\mathrm{P}}} \tag{3-20}$$

【例 3-8】　利用文丘里流量计测量某有压管道中流量。已知文丘里流量计管径 $d_1 = 200\mathrm{mm}$，$d_2 = 80\mathrm{mm}$，流量系数 $\mu = 0.98$。当测得水银压差计液面高差 $h_{\mathrm{P}} = 40\mathrm{mm}$（或测压管水头差 $\Delta h = 0.53\mathrm{m}$）时，求管道通过的流量为多少？

【解】　计算文丘里管系数 k

$$k = \pi/4\, d_1^2 \sqrt{\frac{2g}{(d_1/d_2)^4 - 1}} = \pi/4 \times 0.2^2 \sqrt{\frac{2 \times 9.8}{(0.2/0.08)^4 - 1}} = 0.0225$$

则通过管道的流量

$$Q = \mu k \sqrt{12.6 h_{\mathrm{P}}} = 0.98 \times 0.0225 \times \sqrt{12.6 \times 0.04}$$

$$= 0.016 \mathrm{m}^3/\mathrm{s}$$

若用测压管量测，则

$$Q = \mu k \sqrt{\Delta h} = 0.98 \times 0.0225 \times \sqrt{0.53}$$

$$= 0.016 \mathrm{m}^3/\mathrm{s}$$

3.4 恒定流动量方程

在工程实际中，常常需要计算液流与固体边壁相互间的作用力。如果用能量方程来求解这类问题是非常困难的，因而，需要用动量方程来求解。恒定流动量方程是物质动量方程在液体运动中的具体应用，它反映的是运动液体动量沿程变化的情况。

3.4.1 恒定流动量方程

恒定总流动量方程可根据物理学中的动量定理导出。动量定理指出：在单位时间内，物体沿某一方向的动量变化等于该物体在同一方向上所受外力的合力。即：

$$\sum \vec{F} = \frac{m\vec{v}_2 - m\vec{v}_1}{\mathrm{d}t}$$

在恒定总流中，取渐变流过水断面 1—1、2—2 间的流段作为隔离体进行分析。如图 3-26 所示。

1—1、2—2 的断面面积分别为 A_1、A_2，断面平均流速 v_1、v_2。经过 $\mathrm{d}t$ 时间，流段由 1—2 位置运动到 1′—2′位置。在运动过程中，由于流速的大小与方向发生了变化，故该流段的动量发生了相应的变化。其动量增量等于流段 1′—2′ 的动量与流段 1—2 的动量之差。由于流段 1′—2 为运动前后的公共段，在恒定流条件下，流段

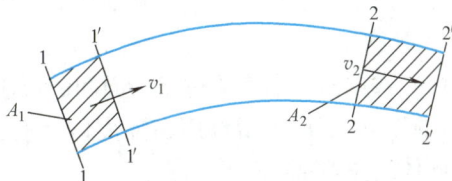

图 3-26 总流动量方程

1′—2 的形状、位置及动量不随时间而变化，因而流段 1—2 运动前后动量的增量等于流段 2—2′ 的动量与流段 1—1′ 的动量之差。即

$$\Delta \vec{k} = \vec{k}_{2-2'} - \vec{k}_{1-1'}$$
$$= m_2 \vec{v}_2 - m_1 \vec{v}_1$$

上式中的动量是采用断面平均流速计算的。由于过水断面上速度分布是不均匀的，所以，按断面平均流速计算的动量与实际动量之间存在着差异。为此，需引入动量修正系数 β 进行修正。

$$\beta = \frac{实际动量}{按 v 计算的动量} = \frac{\int_A u^2 \mathrm{d}A}{v^2 A}$$

与动能修正系数 α 相同，β 值的大小取决于总流过水断面上速度分布情况，如果速度分布均匀，则 $\beta = 1$；速度分布比较均匀，$\beta = 1.02 \sim 1.05$；速度分布越不均匀，则 β 值越大。为方便计算，在实际工程中通常取 $\beta = 1$。

修正后的动量增量为

$$\Delta \vec{k} = m_2 \beta_2 \vec{v}_2 - m_1 \beta_1 \vec{v}_1$$

根据质量守恒原理，$\mathrm{d}t$ 时间内流入 1—1 断面液体质量等于流出 2—2 断面液体质量，即

$$m_1 = m_2 = \rho Q \mathrm{d}t$$

根据动量定理，得

$$\sum \vec{F} = \rho Q(\beta_2 \vec{v}_2 - \beta_1 \vec{v}_1) \tag{3-21}$$

式（3-19）即为恒定总流动量方程，该方程给出了总流动量变化与作用力之间的关系。该方程为矢量方程，为便于计算，常把该式写成各坐标轴投影方程形式。

$$\left.\begin{array}{l} \sum F_x = \rho Q(\beta_2 v_{2x} - \beta_1 v_{1x}) \\ \sum F_y = \rho Q(\beta_2 v_{2y} - \beta_1 v_{1y}) \\ \sum F_z = \rho Q(\beta_2 v_{2z} - \beta_1 v_{1z}) \end{array}\right\} \tag{3-22}$$

恒定总流动量方程是动量定理在水力学中应用后的表达式，是水动力学三大基本方程之一。

3.4.2 恒定总流动量方程的应用

1. 应用条件

（1）液流必须是恒定流。

（2）不可压缩液体，即 $\rho = C$。

（3）所选取的两过水断面为渐变流断面。

2. 解题要点

（1）选取两个渐变流过水断面间的流段作为隔离体，两断面之间可以是急变流。

（2）式中 $\sum F$ 是指作用在隔离体上的全部外力，如重力、两端过水断面上的动水压力、固体边壁对液流的作用力。

（3）计算动量增量时，应当是流出的动量减去流入的动量，两者切不可颠倒。

（4）计算时，先选定坐标轴方向，然后确定各外力及流速的投影分量的正负。与坐标轴同向为正，反向为负。

（5）固体边壁对液流的反作用力 R' 与液体对固体边壁的作用力 R 大小相等、方向相反。计算时可先假定其方向，若所得结果为正，说明原假定方向正确；若所得结果为负，则说明与原假定方向相反。

3. 动量方程的应用

【例 3-9】 如图 3-27 所示，管路中一段水平放置的变截面弯管，弯角 45°，1—1 断面直径 $d_1 = 600\text{mm}$，$v_1 = 1.5\text{m/s}$，$p_1 = 245\text{kPa}$，2—2 断面直径 $d_2 = 400\text{mm}$，如不考虑弯管的能量损失，试求水流对弯管的作用力。

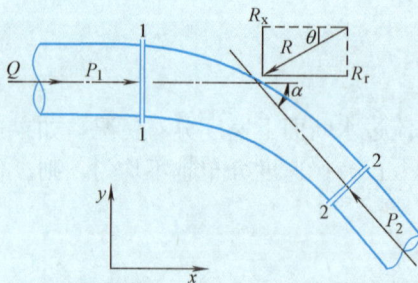

图 3-27 输水弯管

【解】 1. 取渐变流过水断面 1—1、2—2 间的流段作为隔离体，并取 x、y 坐标如图所示。

2. 作用在隔离体上的外力

由连续性方程 $v_1 A_1 = v_2 A_2$ 得

$$v_2 = \frac{A_1}{A_2} v_1 = \left(\frac{0.6}{0.4}\right)^2 \times 1.5 = 3.375\text{m/s}$$

$$Q = v_1 A_1 = 1.5 \times \pi/4 d_1^2 = 1.5 \times \pi/4 \times 0.6^2$$
$$= 0.424\text{m}^3/\text{s}$$

（1）由于弯管是水平放置的，重力在 x、y 轴上的投影为零。

（2）作用在两端过水断面上的总压力

对 1—1、2—2 断面列能量方程，并取 $\alpha_1=\alpha_2=1$，则

$$\frac{p_1}{\rho g}+\frac{v_1^2}{2g}=\frac{p_2}{\rho g}+\frac{v_2^2}{2g}$$

得

$$p_2=p_1+\frac{\rho}{2}(v_1^2-v_2^2)$$

$$=245+\frac{1}{2}(1.5^2-3.375^2)$$

$$=240.5\text{kPa}$$

由此得到两过水断面上的总压力

$$P_1=p_1A_1=245\times\pi/4\times0.6^2=69.29\text{kN}$$

$$P_2=p_2A_2=240.5\times\pi/4\times0.4^2=30.21\text{kN}$$

（3）弯管对水流的反作用力

沿 x、y 方向列动量方程，并取 $\beta_1=\beta_2=1$，

$$P_1-R_x-P_2\cos45°=\rho Q(v_2\cos45°-v_1)$$

$$P_2\sin45°-R_y=\rho Q(-v_2\sin45°)$$

故

$$R_x=P_1-P_2\cos45°-\rho Q(v_2\cos45°-v_1)$$

$$=69.27-30.21\times0.707-1\times0.424\times(3.375\times0.707-1.5)$$

$$=47.53\text{kN}$$

$$R_y=P_2\sin45°+\rho Qv_2\sin45°$$

$$=30.21\times0.707+1\times0.424\times3.375\times0.707$$

$$=22.37\text{kN}$$

计算结果 R_x、R_y 为正值，说明原假设方向正确。于是

$$R=\sqrt{R_x^2+R_y^2}=\sqrt{47.53^2+22.37^2}=52.53\text{kN}$$

$$\text{tg}\theta=\frac{R_y}{R_x}=\frac{22.37}{47.53}=0.471$$

$$\theta=25.2°$$

水流对弯管的作用力 R' 与 R 大小相等，方向相反。

【例 3-10】　如图 3-28 所示，一过水堰，测得上游断面 1—1 的水深 $h_1=1.5\text{m}$，下游断面 2—2 的水深 $h_2=0.6\text{m}$，试求水流对每米宽过水堰的水平推力。两断面间能量损失忽略不计。

【解】　1. 取符合渐变流条件的 1—1、2—2 断面间的流段作为隔离体进行分析，并假定 x 坐标正方向如图所示。

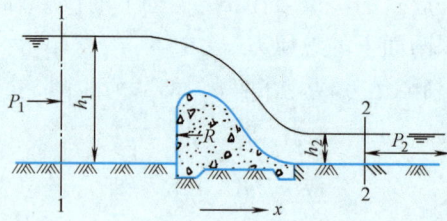

图 3-28　过水堰

2. 作用在隔离体上的外力

1—1 断面上的动水压力 $P_1 = 1/2\rho g h_1^2 b$；

2—2 断面上的动水压力 $P_2 = 1/2\rho g h_2^2 b$；

过水堰对水流的反作用力 R；

重力在水平方向投影为零。

对 1—1、2—2 断面列能量方程，并取 $\alpha_1 = \alpha_2 = 1$，

$$h_1 + \frac{v_1^2}{2g} = h_2 + \frac{v_2^2}{2g}$$

根据连续性方程 $v_1 A_1 = v_2 A_2$，取过水堰宽度为 1m，则

$$1 \times 1.5 v_1 = 1 \times 0.6 v_2$$

得
$$v_2 = 2.5 v_1 \text{ 将其代入能量方程}$$

$$1.5 + \frac{v_1^2}{2 \times 9.8} = 0.6 + \frac{(2.5 v_1)^2}{2 \times 9.8}$$

于是
$$v_1 = 1.83 \text{m/s}, \quad v_2 = 4.58 \text{m/s}$$

每米宽流量
$$Q = v_1 w_1 = 1.83 \times 1 \times 1.5$$
$$= 2.75 \text{m}^3/\text{s}$$

3. 水流对过水堰的水平推力

列 x 方向的动量方程，令 $\beta_1 = \beta_2 = 1$

$$P_1 - P_2 - R = \rho Q(v_2 - v_1)$$

$$R = P_1 - P_2 - \rho Q(v_2 - v_1)$$

$$= 1/2 \times 1 \times 9.8 \times 1.5^2 \times 1 - 1/2 \times 1 \times 9.8 \times 0.6^2 \times 1 -$$

$$1 \times 2.75 \times (4.58 - 1.83) = 1.70 \text{kN}$$

计算所得 R 为正值，说明原假设方向正确（向左）。水流对过水堰的水平推力 R' 与 R 大小相等，方向相反（向右）。

知识链接

天花板级别的伟大工程——藏水入疆

古有两千多年前开凿大运河的悠久历史，现有南水北调工程的惊人壮举，在调水工程方面，中国一直都在探索前行。如今，一个深受国人瞩目的计划更是令人产生了无限美好的遐想，那就是"藏水入疆"计划。

扫描二维码
看全部内容

思考题

3-1 什么是流线与迹线，二者有什么区别？在什么条件下，流线与迹线重合？

3-2 流线具有哪些特性？

3-3 什么是体积流量、质量流量、重量流量？三者之间有何关系？

3-4 什么是过水断面？在什么条件下过水断面为平面？

3-5 什么是断面平均流速？按断面平均流速与按实际流速计算的流量是否相同？

3-6 过水断面、断面平均流速与流量三者之间有什么关系？

3-7 什么是恒定流？什么是非恒定流？为什么工程上很多时候可以将非恒定流当做恒定流来处理？

3-8 什么是渐变流？渐变流过水断面有哪些特性？在水力学中为什么要引入渐变流的概念？

3-9 什么是测压管高度？什么是测压管水头？二者有何联系和区别？

3-10 什么是水力坡度与测压管坡度？在什么条件下水力坡度与测压管坡度相等？

3-11 图 3-29（a）、（b）、（c）中，哪两个断面符合列能量方程的条件，哪两个断面不符合？

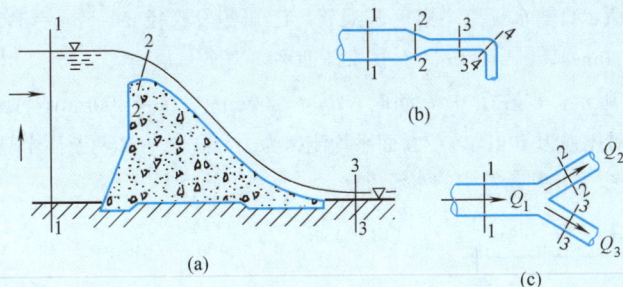

图 3-29 题 3-11 图

3-12 关于水流流向有如下一些说法："水一定从高处向低处流。""水是从压强大的地方向压强小的地方流。""水是从流速大的地方向流速小的地方流。"这些说法是否正确？正确的说法是什么？

3-13 如图 3-30 中所示的一等径弯管。试问：（1）水流由低处流向高处的 AB 管段中，断面平均流速 v 是否会沿程减小？在由高处流向低处的 BC 管段中，断面平均流速是否会沿程增大？为什么？

（2）如果不计水头损失，何处压强最小？何处压强最大？管道进口处 A 点的压强是否为 ρgH？

3-14　如图 3-31 所示，装有文丘里管的倾斜管路，通过的流量 Q 不变，水银压差计读数为 h_P，试问若将该管路水平放置，其读数 h_P 是否会改变？为什么？

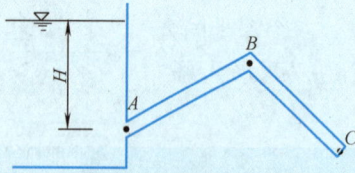

图 3-30　题 3-13 图

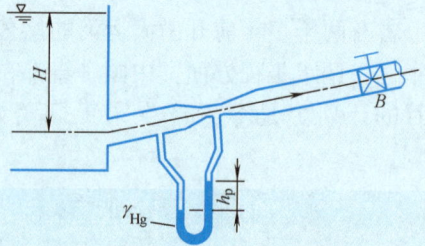

图 3-31　题 3-14 图

习题

3-1　某输水管道，管径 $d=300\text{mm}$，流速 $v=1.5\text{m/s}$，试求通过该管道的水流流量 Q。

3-2　如图 3-32 所示的管段，$d_1=2.5\text{cm}$，$d_2=5\text{cm}$，$d_3=10\text{cm}$。试求（1）当流量为 4L/s 时，求各管段的平均流速；（2）旋动阀门，使流量增加至 8L/s 时，平均流速如何变化？

3-3　有一变直径圆管，已知 1—1 断面直径 $d_1=200\text{mm}$，断面平均流速 $v_1=0.5\text{m/s}$，2—2 断面直径 $d_2=100\text{mm}$。试求：（1）管中流量 Q；（2）2—2 断面的断面平均流速 v_2。

3-4　输水管路中有如图 3-33 所示变径管，已知各段管径 $d_1=250\text{mm}$，$d_2=200\text{mm}$，$d_3=150\text{mm}$，出口流速 $v_3=3.0\text{m/s}$，试求管路通过的流量及各管段的断面平均流速。

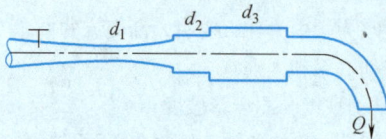

图 3-32　题 3-2 图

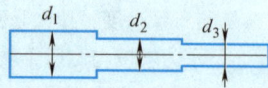

图 3-33　题 3-4 图

3-5　如图 3-34 所示，输水管路中有一三通管，已知各段管径 $d_1=d_2=300\text{mm}$，$d_3=100\text{mm}$，断面平均流速 $v_1=3.0\text{m/s}$，$v_2=2.0\text{m/s}$，试求断面平均流速 v_3。

3-6　如图 3-35 所示，水在管中流动时，$d_A=200\text{mm}$，$d_B=400\text{mm}$，A 断面的相对压强为 70kPa，B 断面的相对压强为 40kPa，A 断面平均流速为 4m/s，A、B 两断面中心的高差为 1m，试求水流经两断面的水头损失并判断管中的水流方向。

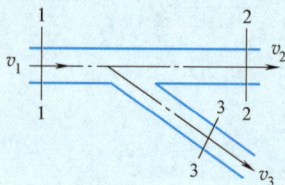

图 3-34　题 3-5 图

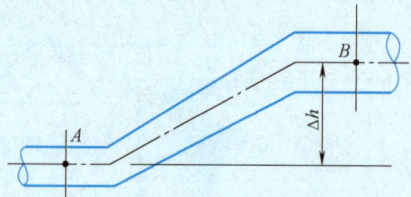

图 3-35　题 3-6 图

3-7　如图 3-36 所示，水管直径 $d=50\text{mm}$，末端阀门关闭时，压力表读值为 $p_{M1}=21\text{kPa}$，阀门打开后读值降为 $p_{M2}=5.5\text{kPa}$，不计水头损失，求通过的流量 Q。

3-8　如图 3-37 所示，油在管道中流动，直径 $d_A = 0.15$m，$d_B = 0.10$m，$v_A = 2$m/s，水头损失不计，求 B 点处测压管高度 h_c。

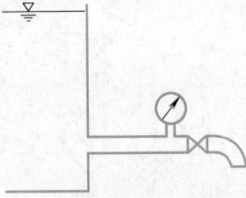

图 3-36　题 3-7 图

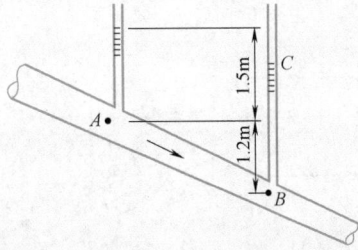

图 3-37　题 3-8 图

3-9　如图 3-38 所示，水在变直径竖管中流动，已知粗管直径 $d_1 = 300$mm，流速 $v_1 = 6$m/s。装有压力表的两断面相距 $h = 3$m，为使两压力表读值相同，试求细管直径 d_2（水头损失不计）。

3-10　如图 3-39 所示，用水银压差计测量水管中的点流速 u，当读数 $\Delta h = 60$mm 时，（1）求该点的流速；（2）若管中流体是 $\rho = 800$kg/m^3 的油，Δh 读数不变，不计水头损失，则该点流速为多少？

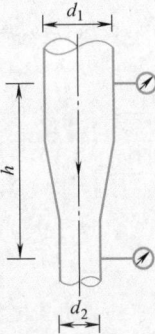

图 3-38　题 3-9 图

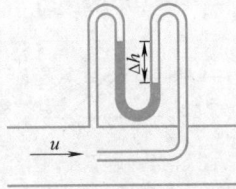

图 3-39　题 3-10 图

3-11　如图 3-40 所示，用文丘里流量计测量石油管道的流量。已知 $d_1 = 200$mm，$d_2 = 100$mm，石油密度 $\rho = 850$kg/m^3，流量计流量系数 $\mu = 0.95$，现测得水银压差计读数 $h_p = 150$mm，试求此时石油的流量 Q。

3-12　如图 3-41 所示，直径 $d = 100$mm 的虹吸管从河道引水至大气中，装置如图所示，若不计水头损失，试计算虹吸管中的流量和流速及管内 A、B 两点处的压强。

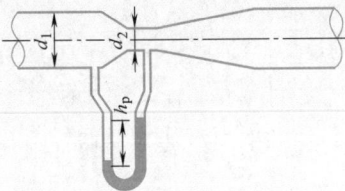

图 3-40　题 3-11 图

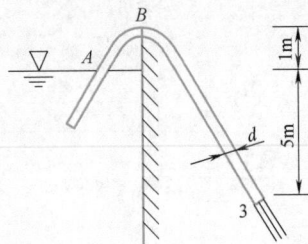

图 3-41　题 3-12 图

3-13　如图 3-42 所示，有一封闭的水箱出流装置。已知水箱水面上的相对压强为 0.5 个大气压，水箱下部接管长度为 4m，管路与水平方向夹角为 30°，管路出口直径为 50mm，管路进口断面中心位于水下深度为 2m。若水出流时的水头损失为 2.3m，试求管路的出流量为多少？

3-14 某离心泵吸水管路如图 3-43 所示。已知水泵出水量为 30L/s，吸水管直径为 150mm，水泵轴线距水面高度为 $h_s=7m$。若不计损失，试计算水泵进口处断面 1—1 的真空度。

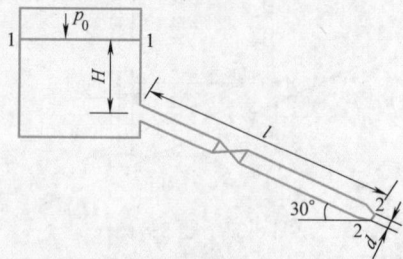

图 3-42 题 3-13 图

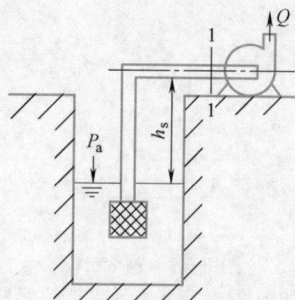

图 3-43 题 3-14 图

3-15 如图 3-44 所示，嵌入支座内的一段输水管，其直径从 $d_1=1500mm$，$d_2=1000mm$。若管道通过流量 $q_v=1.8m^3/s$ 时，支座前截面形心处的相对压强为 392kPa，试求渐变段支座所受的轴向力 F。不计水头损失。

3-16 在水平放置的输水管道中，有一个转角 $\alpha=45°$ 的变直径弯头，如图 3-45 所示。已知上游管道直径 $d_1=600mm$，下游管道直径 $d_2=300mm$，流量 $q_v=0.425m^3/s$，压强 $p_1=140kPa$，求水流对这段弯头的作用力，不计损失。

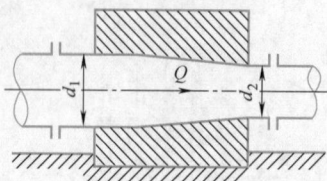

图 3-44 题 3-15 图

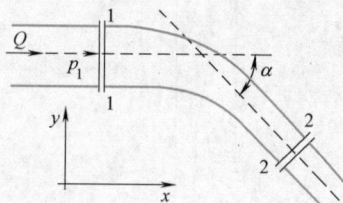

图 3-45 题 3-16 图

3-17 如图 3-46 所示，矩形断面的平底渠道，宽度 $B=2.7m$，渠底在某断面处抬高 $h_2=0.5m$，抬高前的水深 $h=2m$，抬高后水面降低 $h_1=0.15m$，如忽略边壁和底部阻力，试求：

（1）渠道的流量 Q；（2）水流对底坎的推力 R。

3-18 如图 3-47 所示，一拦河滚水坝，当水流量 Q 为 $40m^3/s$ 时，坝上游水深 H 为 10m，坝后收缩断面处的水深 h_c 为 0.5m，已知坝长 L 为 7m，求水流对坝体的水平总作用力。

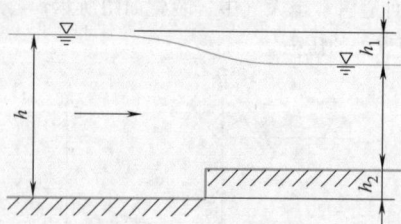

图 3-46 题 3-17 图

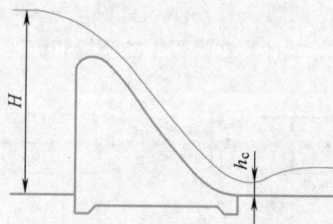

图 3-47 题 3-18 图

72
习题解析及参考答案

教学单元 **4**

流动阻力与水头损失

教学目标

1. 理解流动阻力与水头损失的分类和概念，熟练运用水头损失计算公式解决实际问题。

2. 理解层流和紊流的概念及其判别方法。

3. 掌握水力半径和当量直径的内涵及计算方法。

4. 理解尼古拉兹曲线和莫迪图的使用方法。

5. 理解局部损失产生的原因，掌握典型局部阻力系数的计算方法。

在教学单元 3 中，我们得到了液体运动的能量方程式。我们已经了解到，实际液体在运动过程中都要产生能量损失，能量损失的大小对于工程实际来说极为重要，它直接关系工程目的的实现和投资大小。因此，能量方程式在工程中的应用，关键是解决能量损失项的计算问题。能量损失的计算是液体力学计算的重要内容之一，也是本章要着力解决的基本问题。

4.1 流动阻力与水头损失的分类

由于实际液体具有黏滞性，当液体运动时，相邻流层之间产生切应力，克服流动阻力做功，使一部分机械能不可逆转地转化为热能而散失，从而形成了机械能损失。单位重量液体的机械能损失称为水头损失，水头损失的确定是能量方程实际应用的必要条件。流动阻力是造成水头损失的原因，所以水头损失变化规律就必然是流动阻力规律的体现。为了便于分析计算，根据流动边界情况，将流动阻力与水头损失进行分类。

4.1.1 分类

按流动边界条件将水头损失分为沿程水头损失与局部水头损失两类。

1. 沿程阻力与沿程水头损失

在流动边界条件沿程不变的均匀流中，过水断面上切应力沿程不变，这种沿程不变的切应力称为沿程阻力（或摩擦阻力）。由沿程阻力作功而产生的水头损失称为沿程水头损失，用 h_f 表示。沿程水头损失均匀分布在整个流段上，与管段长度成正比。水沿着等径直管流动时所产生的水头损失为沿程水头损失。

2. 局部阻力与局部水头损失

当流动边界条件急剧变化，引起过水断面速度分布发生变化，从而产生的阻力称为局部阻力。由局部阻力作功而产生的水头损失称为局部水头损失，用 h_j 表示。在管道进出口、弯管、三通、阀门、变径管等各种构件处产生的水头损失为局部水头损失。

如图 4-1 所示的管道流动，其中 ab、bc、cd 各管段只有沿程阻力，各段沿程水头损失分别为 h_{fab}、h_{fbc}、h_{fcd}；管道进口、管径突然缩小及阀门处产生的局部水头损失分别为 h_{ja}、h_{jb}、h_{jc}。整个管路的水头损失 h_w 等于各管段沿程水头损失与各处局部水头损失之和。即：

$$h_w = \sum h_f + \sum h_j = h_{fab} + h_{fbc} + h_{fcd} + h_{ja} + h_{jb} + h_{jc}$$

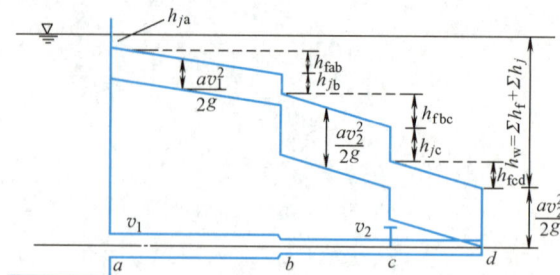

图 4-1 水头损失

4.1.2　水头损失的计算公式

沿程水头损失的计算公式：

$$h_f = \lambda \frac{l}{d} \frac{v^2}{2g} \tag{4-1}$$

式中　l——管长，m；

$\quad\quad d$——管径，m；

$\quad\quad v$——断面平均流速，m/s；

$\quad\quad g$——重力加速度，m/s；

$\quad\quad \lambda$——沿程阻力系数。

式（4-1）称为达西公式，式中的 λ 一般由实验确定。

局部水头损失的计算公式：

$$h_j \doteq \zeta \frac{v^2}{2g} \tag{4-2}$$

式中　ζ——局部阻力系数，由实验确定。

4.2　液体流动的两种形态

很早以前，通过长期的工程实践，人们发现沿程水头损失与流速有一定关系。当流速很小时，沿程水头损失与流速的一次方成正比；当流速较大时，沿程水头损失与流速的平方成正比。直到 1883 年，通过英国物理学家雷诺的实验研究，才使人们认识到沿程水头损失与流速之间的关系之所以不同，是因为液体运动存在着两种不同形态：层流与紊流。

4.2.1　雷诺实验

雷诺实验装置如图 4-2 所示。水箱 A 侧壁引出一水平放置的玻璃管 B，其末端装有一阀门 C，用以调节流量，以达到控制流速的目的。水箱上部容器 D 中装有与水密度相同的颜色水，经细管 E 流入玻璃管 B 中，阀门 F 用来调节颜色水的流量。

实验过程中，水箱 A 中水位保持恒定。实验开始时，稍许开启阀门 C，使玻璃管内水流保持较低流速。然后再打开阀门 F，颜色水经细管流出，此时，可以看到玻璃管内颜色水成一条界线分明的细直流束，与周围清水互不掺混。如图 4-3（a）所示。这说明玻璃管中水流呈层状运动，层与层之间互不干扰，这种流动状态称为层流。逐渐开大阀门 C，玻璃管中水流流速相应增大。当流速增大到某一临界流速时，颜色水流束出现波动，流束加粗，如图 4-3（b）所示。继续开大阀门 C，颜色水流束突然破裂、扩散，并迅速与周围清水混合。使玻璃管中的水流均匀染色，如图 4-3（c）所示。这说明液体质点的运动轨迹极不规则，各层液体质点相互掺混，这种流动状态称为紊流。

若将该实验程序反向进行，则上述实验中发生的水流现象也将按相反顺序出现。只不过由紊流转变为层流的流速 v_c 小于由层流转变为紊流的流速 v_c'。

液体由层流状态转变为紊流状态时的流速称为上临界流速，用 v_c' 表示。液体由紊流状态转变为层流状态时的流速称为下临界流速，用 v_c 表示。实验表明，同一实验装置的临界流速是不固定的。起始条件及外界干扰程度对上临界流速影响很大，故该值很不稳定。而下临界流速却比较稳定，其值基本不变。由于实际工程中，外界的扰动是无法避免的，所以上临界流速失去了实用意义，故将下临界流速作为流态转变的临界流速。

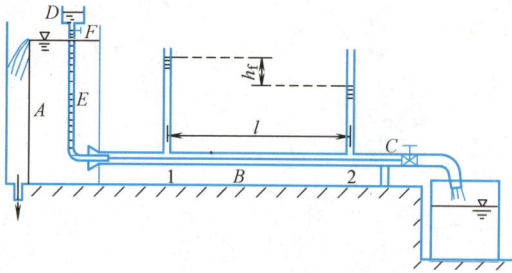

图 4-2　雷诺实验

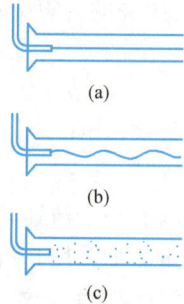

图 4-3　实验示意图

4.2.2　流态判别标准——临界雷诺数

雷诺实验发现，临界流速 v_c 与液体运动黏滞系数 ν 成正比，与管径 d 成反比，即

$$v_c \propto \frac{\nu}{d}$$

将其写成等式

$$v_c = Re_c \frac{\nu}{d}$$

式中，Re_c 为比例常数，是不随管径大小及液体物理性质而变化的，称为临界雷诺数。

$$Re_c = \frac{v_c d}{\nu}$$

大量实验证明：对于圆管流动，临界雷诺数 Re_c 一般稳定在 2000～2300，其中施勒的实验值 $Re_c = 2300$ 得到公认。

用临界雷诺数作为判别流态的标准，应用十分简便，先计算出管流的雷诺数，然后将其与临界雷诺数比较，即可判别出流态。即：

$$Re = \frac{vd}{\nu} \tag{4-3}$$

$$Re < Re_c = 2300 \quad 流动为层流$$
$$Re = Re_c = 2300 \quad 流动是临界流$$
$$Re > Re_c = 2300 \quad 流动为紊流$$

4.2.3　水力半径与当量直径

对于明渠或非圆断面，同样可以用临界雷诺数来判别流态。只不过需用当量直径 d_e 来代替管径 d 来计算 Re。在学习当量直径之前，需要先来学习水力半径的知识内容。

1. 水力半径

在过水断面上，水与固体边壁相接触的边界长度称为湿周，用 χ 表示。过水断面面积 A 与湿周 χ 的比值称为水力半径，用 R 表示。水力半径的计算公式如下：

$$R = \frac{A}{\chi} \tag{4-4}$$

式中　R——水力半径，m；

A——过水断面面积，m^2；

χ——湿周，m。

水力半径是一个很重要的概念，它综合反映了过水断面大小与形状对流动的影响。在过水断面面积相等的情况下，水力半径越大，湿周越小，水流所受的阻力越小，越有利于过流。

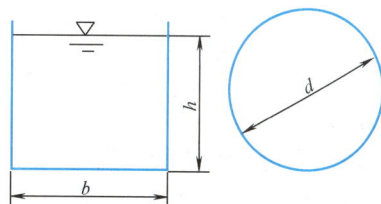

图 4-4　水力半径

对于圆形断面管道、正方形断面管道、矩形断面管道、矩形断面渠道，如图 4-4 所示，其水力半径分别为：

圆形断面管道 $R=\dfrac{A}{\chi}=\dfrac{\frac{\pi}{4}d^2}{\pi d}=\dfrac{d}{4}$

正方形断面管道 $R=\dfrac{A}{\chi}=\dfrac{a^2}{4a}=\dfrac{a}{4}$

矩形断面管道 $R=\dfrac{A}{\chi}=\dfrac{bh}{2(b+h)}$

矩形断面渠道 $R=\dfrac{A}{\chi}=\dfrac{bh}{b+2h}$

这里需要注意的是，圆形断面管道、正方形断面管道、矩形断面管道均指有压满管流的情况。若非满管流，则应按明渠考虑，过流断面面积应根据具体水深情况进行计算确定。

2. 当量直径

若某非圆管和某圆管水力半径相等，则将该圆管直径作为此非圆管的当量直径，用 d_e 表示。

因为圆形断面管道水力半径 $R=\dfrac{d}{4}$，所以，非圆管的当量直径 $d_e=4R$，即当量直径为水力半径的 4 倍。

常见过流断面的当量直径如下：

正方形管道当量直径：$d_e=a$

矩形管道当量直径：$d_e=\dfrac{2bh}{b+h}$

矩形渠道当量直径：$d_e=\dfrac{4bh}{b+2h}$

若根据圆管水力半径与直径的关系，以非圆断面通道的当量直径 $d_e=4R$ 为特征长度，代替圆管雷诺数中的直径 d，则非圆管的雷诺数为 $Re=\dfrac{vd_e}{\nu}$，近似用于判别非圆管流的流态，其临界值仍为 2300。

【例 4-1】　有一直径 $d=15$mm 的自来水管，水温为 10℃，管中流速 $v=1.0$m/s，（1）试判别流态；（2）试问管中水流保持层流的最大流量是多少？

【解】　（1）查表 1-3，当 $t=10$℃时，$\nu=1.31\times10^{-6}$m^2/s，管内水流的雷诺数

$$Re = \frac{v \cdot d}{\nu} = \frac{1.0 \times 0.015}{1.31 \times 10^{-6}} = 11450 > 2300$$

故管中水流为紊流。

（2）保持层流的最大流速应为临界流速，用式（4-3）

$$Re_c = \frac{v_c \cdot d}{\nu} = 2300$$

$$v_c = \frac{Re_c \cdot \nu}{d} = \frac{2300 \times 1.31 \times 10^{-6}}{0.015} = 0.2 \text{m/s}$$

相应的最大流量为

$$Q = v_c \cdot A = 0.2 \times \frac{\pi}{4} \times 0.015^2 = 0.04 \text{L/s}$$

【例 4-2】 有一矩形断面的排水渠，渠底宽 $b = 1.0$m，水深 $h = 0.5$m，水温为 10℃，流速 $v = 0.7$m/s，试判别流态。

【解】 查表 1-3，当 $t = 10$℃时，$\nu = 1.31 \times 10^{-6} \text{m}^2/\text{s}$

$$\text{当量直径 } d_e = \frac{4bh}{b + 2h} = \frac{4 \times 1.0 \times 0.5}{1.0 + 2 \times 0.5} = 1.0 \text{m}$$

$$\text{雷诺数 } R = \frac{v d_e}{\nu} = \frac{0.7 \times 1.0}{1.31 \times 10^{-6}} = 534351 > 2300$$

故为紊流。

4.3 均匀流基本方程

沿程水头损失是沿程阻力作功的结果。因此，建立沿程水头损失与切应力的关系式，找到切应力的变化规律，便可以解决沿程水头损失的计算问题。

4.3.1 均匀流基本方程

取恒定均匀流段 1-2，如图 4-5 所示，流段长度为 l，过水断面面积，$A_1 = A_2 = A$。分析作用在流段上的外力：

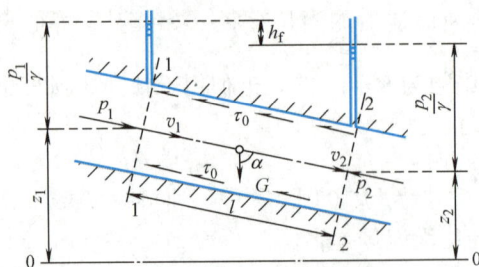

图 4-5 圆管均匀流动

1. 流段两端面上的动水压力

$$P_1 = p_1 A \; ; \; P_2 = p_2 A$$

2. 流段边壁切力

$$T = \tau_0 \chi \cdot l$$

3. 流段本身的重力

$$G = \rho \cdot g \cdot A \cdot l$$

重力沿水流方向上的分力

$$G \cdot \cos\alpha = \rho \cdot g \cdot A \cdot l \frac{Z_1 - Z_2}{l}$$

式中　τ_0——边壁切应力；

　　　χ——湿周。

由于是均匀流，流段做匀速直线运动，所以，作用在流段上的各外力沿其运动方向上的合力为零，即

$$P_1 - P_2 - T + G \cdot \cos\alpha = 0$$

$$p_1 A - p_2 A - \tau_0 \chi \cdot l + \rho g A l \frac{Z_1 - Z_2}{l} = 0$$

用 $\rho g A$ 除式中各项

$$\frac{p_1}{\rho g} - \frac{p_2}{\rho g} + Z_1 - Z_2 = \frac{\tau_0 \chi \cdot l}{\rho g A}$$

整理：

$$\left(Z_1 + \frac{p_1}{\rho g}\right) - \left(Z_2 + \frac{p_2}{\rho g}\right) = \frac{\tau_0 \chi}{\rho g A} l = \frac{\tau_0 l}{\rho g R}$$

对 1—1、2—2 断面列能量方程，得

$$\left(Z_1 + \frac{p_1}{\rho g}\right) - \left(Z_2 + \frac{p_2}{\rho g}\right) = h_{\mathrm{f}}$$

故

$$h_{\mathrm{f}} = \frac{\tau_0 l}{\rho g R} \tag{4-5}$$

或

$$\tau_0 = \rho g R J \tag{4-6}$$

式中　R——水力半径，m；

　　　J——水力坡度。

式（4-5）、式（4-6）称为均匀流基本方程式，它反映了沿程水头损失与切应力之间的关系，由于该方程是根据力的平衡方程式推导而来，并未涉及液体质点运动状况，故该方程对层流、紊流都适用。

4.3.2　圆管过水断面上切应力分布

在图 4-6（a）所示圆管恒定均匀流中，任取轴线与管轴线重合，半径为 r 的流束，根据均匀流基本方程式可得出该流束表面切应力

$$\tau = \rho g R' J' \tag{4-7}$$

式中　τ——所取流束表面的切应力，N/m²；

　　　R'——所取流束的水力半径，m；

　　　J'——所取流束的水力坡度。

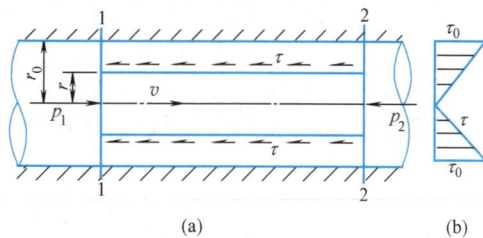

图 4-6　圆管均匀流

由于该流动为恒定均匀流，过水断面上动水压强按静水压强规律分布，所以流束的水力坡度与总流的水力坡度相等，$J' = J$。

将 $R = \frac{r_0}{2}$，$R' = \frac{r}{2}$ 分别代入式（4-6）、式（4-7）中，

则：

$$\tau_0 = \rho g \frac{r_0}{2} J$$

$$\tau = \rho g \frac{r}{2} J$$

$$\tau = \frac{r}{r_0} \tau_0 \qquad (4-8)$$

由此可见，圆管均匀流过水断面上的切应力是按直线分布的，管轴处切应力最小，$\tau = 0$ 管壁处切应力最大，$\tau = \tau_0$。如图 4-6（b）所示。

4.4 圆管层流沿程水头损失计算

4.4.1 层流的特征

当流动的雷诺数小于临界雷诺数时，流动处于层流状态。层流是一种很规则的流动，各流层液体质点互不掺混，圆管中各层液体质点均沿平行管轴线方向运动。由于液体具有黏性，因此与管壁接触的一层液体速度为零，管轴线上速度最大，整个管流如同无数个薄壁同心圆筒一个套着一个向前滑动。如图 4-7 所示。

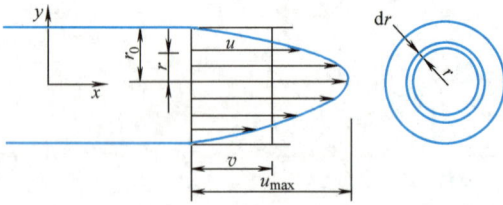

图 4-7 圆管中的层流

各流层间切应力满足牛顿内摩擦定律，即

$$\tau = \mu \frac{du}{dy}$$

由于流速 u 是随半径 r 的增加而减小，因而

$$\tau = -\mu \frac{du}{dr} \qquad (4-9)$$

4.4.2 速度分布

将式（4-9）代入均匀流基本方程式中

$$-\mu \frac{du}{dr} = \rho g \frac{r}{2} J$$

由于式中 μ、ρ、g 均为常数，在均匀流条件下，J 也是常数，将上式积分后得到：

$$u = -\frac{\rho g J}{4\mu} r^2 + C$$

积分常数 C 由边界条件确定，当 $r = r_0$ 时，$u_0 = 0$，则 $C = \frac{\rho g J}{4\mu} r_0^2$。

将其代回上式中，得

$$u = \frac{\rho g J}{4\mu}(r_0^2 - r^2) \qquad (4-10)$$

上式为圆管层流速度分布表达式，该式为抛物线方程，说明圆管层流过水断面上速度按抛物线规律分布。这是圆管层流重要特征之一。

将 $r=0$ 代入式（4-10）中，得管轴处最大流速为

$$u_{max}=\frac{\rho gJ}{4\mu}r_0^2 \tag{4-11}$$

因为流量

$$Q=\int_A u\,dA=v\cdot A$$

选取宽为 dr 的环形断面，面积为 $dA=2\pi rdr$，如图 4-7 所示，则可得到圆管层流运动断面平均流速为：

$$v=\frac{Q}{A}=\frac{\int_A u\,dA}{A}=\frac{1}{\pi r_0^2}\int_0^{r_0}\frac{\rho gJ}{4\mu}(r_0^2-r^2)2\pi r\,dr=\frac{\rho gJ}{8\mu}r_0^2 \tag{4-12}$$

比较式（4-11）和式（4-12），得

$$v=\frac{u_{max}}{2}$$

即圆管层流断面平均流速为最大流速的一半。

4.4.3 圆管层流沿程水头损失的计算

由式（4-12）得

$$J=\frac{h_f}{l}=\frac{8\mu v}{\rho gr_0^2}=\frac{32\mu v}{\rho gd^2}$$

则：

$$h_f=\frac{32\mu lv}{\rho gd^2} \tag{4-13}$$

式（4-13）表明，圆管层流中沿程水头损失与流速的一次方成正比。这一结论与雷诺实验结果完全吻合。

将上式转化成达西公式形式：

$$h_f=\frac{64}{Re}\frac{l}{d}\frac{v^2}{2g}=\lambda\frac{l}{d}\frac{v^2}{2g}$$

因此，圆管层流的沿程阻力系数为

$$\lambda=\frac{64}{Re} \tag{4-14}$$

式（4-14）表明，层流沿程阻力系数只是雷诺数的函数，与管壁粗糙情况无关。

【例 4-3】 利用细管式黏度计测定液体黏度。已知细管直径 $d=6mm$，测量段长度 $l=2m$，如图 4-8 所示。实测液体流量 $Q=77cm^3/s$，水银压差计读数 $h_p=30cm$，液体密度 $\rho=900kg/m^3$。试求液体运动黏滞系数 ν 和动力黏滞系数 μ。

【解】 对细管测量段前后两断面列能量方程。

由于管径相同，断面平均流速相等，故两断面间水头损失即为两断面间测压管水头差：

$$h_f=\left(Z_1+\frac{p_1}{\rho g}\right)-\left(Z_2+\frac{p_2}{\rho g}\right)=\left(\frac{\rho_p}{\rho}-1\right)h_p=\left(\frac{13600}{900}-1\right)\times0.3=4.23m$$

81

设流动为层流

$$v=\frac{4Q}{\pi d^2}=2.73\text{m/s}$$

$$h_\text{f}=\frac{64\nu}{vd}\frac{l}{d}\frac{v^2}{2g}$$

得

$$\nu=\frac{h_\text{f}\cdot 2gd^2}{64\cdot l\cdot v}=8.54\times10^{-6}\text{m}^2/\text{s}$$

$$\mu=\rho\nu=7.69\times10^{-3}\text{Pa}\cdot\text{s}$$

校核流态

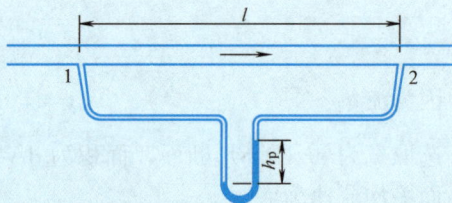

图 4-8　细管黏度计

$$Re=\frac{vd}{\nu}=\frac{2.73\times0.006}{8.54\times10^{-6}}=1918<2300$$

满足层流假设条件。

4.5　紊流运动

4.5.1　紊流的脉动与时均化

自然界和工程中的液体运动大多属于紊流。

紊流比层流复杂得多。主要表现为紊流中存在着大量无规则运动的大小不同尺度的漩涡，随着这些漩涡的不断产生、扩散和消失，各流层间液体质点不断相互碰撞、相互掺混，从而使得过水断面上各点速度、压强等运动要素随时间出现时大时小的变化。这种现象称为紊流脉动。由于紊流运动要素的脉动，因此，紊流应属于非恒定流。

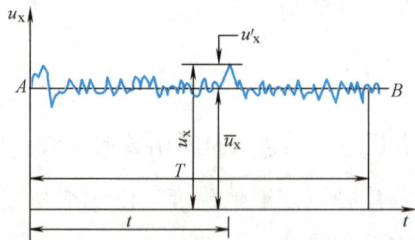

图 4-9　紊流瞬时流速

图 4-9 为实测紊流运动中某一空间点上沿 x 轴方向的瞬时速度 u_x 随时间 t 的变化曲线。

通过瞬时速度 u_x 随时间 t 变化的实测曲线可以看出，u_x 随时间的变化是无规则的。但是它始终是围绕着某一个平均值上下波动，这个平均值在一定长的时段内比较稳定。将 u_x 对某一时段 T 加以平均，即

$$\overline{u}_x = \frac{1}{T} \int_0^T u_x \, dx \tag{4-15}$$

只要所取时段 T 足够长，$\overline{u}_x$ 就不随 T 而变化。$\overline{u}_x$ 称为时间平均速度，简称时均速度。瞬时速度等于时均速度与脉动速度的叠加。即

$$u_x = \overline{u}_x + u_x' \tag{4-16}$$

式中　u_x'——该点在 x 方向的脉动速度。

脉动速度随时间变化，时大时小，时正时负。脉动速度的时均值等于零。

$$\overline{u}_x' = \frac{1}{T} \int_0^T u_x' \, dT = 0 \tag{4-17}$$

紊流流速不仅在主流方向上存在脉动，同时存在横向脉动。同理，可将紊流其他运动要素进行时均化处理，如压强：

$$p = \overline{p} + p'$$

$$\overline{p} = \frac{1}{T} \int_0^T p \, dt$$

$$\overline{p'} = \frac{1}{T} \int_0^T p' \, dt = 0$$

式中　p——瞬时压强；

　　　$\overline{p}$——时均压强；

　　　p'——脉动压强。

引入时均化概念以后，便可把复杂的紊流运动分解为时均运动与脉动运动的叠加，而脉动量的时均值为零。这样则可以根据时均运动参数是否随时间变化将其分为时均恒定流与时均非恒定流。根据恒定流导出的基本方程对时均恒定流同样适用。以后各章所讨论的紊流运动要素均为运动要素的时均值。

利用时均化的方法，将紊流分解为时均运动与脉动运动的叠加，相应的紊流切应力则也应是由时均运动与脉动运动所产生的两部分切应力组成。

（1）在时均运动中，由于各流层时均流速不同，各流层间存在相对运动，从而产生的黏性切应力 $\overline{\tau}_1$，满足牛顿内摩擦定律：

$$\overline{\tau}_1 = \mu \frac{d\overline{u}_x}{dy}$$

（2）因紊流脉动，流层间液体质点相互碰撞与掺混，引起动量交换而产生的附加切应力 $\overline{\tau}_2$，通常称为雷诺应力。

为了便于叙述，省去紊流各时均值上面的横线。则紊流切应力

$$\tau = \tau_1 + \tau_2 \tag{4-18}$$

当雷诺数很大时，τ_2 将占主导地位，即：$\tau_1 \ll \tau_2$，则 τ_1 可忽略不计。在计算时可以认为 $\tau = \tau_2$。

4.5.2　层流底层

紊流运动时，由于液体黏滞性与固体边壁的约束作用，使得紧靠壁面的液层流速很

小，黏性切应力起主导作用，限制了液体质点的横向掺混，所以使紧靠边壁的这一薄层液体保持层流状态，该薄层称为层流底层，其厚度用 δ 表示。层流底层以外称为紊流核心，如图 4-10 所示。层流底层厚度 δ 通常不足 1mm，且随雷诺数的增大而减小。δ 可按下式进行计算：

$$\delta = \frac{32.8d}{Re\sqrt{\lambda}}$$

(4-19)

式中　d——管径，m；

　　　λ——沿程阻力系数；

　　　Re——液流的雷诺数。

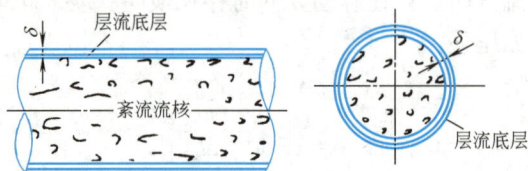

图 4-10　层流底层

　　层流底层虽然非常薄，但对流动阻力与水头损失有着重大影响。这种影响与管壁粗糙程度有直接关系。任何固体表面都存在着不同程度的粗糙不平。现用 Δ 表示壁面粗糙凸起的平均高度，称为绝对粗糙度。当 $\delta > \Delta$ 时，如图 4-11（a）所示，此时粗糙度 Δ 被层流底层淹没，管壁的粗糙对紊流结构基本上没有影响，水流就如同在光滑管壁上流动，这种情况称为水力光滑管。反之，当 $\delta < \Delta$ 时，如图 4-11（b）所示，此时粗糙度 Δ 伴入到紊流核心中，加剧了紊流脉动，增大了水流阻力与水头损失。这种情况称为水力粗糙管。但要注意的是：水力光滑管与水力粗糙管的判别取决于管壁本身的绝对粗糙度与层流底层厚度 δ，而 δ 又与雷诺数等因素有关。所以应切记，水力光滑管与水力粗糙管都不是绝对不变的，而是要根据 δ 与 Δ 的比值来确定。对于同种材料的固体壁面，随着 Re 的变化，可以是水力光滑管，也可以是水力粗糙管。根据尼古拉兹实验资料，可将水力光滑管与水力粗糙管的划分标准规定如下：

水力光滑管　$\Delta/\delta < 0.4$

过渡区　$0.4 < \Delta/\delta < 6$

水力粗糙管　$\Delta/\delta > 6$

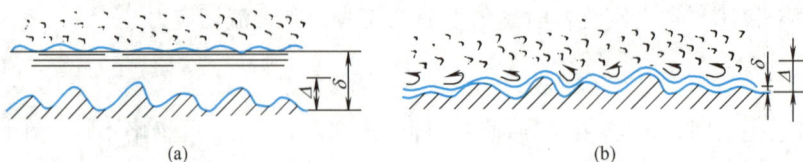

(a)　　　　　　　　　　　(b)

图 4-11　水力光滑管与水力粗糙管

4.6　紊流沿程阻力系数的确定

与圆管层流一样，紊流沿程损失计算也必须先进行紊流沿程阻力系数计算。但由于紊流的复杂性，其沿程阻力系数还不能像层流那样用严格的理论公式进行计算，故通常采用经验或半经验公式及一些实用图表来确定。本节主要介绍尼古拉兹和莫迪所作的沿程阻力系数实验及一些常用经验公式。

4.6.1　沿程阻力系数的影响因素

在圆管层流的讨论中已经知道，层流的沿程损失主要是受黏滞切应力的影响。因此，层流的沿程阻力系数 λ 仅仅是雷诺数的函数，即 $\lambda = \dfrac{64}{Re}$。在紊流中，沿程阻力系数 λ 除了与反映流动形态的雷诺数有关之外，还受到边壁粗糙的直接影响。因此边界粗糙程度是影响紊流沿程阻力系数的又一个重要因素。

边界粗糙程度通常采用相对粗糙度 $\dfrac{\Delta}{d}$ 作为度量指标，其中 Δ 为边壁粗糙的绝对高度，也称为绝对粗糙度；d 为管道直径。相对粗糙度 $\dfrac{\Delta}{d}$ 是一个无量纲指标，在使用上比具有长度量纲的绝对粗糙度 Δ 更有普通意义。

通过以上分析，将沿程阻力系数 λ 的影响因素雷诺数 Re 和相对粗糙度 $\dfrac{\Delta}{d}$ 写成函数的形式：

对于层流：$\lambda = f(Re)$

对于紊流：$\lambda = f\left(Re, \dfrac{\Delta}{d}\right)$

4.6.2　尼古拉兹实验

为了研究探索紊流沿程阻力系数 λ 的变化规律，1933 年德国科学家尼古拉兹将经过筛选的颗粒均匀的砂粒，紧密粘贴在管道内壁上，制成了人工粗糙管。尼古拉兹在人工均匀粗糙管中进行了一系列大量的、系统的实验，即著名的尼古拉兹实验。该实验结果全面揭示了沿程阻力系数变化的基本规律，表明沿程阻力系数与相对粗糙度及雷诺数有关。尼古拉兹将实验结果绘制在对数坐标上，即尼古拉兹曲线，如图 4-12 所示。

根据尼古拉兹实验结果可知，在不同阻力区，λ 的变化规律是不同的。尼古拉兹实验曲线分为五个区域。

1. 层流区

当 $Re < 2300$ 时，不同相对粗糙度的实验点落在同一直线（ab 线）上，说明 λ 只与 Re 有关，而与管壁相对粗糙度无关。即 $\lambda = f(Re)$ 并且符合 $\lambda = 64/Re$，证明了式 (4-14) 的正确性。

2. 临界过渡区

该区是由层流向紊流转变的过渡区（bc 线），由于该区范围很窄，没有实用意义，故不予讨论。

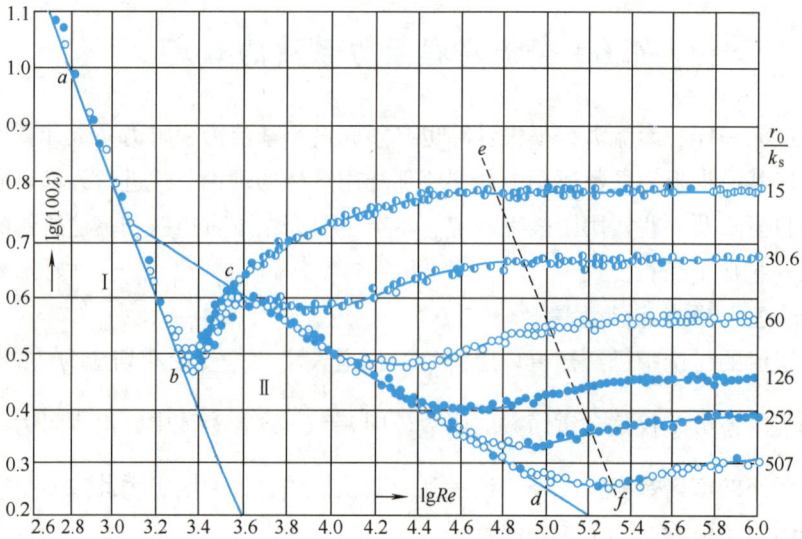

图 4-12　尼古拉兹曲线图

3. 紊流区

（1）水力光滑管区。

当 $Re > 4000$ 时，不同相对粗糙度的实验点均在同一直线（cd 线）上。说明 λ 只与 Re 有关，与管壁相对粗糙度无关。即 $\lambda = f(Re)$，$h_f \propto v^{1.75}$。

（2）紊流过渡区。

该区是由水力光滑管向水力粗糙管转变的过渡区。不同相对粗糙度的实验点分别落在不同的曲线（cd、ef 之间的曲线族）上。说明 λ 既与 Re 有关，又与管壁相对粗糙度有关，即 $\lambda = f(Re、\Delta/d)$，$h_f \propto v^{1.75 \sim 2.0}$。

（3）水力粗糙管区。

不同相对粗糙度的实验点分别落在不同的水平直线（ef 右侧水平的直线族）上。说明 λ 与 Re 无关，仅与管壁相对粗糙度有关。即 $\lambda = f(\Delta/d)$，$h_f \propto v^{2.0}$。由于该区沿程水头损失与流速平方成正比，故又将其称为阻力平方区。

综上所述，尼古拉兹实验揭示的沿程阻力系数变化规律可以归纳如下：

Ⅰ 层流区，$\lambda = f(Re)$；

Ⅱ 临界过渡区，$\lambda = f(Re)$；

Ⅲ 水力光滑区，$\lambda = f(Re)$；

Ⅳ 紊流过渡区，$\lambda = f\left(Re, \dfrac{\Delta}{d}\right)$；

Ⅵ 紊流粗糙区，$\lambda = f\left(\dfrac{\Delta}{d}\right)$。

尼古拉兹曲线反映了沿程阻力系数 λ 的影响因素与变化规律，为紊流阻力系数计算提供了可靠依据。

由于尼古拉兹实验是在人工粗糙管中进行的，而人工粗糙管和工业管道的粗糙度有很大差异，为了能够将尼古拉兹实验规律应用于工业管道，需引入当量粗糙度的概念，当量粗糙度是指与工业管道粗糙区 λ 值相等的同直径人工均匀粗糙管的粗糙度。常用工业管道

当量粗糙度 Δ，其值见表 4-1。

常用工业管道的当量粗糙度　　　　　　　　　　　表 4-1

管　道　材　料	Δ(mm)	管　道　材　料	Δ(mm)
新氯乙烯管	0～0.002	镀锌钢管	0.15
铅管、铜管、玻璃管	0.01	新铸铁管	0.15～0.5
钢管	0.046	旧铸铁管	1～1.5
涂沥青铸铁管	0.12	混凝土管	0.3～3.0

1939 年，柯列勃洛克根据大量工业管道试验资料，提出了工业管道紊流区 λ 的计算公式即柯格勃洛克公式：

$$\frac{1}{\sqrt{\lambda}} = -2\lg\left(\frac{\Delta}{3.7d} + \frac{2.51}{Re\sqrt{\lambda}}\right)$$　　　　　(4-20)

式中　Δ——工业管道当量粗糙度，mm。

由于该公式适用范围广，可用于紊流各阻力区，故又称为紊流沿程阻力系数 λ 的综合公式。在国内外工程界得到了广泛应用。

4.6.3　莫迪图

为了简化计算，1944 年美国工程师莫迪以柯格勃洛克公式（式 4-20）为基础，绘制出了工业管道紊流三个区域的沿程阻力系数变化曲线，即莫迪图，见图 4-13。从莫迪图上，可根据 Re 值和相对粗糙度 Δ/d，直接查出 λ 值。使用莫迪图时，需查表 4-1 求得当量粗糙度 Δ 值。

4.6.4　计算沿程阻力系数 λ 的经验公式

1. 布拉修斯光滑管区公式

$$\lambda = \frac{0.3164}{Re^{0.25}}$$　　　　　(4-21)

布拉修斯公式形式简单，计算方便，该式在 $4000 < Re < 10^5$ 范围内有极高精度，得到广泛应用。

2. 舍维列夫公式

舍维列夫根据实验资料，提出了适用于旧钢管、旧铸铁管的过渡区及粗糙管区的计算公式

(1) 过渡区（$v < 1.2\text{m/s}$ 时，$t = 10℃$）

$$\lambda = \frac{0.0179}{d^{0.3}}\left(1 + \frac{0.867}{v}\right)^{0.3}$$　　　　　(4-22)

(2) 粗糙管区（$v \geq 1.2\text{m/s}$，$t = 10℃$）

$$\lambda = \frac{0.021}{d^{0.3}}$$　　　　　(4-23)

式中　d——管道内径，m；
　　　v——断面平均流速，m/s。

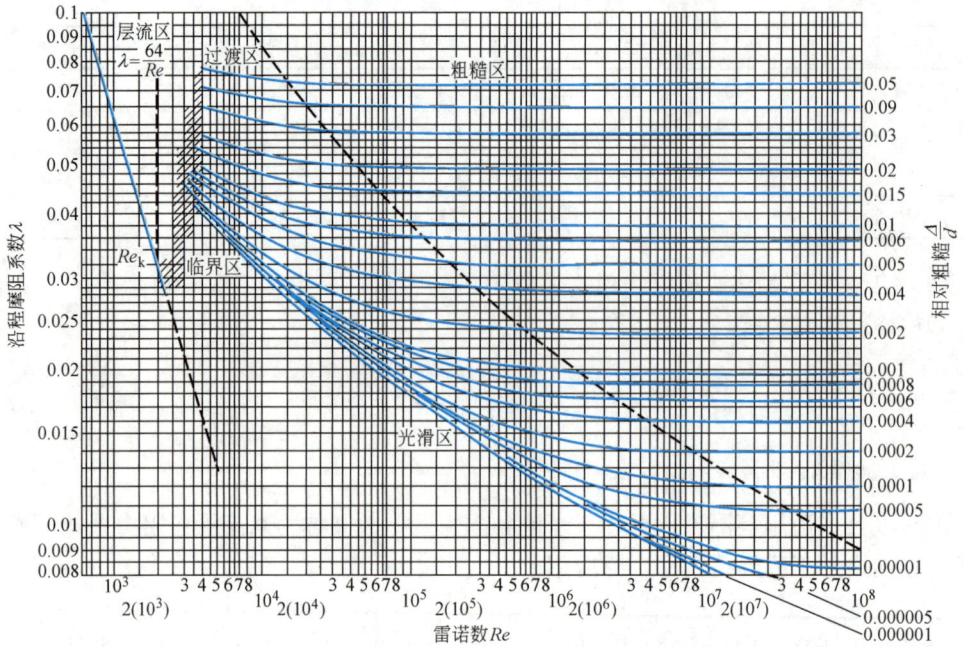

图 4-13　莫迪图

3. 希弗林松粗糙区公式

$$\lambda = \left(\frac{\Delta}{d}\right)^{0.25} \tag{4-24}$$

式中　Δ——当量粗糙度，m。

希弗林松公式形式简单，计算方便，工程界经常采用。

4. 谢才公式

1769 年法国工程师谢才根据大量渠道实测资料总结提出了均匀流经验公式——谢才公式，该式是水力学最古老的公式之一。

$$v = c\sqrt{RJ} \tag{4-25}$$

式中　c——谢才系数，$m^{\frac{1}{2}}/s$；

R——水力半径，m；

J——水力坡度。

将 $J = \dfrac{h_f}{l}$ 代入上式中，得

$$h_f = \frac{v^2 l}{c^2 R} \tag{4-26}$$

谢才公式与达西公式实质上是一致的，只不过表现形式不同，它们之间可以相互转换。由 $\dfrac{v^2 l}{c^2 R} = \lambda \dfrac{l}{d} \dfrac{v^2}{2g}$ 可得到谢才系数 c 与 λ 的关系：

$$c = \sqrt{\frac{8g}{\lambda}}$$

或
$$\lambda = \frac{8g}{c^2} \tag{4-27}$$

谢才公式既适用于明渠也适用于管道，谢才系数 c 值通常由经验公式计算。目前工程界广泛应用的经验公式为

（1）曼宁公式

$$c = \frac{1}{n} R^{\frac{1}{6}} \tag{4-28}$$

式中　n——综合反映壁面对水流阻滞作用的系数，称为粗糙系数，见表 4-2；

R——水力半径，m。

适用范围：$n < 0.02$，$R < 0.5$m。

各种不同粗糙面的粗糙系数 n 表 4-2

等级	槽　壁　种　类	n	$\frac{1}{n}$
1	涂覆珐琅或釉质的表面；极精细刨光而拼合良好的木板	0.009	111.1
2	刨光的木板；纯粹水泥的粉饰面	0.010	100.0
3	水泥（含 1/3 细砂）粉饰面；(新)的陶土,铸铁管和钢管,安装和接合良好的	0.011	90.9
4	未刨的木板,且拼合良好；在正常情况下内无显著积垢的给水管；极洁净的排水管；极好的混凝土面	0.012	83.3
5	琢石砌体；极好的砖砌体；正常情况下的排水管；略微污染的给水管；未刨的木板,非完全精密拼合的	0.013	76.9
6	"污染"的给水管和排水管,一般的砖砌体,一般情况下渠道的混凝土面	0.014	71.4
7	粗糙的砖砌体,未琢磨的石砌体,有洁净修饰的表面,石块安置平整,极污垢的排水管	0.015	66.3
8	普通块石砌体,其状况满意的；旧破砖砌体；较粗糙的混凝土；光滑的开凿得极好的崖岸	0.017	58.8
9	覆有坚厚淤泥层的渠槽；用致密黄土和致密卵石做成而为整片淤泥薄层所覆盖的(均无不良情况的)渠槽	0.018	55.6
10	很粗糙的块石砌体；用大块石的干砌体；碎石铺筑面。纯在岩山中开凿的渠槽。由黄土、致密卵石和致密泥土做成,为淤泥薄层所覆盖的渠槽(正常情况)	0.020	50.0
11	尖角的大块乱石铺筑；表面经过普通处理的岩石渠槽；致密黏土渠槽。由黄土、卵石和泥土做成,非整片的(有些地方断裂的)淤泥薄层所覆盖的渠槽,大型渠槽受到中等以上的养护与修理	0.0225	44.4
12	大型土渠受到中等养护和修理的；小型土渠受到良好的养护与修理。在有利条件下的小河和溪洞(自由流动无淤塞和显著水草等)	0.025	40.0
13	中等条件以下的大渠道,中等条件的小渠槽	0.0275	36.4
14	条件较差的渠道和小河(例如有些地方有水草和乱石或显著的茂草,有局部的坍坡等)	0.030	33.3
15	条件很差的渠道和小河,断面不规则,严重地受到石块和水草的阻塞等	0.035	28.6
16	条件特别坏的渠道和小河(沿河有崩崖和巨石、绵密的树根、深潭、坍岸等)	0.040	25.0

（2）巴甫洛夫斯基公式

$$c = \frac{1}{n} R^y \tag{4-29}$$

式中，n 与 R 的意义与曼宁公式相同。其中

$$y = 2.5\sqrt{n} - 0.13 - 0.75\sqrt{R}(\sqrt{n} - 0.10) \tag{4-30}$$

或采用近似公式

$$y = 1.5\sqrt{n} \quad (R < 1.0\text{m 时})$$

$$y = 1.3\sqrt{n} \quad (R > 1.0\text{m 时}) \tag{4-31}$$

适用范围： $0.1\text{m} \leqslant R \leqslant 3.0\text{m}$

$$0.011 \leqslant n \leqslant 0.04$$

应当指出的是，就谢才公式本身而言，可用于有压或无压流的各个阻力区，但由于计算谢才系数 c 的经验公式都是根据紊流阻力平方区的大量实测资料综合而成，因而谢才公式就仅适用于紊流阻力平方区。

下面举例说明 λ 的计算方法及应用。

【例 4-4】 修建一条 $l = 300\text{m}$ 长的钢筋混凝土输水管路，直径 $d = 250\text{mm}$，管道通过的流量 $Q = 200\text{m}^3/\text{h}$，试求该管路沿程水头损失 h_f。

【解】 本题采用谢才公式计算

（1）计算谢才系数 c

查表 4-2，取 $n = 0.0135$

$$R = \frac{d}{4} = \frac{0.25}{4} = 0.0625\text{m}$$

用曼宁公式计算 c 值

$$c = \frac{1}{n}R^{\frac{1}{6}} = \frac{1}{0.0135}(0.0625)^{\frac{1}{6}} = 46.6\text{m}^{\frac{1}{2}}/\text{s}$$

（2）计算 h_f

$$v = \frac{Q}{A} = \frac{200/3600}{\pi/4 \times 0.25^2} = 1.13\text{m/s}$$

$$h_\text{f} = l\frac{v^2}{c^2 R} = \frac{300 \times 1.13^2}{0.0625 \times 46.6^2} = 2.83\text{m}$$

【例 4-5】 某铸铁输水管路，直径 $d = 300\text{mm}$，管长 $l = 1000\text{m}$，通过流量 $Q = 60\text{L/s}$，水温为 10℃，试求沿程水头损失 h_f。

【解】 本题采用舍维列夫公式计算

（1）判别阻力区

$$v = \frac{Q}{A} = \frac{60 \times 10^{-3}}{\pi/4 \times 0.3^2} = 0.85\text{m/s} < 1.2\text{m/s}$$

故为紊流过渡区

（2）计算 λ

由式（4-21）

$$\lambda = \frac{0.0179}{d^{0.3}}\left(1+\frac{0.867}{v}\right)^{0.3} = \frac{0.0179}{0.3^{0.3}}\left(1+\frac{0.867}{0.85}\right)^{0.3} = 0.0317$$

（3）计算 h_f

$$h_f = \lambda \frac{l}{d}\frac{v^2}{2g} = 0.0317 \times \frac{1000}{0.3} \times \frac{0.85^2}{2\times9.8} = 3.9\text{m}$$

【例 4-6】 某铸铁排水管路粗糙系数 $n=0.013$，长度 $l=150$m，直径 $d=1$m，断面平均流速 $v=1.5$m/s，试求沿程水头损失 h_f。

【解】 1. 采用谢才公式计算

（1）计算 c 值

$$R = \frac{d}{4} = \frac{1}{4} = 0.25\text{m}$$

$$c = \frac{1}{n}R^{\frac{1}{6}} = \frac{1}{0.013}(0.25)^{\frac{1}{6}} = 61\text{m}^{\frac{1}{2}}/\text{s}$$

（2）计算 h_f

$$h_f = \frac{v^2 l}{c^2 R} = \frac{1.5^2 \times 150}{61^2 \times 0.25} = 0.363\text{m}$$

2. 采用希弗林松公式计算

（1）计算 λ

旧铸铁管取 $\Delta = 1.3$mm

$$\lambda = 0.11\left(\frac{\Delta}{d}\right)^{0.25} = 0.11 \times \left(\frac{1.3\times10^{-3}}{1}\right)^{0.25} = 0.021$$

（2）计算 h_f

$$h_f = \lambda \frac{l}{d}\frac{v^2}{2g} = 0.021 \times \frac{150}{1} \times \frac{1.5^2}{2\times9.8} = 0.362\text{m}$$

【例 4-7】 某给水管路直径 $d=200$mm，管长 $l=500$m，流量 $Q=10$L/s，水温 $t=10℃$，当量粗糙度 $\Delta=0.1$mm，试求该管路沿程水头损失 h_f。

【解】 本题采用莫迪图计算

（1）计算 Re，Δ/d

$$v = \frac{Q}{A} = \frac{10\times10^{-3}}{\pi/4\times0.2^2} = 0.32\text{m/s}$$

查表 1-3，$t=10℃$，水的运动黏滞系数 $\nu=1.31\times10^{-6}\text{m}^2/\text{s}$

$$Re = \frac{v\cdot d}{\nu} = \frac{0.32\times0.2}{1.31\times10^{-6}} = 48855$$

$$\Delta/d = \frac{0.1}{200} = 0.0005$$

（2）根据 Re、Δ/d 查莫迪图（图 4-13），得

$$\lambda = 0.0225$$

（3）计算 h_f

$$h_f = \lambda \frac{l}{d} \frac{v^2}{2g} = 0.0225 \times \frac{500}{0.2} \times \frac{0.32^2}{2 \times 9.8} = 0.294 \text{m}$$

4.7 局部水头损失

在管道或渠道中，常常设有弯管、变径管、阀门、三通、流量计、格栅等局部构件，从而引起过水断面的大小或形状发生急剧改变。当液体流经这些边界突变处时，均匀流动受到了破坏，流速大小、方向及速度分布随之变化，由此而集中产生的流动阻力称为局部阻力，由局部阻力作功而产生的水头损失称为局部水头损失。

在产生局部水头损失的流段上，流动一般为紊流阻力平方区。

4.7.1 局部水头损失产生的原因

在边界急剧变形的地方，液体由于惯性作用，发生水流与边壁脱离，形成漩涡区，如图 4-14 所示，漩涡区内液体的紊动强度加剧，从而使能量损失增加。另外由于漩涡区压迫主流过水断面，引起沿程断面速度重新分布，加大了过水断面上的速度梯度及液层间的内摩擦力，使能量损失增加。

总而言之，主流脱离边壁形成漩涡区是产生局部水头损失的主要原因。实验结果表明，漩涡区越大，漩涡强度就越大，局部水头损失也越大。

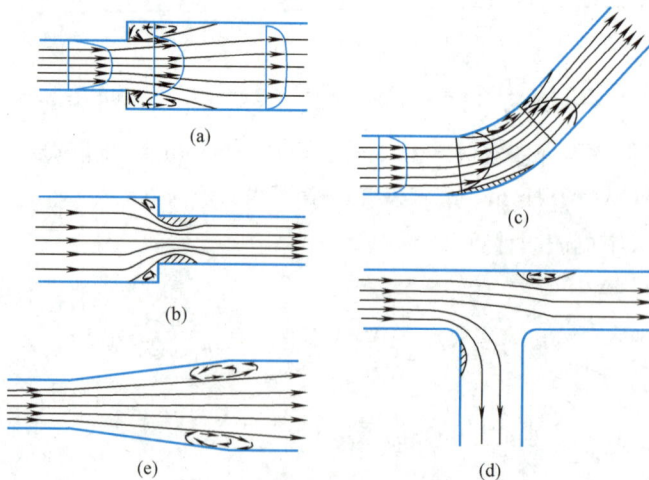

图 4-14　几种典型的局部阻碍

（a）突扩管；（b）突缩管；（c）圆弯管；（d）圆角分流三通；（e）渐扩管

4.7.2　几种典型的局部阻力系数

1. 突然扩大

设一突然扩大圆管如图 4-15 所示，直径由 d_1 突然扩大到 d_2，这种情况的局部水头损失可通过理论分析结合实验求得。

在 Re 很大的紊流中，由于水流突然扩大，在突变处发生水流与边壁的脱离，从而形成漩涡区，在距离 A—B 断面约（5～8）d_2 的 2—2 断面处水流才充满整个管路，此时流线接近于平行，成为渐变流断面。

列出 1—1 断面和 2—2 断面的能量方程：

$$Z_1+\frac{p_1}{\rho g}+\frac{\alpha_1 v_1^2}{2g}=Z_2+\frac{p_2}{\rho g}+\frac{\alpha_2 v_2^2}{2g}+h_w$$

由于 1—2 断面间的距离较短，故其沿程水头损失可以忽略，则 $h_w=h_j$，即

$$h_j=\left(Z_1+\frac{p_1}{\rho g}\right)-\left(Z_2+\frac{p_2}{\rho g}\right)+\frac{\alpha_1 v_1^2-\alpha_2 v_2^2}{2g} \tag{4-32}$$

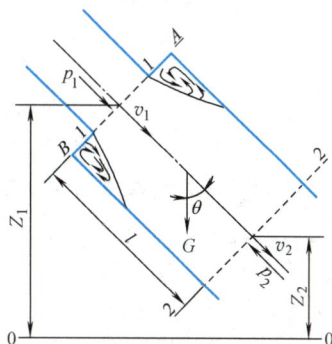

图 4-15　突然扩大管

取 A—B、2—2 断面及侧壁作为控制体，列出沿流动方向的动量方程。首先分析控制体沿流动方向所受外力：

（1）作用在 1—1 断面上的动水总压力

$$P_1=p_1 A_1$$

（2）作用在 2—2 断面上的动水总压力

$$P_2=p_2 A_2$$

（3）AB 环形面积管壁的作用力

该力等于漩涡区的水作用在环形面积上的动水压力 p，实验表明：此环形面积上的动水压强基本符合静水压强分布规律，故：

$$P=p_1(A_2-A_1)=p_1 A_{环形}$$

（4）控制体内水体的重力沿流动方向上的分力

$$G\cdot\cos\theta=\rho g A_2 l\frac{Z_1-Z_2}{l}$$

（5）管壁阻力可忽略不计

列出沿流动方向的动量方程：

$$p_1 A_1-p_2 A_2+p_1(A_2-A_1)+\rho g A_2(Z_1-Z_2)=\rho Q(\beta_2 v_2-\beta_1 v_1)$$

以 $Q=v_2 A_2$ 代入上式，并用 $\rho g A_2$ 除式中各项整理得：

$$\left(Z_1+\frac{p_1}{\rho g}\right)-\left(Z_2+\frac{p_2}{\rho g}\right)=\frac{v_2}{g}(\beta_2 v_2-\beta_1 v_1)$$

将上式代入式（4-32）、取 $\alpha_1=\alpha_2=\beta_1=\beta_2=1$，于是：

$$h_j=\frac{(v_1-v_2)^2}{2g} \tag{4-33}$$

上式即为突然扩大的局部水头损失的理论计算公式，表明突然扩大的水头损失等于所减小的平均流速水头。

再由连续性方程 $v_1 A_1 = v_2 A_2$，得 $v_1 = \dfrac{A_2}{A_1} v_2$，代入式（4-33）中，得：

$$h_j = \left(\frac{A_2}{A_1} - 1\right)^2 \frac{v_2^2}{2g} = \zeta_2 \frac{v_2^2}{2g}$$

或以 $v_2 = \dfrac{A_1}{A_2} v_1$ 代入式（4-33）中，得：

$$h_j = \left(1 - \frac{A_1}{A_2}\right)^2 \frac{v_1^2}{2g} = \zeta_1 \frac{v_1^2}{2g}$$

突然扩大的局部阻力系数为：

$$\zeta_1 = \left(1 - \frac{A_1}{A_2}\right)^2 \tag{4-34}$$

$$\zeta_2 = \left(\frac{A_2}{A_1} - 1\right)^2 \tag{4-35}$$

式中　v_1——扩大前断面平均速度；

v_2——扩大后断面平均速度。

计算时注意：ζ_1、ζ_2 分别与 v_1、v_2 相对应。

2. 管道出口

当液体在淹没状态下流入断面很大的容器时，如图4-16所示。此为突然扩大的特例，$\dfrac{A_1}{A_2} \approx 0$，由式（4-34）得 $\zeta = 1$，称为管道出口局部阻力系数。

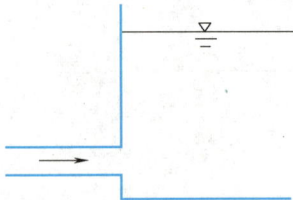

图4-16　管道出口

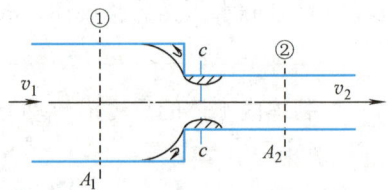

图4-17　突然缩小管

3. 突然缩小

突然缩小管道（图4-17）的水头损失，主要发生在小管内收缩断面 c—c 附近的漩涡区。突然缩小的局部阻力系数取决于面积收缩比 A_2/A_1，其值可按经验公式计算，与收缩后断面流速 v_2 相对应。

$$\zeta = 0.5\left(1 - \frac{A_2}{A_1}\right) \tag{4-36}$$

4. 管道进口

当液体由断面很大的容器流入管道时，如图4-18所示，此为突然缩小的特例，$\dfrac{A_2}{A_1} \approx 0$ 由式（4-36）得 $\zeta=0.5$，称为管道进口局部阻力系数。

4.7.3　其他类型的局部阻力系数

其他各种类型的局部阻力，虽然形式各不相同，但产生能量损失的机理基本一致，其局部阻力系数由实验确定。表 4-3、表 4-4 中给出了管道与渠道中一些常见局部阻力系数值，可供计算时参考采用。在使用表中 ζ 值计算 h_j 时，应注意与 ζ 相对应的断面平均流速。更详细的资料可查阅水力学手册。

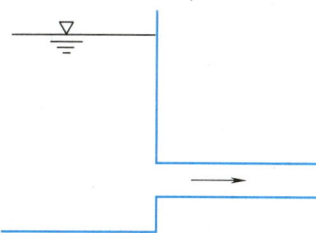

图 4-18　管道进口

管道的局部阻力系数 ζ 值　　　　表 4-3

名　称	简　图		ζ
进　口		完全修圆 $\dfrac{r}{D}\geqslant 0.15$	$\zeta_0=0.10$
		稍加修圆	$0.20\sim 0.25$
		不加修圆的直角进口	0.50
		圆形喇叭口	0.05
		方形喇叭口	0.16
		斜角进口	$\zeta_e=0.5+0.3\cos\alpha+0.2\cos^2\alpha$
闸门槽		平板门槽（闸门全开）	$\zeta_{or}=0.20\sim 0.40$
		弧形闸门门槽	$\zeta_{or}=0.20$
断面突然扩大			$\zeta_{se1}=\left(1-\dfrac{A_1}{A_2}\right)^2$，用 v_1 $\zeta_{se2}=\left(\dfrac{A_2}{A_1}-1\right)^2$，用 v_2
断面突然缩小			$\zeta_{se}=0.5\left(1-\dfrac{A_2}{A_1}\right)$，用 v_2

名　称	简　图	ζ								
断面逐渐扩大	$\zeta_{ge}=k\left(\dfrac{A_2}{A_1}-1\right)^2$，用 v_2	$\theta°$	8	10	12	15	20	25		
		k	0.14	0.16	0.22	0.30	0.42	0.62		
断面逐渐缩小	$\zeta_{ge}=k_1\left(\dfrac{1}{k_2}-1\right)^2$，用 v_2	$\theta°$	10	20	40	60	80	100	140	
		k_1	0.40	0.25	0.20	0.20	0.30	0.40	0.60	
		A_2/A_1		0.1	0.3	0.5	0.7	0.9		
		h_2		0.40	0.36	0.30	0.20	0.10		

名　称	简　图		ζ									
折管		圆形	$\alpha°$	10	20	30	40	50	60	70	80	90
			ζ_{be}	0.04	0.1	0.2	0.3	0.4	0.55	0.7	0.9	1.1
		矩形	$\alpha°$	15		30		45		60		90
			ζ_{be}	0.025		0.11		0.26		0.49		1.20

名　称	简　图		ζ				
弯管		90°	d/R	0.2	0.4	0.6	0.8	1.0
			ζ_{b1}	0.132	0.138	0.158	0.206	0.294
			d/R	1.2	1.4	1.6	1.8	2.0
			ζ_{b1}	0.440	0.660	0.976	1.406	1.975

名　称	简　图		ζ									
弯管		任意角度	$\alpha°$	20	40	60	80	90	120	140	160	180
			ζ_{b2}	0.47	0.66	0.82	0.94	1.00	1.16	1.25	1.33	14.1
			$\zeta_b=\zeta_{b1}\zeta_{b2}$									

名　称	简　图	ζ
水泵入口		$\zeta_{ep}=1.0$
出口	流入渠道	$\zeta_1=\left(1-\dfrac{A_1}{A_2}\right)^2$
	流入水库(池)	1.0

续表

名　称	简　图	ζ			
叉管	$\zeta_B=1.0$　$\zeta_B=1.5$	$\zeta_B=0.1$	$\zeta_B=1.5$	$\zeta_B=1.5$	$\zeta_B=3.0$
	$\zeta_B=0.05$　$\zeta_B=0.15$	$\zeta_B=0.5$	$\zeta_B=1.0$	$\zeta_B=3.0$	
拦污栅		$h_j=\zeta_\gamma\dfrac{v_1^2}{2g}$，$\zeta_\gamma=\beta\sin\theta\left(\dfrac{t}{b}\right)^{\frac{4}{3}}$ 式中，t 为栅格厚度；b 为栅格净距；θ 为栅格倾角；β 为栅格的断面形状系数，其值见图。 $\beta=1.60$　　$\beta=1.77$　　$\beta=2.34$　　$\beta=1.73$			

板式阀门		e/d	0	0.125	0.2	0.3	0.4	0.5	0.6	0.7	0.8	0.9	1.0
		ζ_v	∞	97.3	35.0	10.0	4.60	2.06	0.98	0.44	0.17	0.06	0

蝶阀		$\alpha°$	5	10	15	20	25	30	35	40	
		ζ_{bo}	0.24	0.52	0.90	1.54	2.51	3.91	6.22	10.8	
		$\alpha°$	45	50	55	60	65	70	90	全开	
		ζ_{bo}	18.7	32.6	58.8	118	256	751	∞	0.1~0.3	

截止阀		d(cm)	15	20	25	30	35	40	50	≥60
		ζ_{so}	6.5	5.5	4.5	3.5	3.0	2.5	1.8	1.7

滤水阀 （莲蓬头）		无底阀	$\zeta_{at}=2\sim3$				

滤水阀 （莲蓬头）		有底阀	d(cm)	4.0	5.0	7.5	10	15	20
			ζ_{jo}	12	10	8.5	7.0	6.0	5.2
			d(cm)	25	30	35	40	50	75
			ζ_{jo}	4.4	3.7	3.4	3.1	2.5	1.6

明渠局部阻力系数 ζ 值

表 4-4

名　　称	简　　图	ζ						
平板闸门		$0.05\sim0.20$						
明渠突缩	A_1 $v\rightarrow$ A_2	A_2/A_1	0.1	0.2	0.4	0.6	0.8	1.0
		ζ	1.49	1.36	0.46	0.84	1.14	0
明渠突扩	A_1 A_2	A_1/A_2	0.01 0.1	0.2	0.4	0.6	0.8	1.0
		ζ	0.98 0.81	0.64	0.36	0.16	0.04	0
渠道入口	直角	0.4						
	曲面	0.1						
格栅	s b	$\zeta=K\left(\dfrac{b}{b+s}\right)^{1.6}\left(2.3\dfrac{l}{s}+8+2.9\dfrac{s}{l}\right)\sin\alpha$ 式中　K——格栅杆条横断面形状的系数： 　　　矩形 $K=0.504$ 　　　圆弧形 $K=0.318$ 　　　流线型 $K=0.182$ α——水流与栅杆的夹角						

【例 4-8】 如图 4-19 所示，水从水箱 A 经管道流入水箱 B。已知水管直径 $d=50\text{mm}$，管长 $l=25\text{m}$，管中流量 $Q=3\text{L/s}$，管道中设有两个 $90°$ 弯头，转弯半径 $R=125\text{mm}$，阀门开度为 0.5，两水箱水位保持不变，水温 $t=10℃$，按旧钢管计算，试求两水箱水面高差 H。

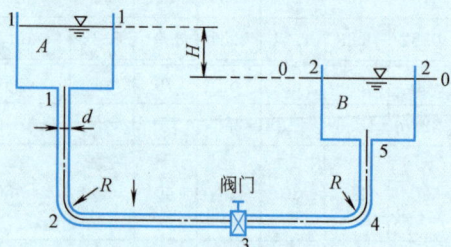

图 4-19　例 4-8 图

【解】 取 B 水箱水面为基准面 0—0，对两水面 1—1、2—2 断面列能量方程，并略去水箱中流速水头，得

$$H=h_{\text{w}}=h_{\text{f}}+h_{j}=\left(\lambda\frac{l}{d}+\sum\zeta\right)\frac{v^2}{2g}$$

管中流速

$$v=\frac{Q}{A}=\frac{3\times10^{-3}}{\pi/4\times0.05^2}=1.53\text{m/s}$$

$$\sum\zeta=\zeta_1+\zeta_2+\zeta_3+\zeta_4+\zeta_5$$

对旧钢管，由式（4-23）得

$$\lambda=\frac{0.021}{d^{0.3}}=\frac{0.021}{0.05^{0.3}}=0.051$$

查表 4-3，各项局部阻力系数分别为：进口 $\zeta_1=0.5$；$90°$弯头$\left(d/R=\dfrac{50}{125}=0.4\right)$，$\zeta_2=\zeta_4=0.138$；当阀门开度为 0.5 时，$\zeta_3=2.06$，出口 $\zeta_5=1.0$

将上述各值代入前式中，则所求水面高差

$$H=\left(0.051\times\frac{25}{0.05}+0.5+2\times0.138+2.06+1\right)\frac{1.53^2}{2\times9.8}=3.5\text{m}$$

【例 4-9】　水从水箱流入一段直径不同的串联管路。如图 4-20 所示。已知 $d_1=$ 150mm，$l_1=25$m，$\lambda_1=0.037$；$d_2=$ 125mm，$l_2=10$m，$\lambda_2=0.039$，局部阻力系数分别为：进口 $\zeta_1=0.5$，渐缩管 $\zeta_2=$ 0.15，阀门 $\zeta_3=2.0$（以上 ζ 值相应流速均采用发生局部水头损失后的流速），试求：

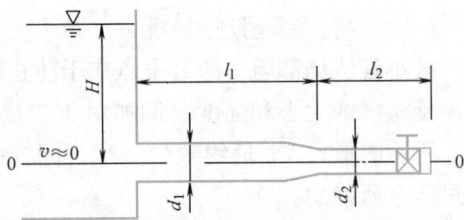

图 4-20　例 4-9 图

(1) 沿程水头损失 $\sum h_f$；

(2) 局部水头损失 $\sum h_j$；

(3) 要保持流量 $Q=0.025\text{m}^3/\text{s}$ 时，所需水头 H。

【解】　(1) 沿程水头损失 $\sum h_f$

第一管段：
$$v_1=\frac{Q}{A_1}=\frac{0.025}{\pi/4\times0.15^2}=1.415\text{m/s}$$

$$h_{f1}=\lambda_1\frac{l_1}{d_1}\frac{v_1^2}{2g}=0.037\times\frac{25}{0.15}\times\frac{1.415^2}{2\times9.8}=0.63\text{m}$$

第二管段：
$$v_2=\frac{Q}{A_2}=\frac{0.025}{\pi/4\times0.125^2}=2.04\text{m/s}$$

$$h_{f2}=\lambda_2\frac{l_2}{d_2}\frac{v_2^2}{2g}=0.039\times\frac{10}{0.125}\times\frac{2.04^2}{2\times9.8}=0.663\text{m}$$

故：
$$\sum h_f=h_{f1}+h_{f2}=0.63+0.663=1.293\text{m}$$

(2) 局部水头损失 $\sum h_j$

进口：
$$h_{j1}=\zeta_1\frac{v_1^2}{2g}=0.5\times\frac{1.415^2}{2\times9.8}=0.051\text{m}$$

渐缩：
$$h_{j2}=\zeta_2\frac{v_2^2}{2g}=0.15\times\frac{2.04^2}{2\times9.8}=0.032\text{m}$$

阀门：
$$h_{j3}=\zeta_3\frac{v_2^2}{2g}=2\times\frac{2.04^2}{2\times9.8}=0.423\text{m}$$

故：
$$\sum h_j=h_{j1}+h_{j2}+h_{j3}=0.051+0.032+0.423=0.506\text{m}$$

(3) 保持 $Q=0.025\text{m}^3/\text{s}$ 所需水头 H

以管道出口形心为基准面，对水箱液面 1—1、管道出口断面 2—2 列能量方程

$$H=\frac{\alpha_2 v_2^2}{2g}+h_w$$

取 $\alpha_2=1$，$h_w=\sum h_f+\sum h_j=1.293+0.506=1.799\text{m}$

故：
$$H=\frac{2.04^2}{2\times9.8}+1.799=2.011\text{m}$$

4.7.4　减小局部阻力的措施

减小紊流局部阻力的着眼点在于防止或推迟流体与壁面的分离，避免旋涡区的产生或减少旋涡区的大小和强度。例如对于扩散角大的渐扩管，其 ζ 值也较大，如制成图 4-21（a）所示的形式，ζ 值约减少一半。同样突扩管如制成图 4-21（b）所示的台阶式，ζ 值也可能有所减少。

图 4-21　渐扩管
（a）复合式渐扩管；（b）台阶式突扩管

弯管的局部阻力系数在一定范围内随曲率半径 R 的增大而减小。对比表 4-5 给出的 90°弯管在不同 R/d 时的 ζ 值可知，如 $R/d<1$，ζ 值随 R/d 的减小而急剧增加，这与旋涡区的出现和增大有关。如 $R/d>3$，ζ 值随 R/d 的加大而增加，这是由于弯管加长后，沿程损失增大造成的。因此弯管的 R 最好为 $(1\sim4)d$。断面大的弯管，往往只能采用较小的 R/d，如在弯管内部布置一组导流叶片，便可减少旋涡区和二次流，降低弯管的 ζ 值；此时越接近内侧，导流叶片布置也应越密些。图 4-22 所示弯管装上圆弧形导流叶片后，ζ 值由 1.0 减少到 0.3 左右。

不同 R/d 时 90°弯管的 ζ 值（$Re=10^6$）　　　　表 4-5

R/d	0	0.5	1.0	2.0	3.0	4.0	6.0	10.0
ζ 值	1.14	1.00	0.246	0.159	0.145	0.167	0.200	0.240

为了改进三通工作状况，减少 ζ 值，应尽可能减少三通支管与合流管之间夹角，或将支管与合流管连接处的折角改缓。例如将 90°"T 形"三通的折角切割成图 4-23 所示的 45°斜角，则合流时的 $\zeta_{1\sim3}$ 和 $\zeta_{2\sim3}$ 减少 30%～50%，分流时的 $\zeta_{3\sim1}$ 减少 20%～30%，但对分流的 $\zeta_{3\sim2}$ 影响不大。如将切割的三角形加大，ζ 值还能显著下降。

此外配件之间的不合理衔接，也会使局部阻力加大。例如在既要转 90°、又要扩大断面的流动中，若均选用 $R/d=1$ 的弯管和 $A_2/A_1=2.28$、$l_d/r_1=4.1$ 的渐扩管，在直接连接（$l_s=0$）的情况下，先弯后扩的水头损失为先扩后弯的水头损失的 4 倍。即使中间都插入一段 $l_s=4d$ 的短管，也仍然大 2.4 倍。因此如果没有其他原因，先弯后扩是不合理的。

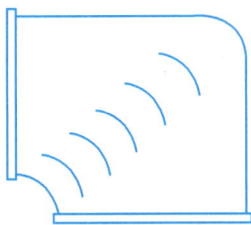

图 4-22　装有导游叶片的弯管

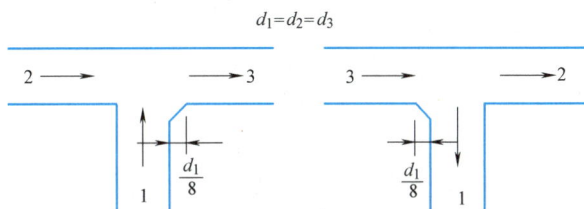

图 4-23　切割折角的"T 形"三通

知识链接

点亮伶仃洋——港珠澳大桥

港珠澳大桥连接香港、珠海、澳门，位于中国广东省珠江口伶仃洋区域内，是目前世界上最长的跨海大桥，是中国从桥梁大国走向桥梁强国的里程碑之作，被英国《卫报》评为新世界七大奇迹之一。正式通车后，港珠澳形成一小时生活圈。广阔的伶仃洋，天堑变通途。

扫描二维码
看全部内容

思考题

4-1　什么叫水头损失？水头损失有几种形式？产生水头损失的原因是什么？

4-2　什么是上临界流速？什么是下临界流速？为什么判别流态常用下临界流？

4-3　当管径一定时，随着流量增大，雷诺数是增大还是减小？当流量一定时，随着管径增大，雷诺数是增大还是减小？

4-4　既然沿程水头损失的通用计算公式为 $h_f = \lambda \dfrac{l}{d} \dfrac{v^2}{2g}$，那么如何理解在层流中，沿程水头损失 h_f 与流速 v 的一次方成正比。

4-5　两个不同直径的管道，通过不同黏滞性的液体，其临界雷诺数是否相同？

4-6　何为水力半径？何为当量直径？水力半径对过水断面的过流能力有何影响？

4-7　紊流中的瞬时流速、脉动流速、时均流速、断面平均流速如何区分？

4-8　层流底层厚度与哪些因素有关？研究层流底层厚度对于紊流的分析有什么意义？

4-9　对于绝对粗糙度一定的管道来说，雷诺数较小时，可能是水力光滑管？而雷诺数较大时，可能是水力粗糙管？壁面光滑的管道是否一定是水力光滑管？壁面粗糙的管道是否一定是水力粗糙管？

4-10　有两根直径、长度、绝对粗糙度均相同的管道，一根输水，另一根输油。试问：

(1) 当两管道中液流的流速相等时，其沿程水头损失是否相等？

(2) 当两管道中液流的雷诺数相同时，其沿程水头损失是否相等？

4-11　在既要转弯 90°、又要扩大过水断面的流动中，是应该先弯后扩，还是先扩后弯？请说明理由。

4-12 如图 4-24（a）所示，液流方向由小管到大管与由大管到小管，所产生的局部水头损失是否相等？为什么？如题 4-10 图中（b）、（c）所示，两突然扩大管段，大管直径相同，但小管直径不同，$d_A > d_B$，两管段通过的流量相等，哪个产生的局部水头损失大，为什么？

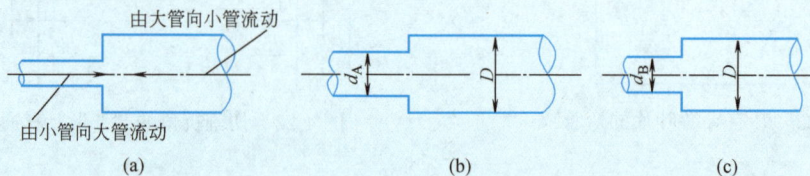

由大管向小管流动
由小管向大管流动

（a）　　　　　　　　　（b）　　　　　　　　　（c）

图 4-24 题 4-10 图

习题

4-1 一段变直径输水管道，已知小管直径为 d_1，大管直径为 d_2，且 $d_2/d_1=2$。试问哪个断面雷诺数大？两断面雷诺数比值 Re_1/Re_2 是多少？

4-2 输水圆管直径 $d=100mm$，测得管中流速 $v=1m/s$，水温 $t=10℃$，试判别其流态，并求流态变化时的流速。

4-3 一矩形断面排水沟，底宽 $b=0.2m$，水深 $h=0.15m$，水温 $t=15℃$，流速 $v=0.15m/s$，试判别流态。

4-4 用直径 $d=100mm$ 的管道输送水，流量 $Q=0.01m^3/s$，水温 $t=4℃$，试判别管中水流流态。如用该管道输送相同流量的油，已知油的运动黏滞系数 $\nu=1.14\times10^{-4}m^2/s$，试判别管中油的流态。

4-5 某有压管路直径 $d=300mm$，层流时水力坡度 $J=0.15$，紊流时水力坡度 $J=0.2$，现有一点 A 位于离管轴 $r=100mm$ 处。试求：（1）层流时和紊流时管壁处切应力 τ_0；（2）层流时和紊流时 A 点处的切应力 τ。

4-6 管道直径 $d=15mm$，测量段长度 $Z=10m$，水温：$t=4℃$。试求：

（1）当流量 $Q=0.02L/s$ 时，管中的流态。

（2）此时管道的沿程阻力系数 λ。

（3）测量段的沿程水头损失 h_f。

（4）为保持管中为层流，测量段两断面间最大的测压管水头差应为多少？

4-7 某水管直径 $d=50mm$，长度 $l=10m$，流量 $Q=10L/s$，流动处于阻力平方区，测得沿程水头损失 $h_f=7.5m$。试求管壁当量粗糙度。

4-8 钢筋混凝土管道，直径 $d=800mm$，粗糙系数 $n=0.014$，长度 $l=240m$，沿程水头损失 $h_f=2m$。试求断面平均流速及流量。

4-9 圆管中水的温度 t 为 $6℃$，水的运动黏度 $\nu=0.01473cm/s$，管长 $l=2m$，流量 $Q=24L/s$，管径 $d=20cm$，粗糙度 $\Delta=0.2mm$。请用莫迪图求出沿程损失系数 λ 和沿程水头损失。

4-10 如图 4-25 所示，水管直径为 $50mm$，1—1 断面和 2—2 断面相距 $15m$，高差 $\Delta z=3m$，通过的流量 $Q=6L/s$，水银压差计读值 $\Delta h=250mm$。试求管道沿程阻力系数。

4-11 如图 4-26 所示，某段输水管道中设有阀门，已知管道直径为 $50mm$，流量为 $3.34L/s$，水银压差计读值 $\Delta h=150mm$，沿程水头损失不计。试求阀门局部阻力系数。

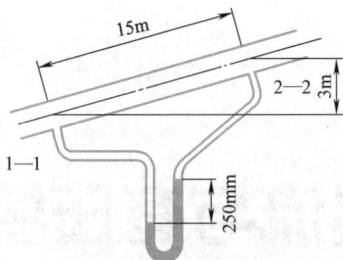

图 4-25 题 4-10 图

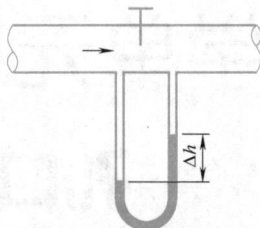

图 4-26 题 4-11 图

4-12 如图 4-27 所示，突然扩大管道的平均流速由 v_1 减到 v_2，若直径 d_1 及流速 v_1 一定，试求使测压管液面差 h 成为最大的 v_2 及 d_2 是多少？并求出最大的 h 值。

4-13 如图 4-28 所示，为了测定局部阻力系数值 ζ，现在阀门的上下游设置了 3 个测压管，已知水管直径 $d=50\text{mm}$，$L_1=1\text{m}$，$L_2=2\text{m}$，$H_1=1.5\text{m}$，$H_2=1.25\text{m}$，$H_3=0.4\text{m}$，$v=3\text{m/s}$。试确定阀门的局部阻力系数 ζ。

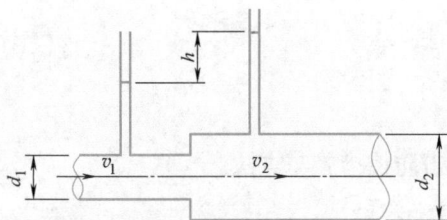

图 4-27 题 4-12 图

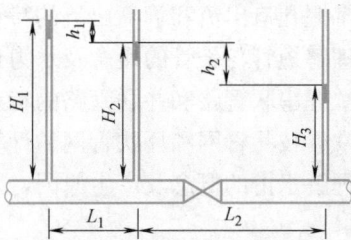

图 4-28 题 4-13 图

4-14 如图 4-29 所示，利用图中所示装置测定 90° 弯头的局部阻力系数。已知，从 A 管到 B 管长度为 10m，管径为 50mm，管道沿程阻力系数为 0.03。今测得两测压管水头差为 0.629m，2min 流出水量 0.329m^3。试求该弯头局部阻力系数。

4-15 如图 4-30 所示，已知 $d=50\text{mm}$，$D=200\text{mm}$，$l=100\text{m}$，$H=12\text{m}$，沿程阻力系数 $\lambda=0.03$，阀门局部阻力系数 $\zeta_v=5.0$。试求通过水管的流量。

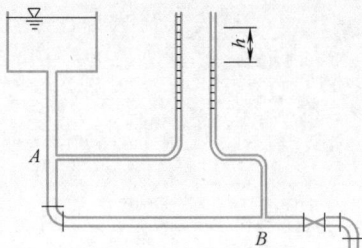

图 4-29 题 4-14 图

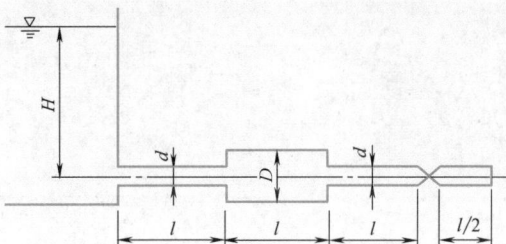

图 4-30 题 4-15 图

4-16 如图 4-31 所示，水从封闭水箱 A 沿直径 $d=25\text{mm}$，长度 $l=10\text{m}$ 的管道流入水箱 B 中。若水箱 A 中液面相对压强 $p_1=2\text{at}$，$H_1=1\text{m}$，$H_2=5\text{m}$，局部阻力系数：$\zeta_{进口}=0.5$，$\zeta_{阀门}=4.0$，$\zeta_{弯头}=0.3$，沿程阻力系数 $\lambda=0.025$。试求管中流量 Q。

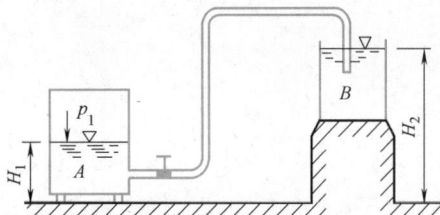

图 4-31 题 4-16 图

习题解析及参考答案

教学单元 5

Chapter 05

孔口、管嘴出流与有压管流

教学目标

1. 掌握孔口出流和管嘴出流的特点。
2. 理解短管与长管的概念及水力计算方法。
3. 掌握串联管路和并联管路的特点。
4. 掌握枝状管网和环状管网的计算原则。
5. 理解水击的概念及产生原因，掌握水击防控措施与方法。

　　孔口、管路出流与有压管流都是工程中常见的流动方式，在市政、环境和石油化工等领域，水、油等的输送基本上都是通过管道完成的，研究液体的管道流动有很大的实用意义。本章将应用前面阐述的液体运动基本规律，结合具体流动条件，对工程中最常见的孔口、管嘴出流和有压管流等流动现象进行分类研究。

　　液体沿管道满管流动的水力现象称为有压管流。有压管流是输送液体的主要方式，是各种生产、生活输水系统的重要组成部分。有压管流的水力计算，实际上是总流连续性方程、能量方程和水头损失规律的具体运用。

　　孔口出流时只发生局部水头损失；管嘴出流中，由于其沿程损失在计算时也可忽略，而只考虑局部水头损失。因此，孔口和管嘴出流可看作是只发生局部水头损失的特殊有压管流。

　　在有压管路中，由于某些外界原因，会导致出现具有较大破坏性的水击现象。因此，本章对水击现象产生的原因及防控措施进行了阐述。需要注意的是，与前面所学内容不同，水击属于非恒定流问题。

5.1　孔　口　出　流

　　在容器壁上开孔，液体经孔口流出的水力现象称为孔口出流。如给水排水工程中各类取水、泄水闸孔，以及某些测量流量的设备等均属于孔口。由于孔口沿流动方向边界长度很短，因此沿程损失可以忽略不计，只需考虑局部损失。

5.1.1　孔口出流分类

　　根据孔口出流条件，可将其分为：

1. 小孔口与大孔口

当孔口直径 d（或孔口高度 e）与孔口形心在水面下深度 H 相比很小，即 $d/H<1/10$ 时，称为小孔口，如图 5-1 所示。可以认为小孔口断面上各点作用水头相等。反之，当 $d/H>1/10$ 时，称为大孔口，大孔口不同高度上作用水头不相等。

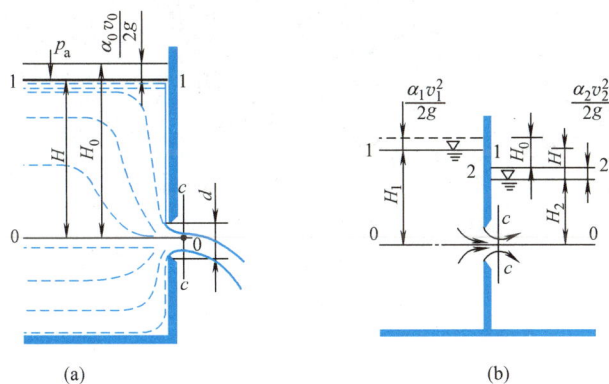

图 5-1　孔口出流

（a）孔口自由出流；（b）孔口淹没出流

2. 恒定出流与非恒定出流

孔口出流，H 不随时间变化时，称为恒定出流；反之，称为非恒定出流。

3. 薄壁孔口与厚壁孔口

孔口出流时，若孔壁厚度对出流无影响，水流与孔壁仅在一圆周线上接触，则称为薄壁孔口；反之，称为厚壁孔口。

5.1.2 薄壁小孔口恒定出流

1. 自由出流

水经孔口流入大气中称为自由出流，如图 5-1 (a) 所示。容器内的液体不断被补充，并通过溢流管控制水位，以保持水头 H 恒定不变，是恒定出流。容器内水流从各个方向流向孔口，由于水的惯性作用，流线不能突然改变方向，而只能逐渐弯曲向孔口方向收缩。因此，孔口断面上各流线互不平行。水流流出孔口后继续收缩，直至距孔口内壁约 $d/2$ 处收缩完毕，流线才趋于平行。该断面称为收缩断面，即图 5-1 (a) 中的 c—c 断面。设孔口断面面积为 A，收缩断面面积为 A_c，则

$$\varepsilon = \frac{A_c}{A} \tag{5-1}$$

式中 ε——收缩系数。

以通过孔口形心的水平面 0—0 作为基准面，对容器中自由液面 1—1 和收缩断面 c—c 列能量方程：

$$H + \frac{p_0}{\rho g} + \frac{\alpha_1 v_1^2}{2g} = \frac{p_c}{\rho g} + \frac{\alpha_c v_c^2}{2g} + h_w$$

式中 $p_0 = p_c = p_a$，水箱中的微小水头损失可以忽略不计，因此：

$$h_w = h_j = \zeta \frac{v_c^2}{2g} \tag{5-2}$$

化简上式：

$$H + \frac{\alpha_1 v_1^2}{2g} = (\alpha_c + \zeta) \frac{v_c^2}{2g}$$

令 $H_0 = H + \frac{\alpha_1 v_1^2}{2g}$，代入上式中，整理得：

收缩断面流速

$$v_c = \frac{1}{\sqrt{\alpha_c + \zeta}} \sqrt{2gH_0} = \varphi \sqrt{2gH_0} \tag{5-3}$$

孔口的流量

$$Q = v_c A_c = \varphi \varepsilon A \sqrt{2gH_0} = \mu A \sqrt{2gH_0} \tag{5-4}$$

式中 H_0——作用水头，m；

当忽略较小的 $\frac{\alpha_1 v_1^2}{2g}$ 时，$H_0 = H$；

ζ——孔口局部阻力系数；

φ——孔口流速系数，$\varphi = \dfrac{1}{\sqrt{\alpha_c + \zeta}} = \dfrac{1}{\sqrt{1 + \zeta}}$；

μ——孔口流量系数，$\mu = \varepsilon\varphi$。

作用水头 H_0 是促使出流的全部能量，如流速 $v_0 \approx 0$，则 $H_0 = H$。

孔口出流的流速系数 φ 值接近于 1，流量系数 μ 取决于孔口形状及其在壁面的位置和边缘情况。

2. 淹没出流

孔口下游水位高于孔口，水在淹没状态下流入另一部分水中，称为淹没出流。如图 5-1（b）所示，水流经孔口后形成收缩断面 c—c，然后扩大。以通过孔口形心的水平面 0—0 作为基准面，对上下游自由液面 1—1、2—2 列能量方程：

$$H_1 + \frac{\alpha_1 v_1^2}{2g} = H_2 + \frac{\alpha_2 v_2^2}{2g} + h_w$$

式中，$v_1 \approx v_2 \approx 0$，称为行进流速。

淹没出流的水头损失包括两项，孔口局部水头损失与流出孔口后突然扩大的局部水头损失，即：

$$h_w = h_j = \zeta \frac{v_c^2}{2g} + \zeta_{突扩} \frac{v_c^2}{2g} \tag{5-5}$$

令 $H_0 = H_1 - H_2$，代入上式中，整理得：

收缩断面流速

$$v_c = \frac{1}{\sqrt{\zeta + \zeta_{突扩}}} \sqrt{2gH_0} = \varphi\sqrt{2gH_0} \tag{5-6}$$

孔口流量

$$Q = v_c A_c = \varphi\varepsilon A\sqrt{2gH_0} = \mu A\sqrt{2gH_0} \tag{5-7}$$

式中　H_0——作用水头，m；$H_0 = H_1 - H_2 \neq H$；

ζ——孔口局部阻力系数，与自由出流相同；

$\zeta_{突扩}$——水流自收缩断面突然扩大的局部阻力系数，由式（4-31），当 $A_2 \gg A_c$ 时，$\zeta_{突扩} = 1$；

φ——淹没出流孔口流速系数，$\varphi = \dfrac{1}{\sqrt{\zeta + \zeta_{突扩}}} = \dfrac{1}{\sqrt{1 + \zeta}}$；

μ——淹没出流孔口流量系数，$\mu = \varepsilon\varphi$。

比较孔口自由出流与淹没出流的两流量计算式（5-4）与式（5-7），两式形式相同，各项系数值也相同，只是其作用水头不同而已。自由出流作用水头 H_0 是水面至孔口形心的深度，而淹没出流作用水头 H_0 则是上下游液面的高差。由于淹没出流孔口断面上各点作用水头相等，因此，淹没出流无"大""小"孔口之分。只要 H_0 一定，出流流量与孔

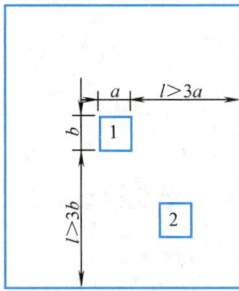

图 5-2 全部收缩孔口

口在液面下开设位置高低无关。

当孔口与相邻壁面的距离大于同方向孔口尺寸三倍时，即 $l>3a$，$l>3b$，孔口出流的收缩将不受边壁影响，孔口四周全部收缩称为全部完善收缩，如图 5-2 中所示孔口 1。当孔口与壁面的距离小于 3 倍孔口尺寸时，称为不完善收缩，如图 5-2 中所示孔口 2。

根据实验测得结果，完善收缩薄壁小孔口流速系数 $\varphi=0.97\sim0.98$，流量系数 $\mu=0.60\sim0.62$，收缩系数 $\varepsilon=0.62\sim0.64$。实测薄壁小孔口各项系数见表 5-1。

薄壁小孔口各项系数 表 5-1

收缩系数 ε	阻力系数 ζ_0	流速系数 φ	流量系数 μ
0.64	0.06	0.97	0.62

5.1.3 薄壁大孔口恒定出流

给水排水工程中的取水口及闸孔出流属于此类。可将大孔口视为许多小孔口的组合，并以小孔口的流量公式计算。但式中的流量系数应为大孔口的流量系数。大孔口的流量系数见表 5-2。

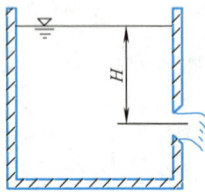

图 5-3 孔口出流计算

大孔口流量系数 μ 表 5-2

水流收缩情况		μ
全部、不完善收缩		0.70
底部孔口	侧向收缩较大	0.65～0.70
	侧向收缩中度	0.70～0.75
	侧向收缩很小	0.80～0.90

【例 5-1】 如图 5-3 所示，水箱侧壁上有一薄壁小孔口自由出流。孔口直径 $d=50\mathrm{mm}$，当孔口水头 H 一定时，收缩断面平均流速 $v_c=6.86\mathrm{m/s}$，经过孔口的水头损失 $h_w=0.165\mathrm{m}$。若流量系数 $\mu=0.61$，试求：（1）孔口的流速系数；（2）收缩断面处直径；（3）作用水头。

【解】 （1）计算流速系数 φ

因为

$$h_w=h_j=\zeta\frac{v_c^2}{2g}$$

所以

$$\zeta=\frac{h_j}{v_c^2/2g}=\frac{0.165\times2\times9.8}{6.86^2}=0.0687$$

$$\varphi=\frac{1}{\sqrt{1+\zeta}}=\frac{1}{\sqrt{1+0.0687}}=0.97$$

（2）计算收缩断面直径 d_c

因为

$$\mu = \varepsilon\varphi$$

所以

$$\varepsilon = \frac{\mu}{\varphi} = \frac{0.61}{0.97} = 0.63$$

又

$$\varepsilon = \frac{A_c}{A} = \frac{d_c^2}{d^2}$$

故

$$d_c = \sqrt{\varepsilon}\,d = 50\sqrt{0.63} = 39.7\text{mm}$$

(3) 计算作用水头 H_0

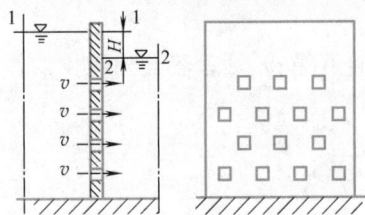

图 5-4 孔口出流计算

$$v_c = \varphi\sqrt{2gH_0}$$

则

$$H_0 \approx H = \frac{v_c^2}{2g\varphi^2} = \frac{6.86^2}{2 \times 9.8 \times 0.97^2} = 2.55\text{m}$$

【例 5-2】 为了使水流均匀进入平流式沉淀池，通常在平流式沉淀池进口处造一道穿孔墙，如图 5-4 所示。已知某沉淀池需要通过穿孔墙的总流量 $Q_z = 125\text{L/s}$，穿孔墙上设若干面积 $A = 15 \times 15\text{cm}^2$ 的孔口，为防止絮凝体被打碎，需限制通过孔口面积 A 的平均流速 $v \leqslant 0.4\text{m/s}$。若按薄壁小孔口计算，试确定：（1）穿孔墙上应设孔口的总数 n；（2）穿孔墙上下游的恒定水位差 H。

【解】 （1）求 n

n 个孔口的总面积为：

$$A_z = \frac{Q_z}{v} = \frac{125 \times 10^{-3}}{0.4} = 0.3125\text{m}^2$$

则

$$n = \frac{A_z}{A} = \frac{0.3125 \times 10^4}{15 \times 15} = 13.9 \text{ 个}$$

取 $n = 14$ 个。

孔口的实际流速

$$v' = \frac{Q_z}{nA} = \frac{125 \times 10^{-3}}{14 \times 15 \times 15 \times 10^{-4}} = 0.397\text{m/s} < 0.4\text{m/s}$$

故符合要求。

（2）求 H

因为是淹没出流，故作用水头与孔口在穿孔墙上的位置无关，即 14 个孔口的作用水头相等。又由于 $\frac{\alpha_1 v_1^2}{2g} \approx \frac{\alpha_2 v_2^2}{2g} \approx 0$，故 14 个孔口的作用水头均为 $H_0 = H$。采用 $\mu = 0.62$，由式（5-7）得：

$$H = \frac{Q^2}{2g\mu^2 A^2} = \frac{(Q_z/n)^2}{2g\mu^2 A^2} = \frac{(125 \times 10^{-3}/14)^2}{2 \times 9.8 \times 0.62^2 \times (15 \times 15 \times 10^{-4})^2} = 0.021\text{m}$$

5.1.4 孔口的变水头出流

孔口出流（或入流）过程中，容器内水位随时间变化（降低或升高），导致孔口流量随时间变化的流动，称为孔口变水头出流。变水头出流是非恒定流，但如容器中水位的变化缓慢，则可把整个出流过程划分为许多微小时段，在每一微小时段内，认为水位不变，孔口出流基本公式仍适用，这样就把非恒定流问题转化为恒定流处理。容器泄流时间、蓄水库流量调节等问题，都可按变水头出流计算。

下面分析截面积为 F 的柱形容器，水经孔口变水头自由出流，如图 5-5 所示。设孔口出流过程中，某时刻容器中水面高度为 h，在微小时段 dt 内，孔口流出体积为

$$dV = Q dt = \mu A \sqrt{2gh}\, dt$$

等于该 dt 时段，水面下降 dh 后，容器内减少的体积

$$dV = -F dh$$

由此得

$$\mu A \sqrt{2gh}\, dt = -F dh$$

$$dt = -\frac{F}{\mu A \sqrt{2g}} \times \frac{dh}{\sqrt{h}}$$

对上式积分，得到水位由 H_1 降到 H_2 所需时间

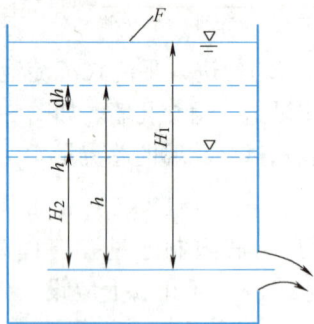

图 5-5　孔口变水头出流

$$t = \int_{H_1}^{H_2} -\frac{F}{\mu A \sqrt{2g}} \times \frac{dh}{\sqrt{h}} = \frac{2F}{\mu A \sqrt{2g}}\left(\sqrt{H_1} - \sqrt{H_2}\right)$$

$$(5-8)$$

令 $H_2 = 0$，即得容器放空时间

$$t = \frac{2F\sqrt{H_1}}{\mu A \sqrt{2g}} = \frac{2FH_1}{\mu A \sqrt{2gH_1}} = \frac{2V}{Q_{max}}$$

$$(5-9)$$

式中　V——容器放空的体积；

　　　Q_{max}——初始出流时的最大流量。

【例 5-3】　贮水槽如图 5-6 所示，底面积 $F = 3m \times 2m$，贮水深 $H_1 = 4m$。由于锈蚀，距槽底 $H_3 = 0.2m$ 处形成一个直径 $d = 5mm$ 的孔洞，试求水位恒定和因漏水水位下降两种情况下，一昼夜的漏水量。

【解】　水位恒定时，孔口出流量按薄壁小孔口恒定出流公式（5-4）计算

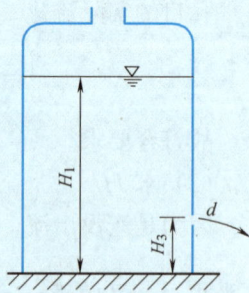

图 5-6　例 5-3 图

$$Q = \mu A \sqrt{2gH_0} = 0.62 \times \frac{\pi}{4} \times 0.005^2 \times \sqrt{2 \times 9.8 \times (4-0.2)}$$

$$= 1.05 \times 10^{-4} \, m^3/s$$

水位恒定时一昼夜漏水量为

$$V = Qt = 1.05 \times 10^{-4} \times 3600 \times 24 = 9.07 m^3$$

因漏水水位下降，一昼夜漏水量可按孔口变水头出流计算，由式（5-8）得

$$t=\frac{2F}{\mu A\sqrt{2g}}(\sqrt{H_1-H_3}-\sqrt{H_2})$$

解得 $H_2=2.44\mathrm{m}$，则水位下降时一昼夜漏水量为

$$V=[(H_1-H_3)-H_2]\times F=(4-0.2-2.44)\times(3\times2)=8.16\mathrm{m}^3$$

5.2　管嘴出流

在孔口上接一长度为 3～4 倍孔口直径的短管，水经过短管并在出口断面满管流出的水力现象称为管嘴出流。管嘴出流沿流动方向边界长度很小，虽有沿程水头损失，但与局部损失相比甚微，可以忽略不计。水力机械化用水枪及消防水枪均属于管嘴的应用。

5.2.1　圆柱形外管嘴恒定出流

在孔口断面上外接长度 $l=(3\sim4)d$ 的圆柱形短管，如图 5-7 所示，称为圆柱形外管嘴。

水流进入管嘴后，同样形成收缩，在收缩断面 C—C 处水流与管壁脱离，并形成漩涡区，然后又逐渐扩大，在管嘴出口断面满管流出。

设开口水箱，水经管嘴自由出流。以通过管嘴轴线的水平面 0—0 为基准面，对水箱中自由液面 1—1 与管嘴出口断面 2—2 列能量方程：

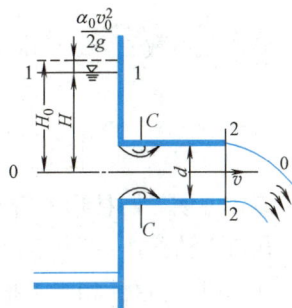

图 5-7　圆柱形外管嘴出流

$$H+\frac{\alpha_1 v_1^2}{2g}=\frac{\alpha v^2}{2g}+\zeta_\mathrm{n}\frac{v^2}{2g}$$

令 $H_0=H+\frac{\alpha_1 v_1^2}{2g}$，代入上式，整理得

管嘴出口流速　　　$$v=\frac{1}{\sqrt{\alpha+\zeta_\mathrm{n}}}\sqrt{2gH_0}=\varphi_\mathrm{n}\sqrt{2gH_0}$$　　　　（5-10）

管嘴流量　　　$$Q=vA=\varphi_\mathrm{n}A\sqrt{2gH_0}=\mu_\mathrm{n}A\sqrt{2gH_0}$$　　　　（5-11）

式中　H_0——作用水头，m；如 $v_1\approx0$，则 $H_0=H$；

　　　ζ_n——管嘴局部阻力系数，相当于管道锐缘进口的局部阻力系数，即 $\zeta_\mathrm{n}=0.5$；

　　　φ_n——管嘴流速系数，$\varphi_\mathrm{n}=\frac{1}{\sqrt{\alpha+\zeta_\mathrm{n}}}=\frac{1}{\sqrt{1+0.5}}=0.82$；

　　　μ_n——管嘴流量系数，因管嘴出口断面无收缩，故 $\mu_\mathrm{n}=\varphi_\mathrm{n}=0.82$。

将式（5-11）与式（5-4）相比较，两式形式完全相同，但 $\mu_\mathrm{n}=1.32\mu$。由此可见：在相同作用水头、相同直径的条件下，管嘴过流能力是孔口过流能力的 1.32 倍。

5.2.2　收缩断面的真空

在孔口外接短管成为管嘴后，增加了阻力，流量本应减小，但实际上流量反而却增加

了，原因在于收缩断面处真空的作用，这是管嘴出流不同于孔口出流的基本特点。

对收缩断面 c—c 与管嘴出口断面 2—2 列能量方程

$$\frac{p_c}{\rho g} + \frac{\alpha_c v_c^2}{2g} = \frac{p_a}{\rho g} + \frac{\alpha v^2}{2g} + \zeta_{突扩} \frac{v^2}{2g}$$

则

$$\frac{p_a - p_c}{\rho g} = \frac{\alpha_c v_c^2}{2g} - \frac{\alpha v^2}{2g} - \zeta_{突扩} \frac{v^2}{2g}$$

其中

$$v_c = \frac{A}{A_c} v = \frac{1}{\varepsilon} v$$

局部水头损失主要发生在水流突然扩大时

$$\zeta_{突扩} = \left(\frac{A}{A_c} - 1\right)^2 = \left(\frac{1}{\varepsilon} - 1\right)^2$$

代入上式，得

$$\frac{p_v}{\rho g} = \left[\frac{\alpha_c}{\varepsilon^2} - \alpha - \left(\frac{1}{\varepsilon} - 1\right)^2\right] \frac{v^2}{2g} = \left[\frac{\alpha_c}{\varepsilon^2} - \alpha - \left(\frac{1}{\varepsilon} - 1\right)^2\right] \varphi^2 H_0$$

将各项系数 $\alpha_c = \alpha = 1$，$\varepsilon = 0.64$，$\varphi_n = 0.82$ 代入上式，得收缩断面真空值为

$$\frac{p_v}{\rho g} = 0.75 H_0 \tag{5-12}$$

该式说明，圆柱形外管嘴的作用可使其作用水头增大 75%。

孔口出流的收缩断面在大气中，而管嘴出流的收缩断面为真空区，真空高度达作用水头的 0.75 倍，这就相当于把孔口的作用水头增加了 75%，这也正是圆柱形外管嘴流量比孔口流量大的原因。

5.2.3 圆柱形外管嘴正常工作的条件

根据式（5-12）可知，H_0 越大，p_v 越大。当收缩断面真空度达到 $7\mathrm{mH_2O}$ 以上时，液体发生汽化，同时空气将会从管嘴出口处吸入，从而使收缩断面处的真空被破坏，则管嘴不再保持满管出流，因而失去管嘴的作用。因此，为了保证管嘴正常工作，对收缩断面的真空度加以限制，即 $\frac{p_v}{\rho g} \leqslant 7\mathrm{mH_2O}$，则管嘴作用水头极限值应为

$$[H_0] = \frac{7\mathrm{mH_2O}}{0.75} = 9\mathrm{mH_2O}$$

另外，对管嘴长度 l 也有一定限制，若 l 太短，水流收缩后来不及扩大到整个出口断面就流出管嘴，这样收缩断面处就不能形成真空，无法发挥管嘴的作用；若 l 太长，则沿程水头损失增加不能忽略，管嘴出流变为短管出流。因此，保证圆柱形外管嘴正常工作的条件是：

（1）作用水头 $H_0 \leqslant 9\mathrm{mH_2O}$；

（2）管嘴长度 $l = (3\sim4)d$。

5.2.4　其他形式的管嘴

工程应用中，根据不同目的及使用要求，常用的管嘴形式还可有多种，如图 5-8 所示。其计算公式与圆柱形外管嘴出流公式相同。各类管嘴水力特点如下：

（1）圆锥形扩张管嘴，如图 5-8（a）所示。

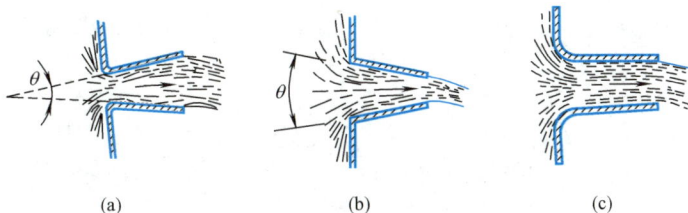

图 5-8　其他形式管嘴出流
（a）扩张管嘴出流；（b）收缩管嘴出流；（c）流线型管嘴出流

这类管嘴可在收缩断面形成真空，其真空值随圆锥角增大而增大，泄水能力大，出口流速小，常用作引射器、水轮机尾水管和人工降雨喷口（灌溉设备）等。

（2）圆锥形收缩管嘴，如图 5-8（b）所示。

这类管嘴出口流速大，适用于水力机械化施工设备（如水力挖土机）作喷嘴或消防水枪作喷嘴等。

（3）流线型管嘴，如图 5-8（c）所示。

这类管嘴阻力系数小，常用作涵洞或水坝的泄水管。

另外有一种消防龙头用的收缩管嘴，如图 5-9 所示，其 $\varepsilon \approx 0.84$，$\varphi \approx 0.97$，从而 $\mu \approx 0.82$。

各种类型管嘴出流的水力特征详见表 5-3。

常用管嘴的水力特性　　　　　　　　　　　　　　表 5-3

管嘴种类	阻力系数 ζ_g	收缩系数 ε_g	流速系数 φ_g	流量系数 μ_g
圆柱形外管嘴	0.5	1.0	0.82	0.82
圆柱形扩张管嘴（$\theta = 5° \sim 7°$）	3.0～4.0	1.0	0.45～0.50	0.45～0.50
圆柱形收缩管嘴（$\theta = 13°24'$）	0.09	0.98	0.96	0.94
流线形管嘴	0.04	1.0	0.98	0.98

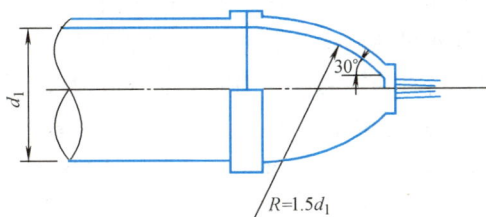

图 5-9　消防龙头收缩管嘴

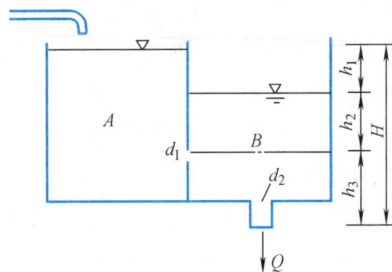

图 5-10　孔口、管嘴出流计算

【例 5-4】 如图 5-10 所示，用隔板将水箱分为 A、B 两室，隔板上开一孔口，孔口直径 $d_1 = 40\text{mm}$，在 B 室底部装一圆柱形外管嘴，管嘴直径 $d_2 = 30\text{mm}$，已知 $H = 3\text{m}$，$h_3 = 0.5\text{m}$，试求（1）h_1、h_2；（2）流出水箱的流量 Q。

【解】（1）计算 h_1，h_2

由式（5-7）、式（5-11）得

孔口淹没出流量

$$Q = \mu A_1 \sqrt{2gH_0} = \mu \frac{\pi d_1^2}{4} \sqrt{2gh_1}$$

管嘴出流量

$$Q_n = \mu_n A_2 \sqrt{2gH_0} = \mu_n \frac{\pi d_2^2}{4} \sqrt{2g(H - h_1)}$$

因为是恒定出流，所以：$Q = Q_n$，即

$$\mu \pi / 4 d_1^2 \sqrt{2gh_1} = \mu_n \pi / 4 d_2^2 \sqrt{2g(H - h_1)}$$

取 $\mu = 0.62$，$\mu_n = 0.82$，代入上式，得

$$0.62 \times 0.04^2 \times \sqrt{2 \times 9.8 h_1} = 0.82 \times 0.03^2 \sqrt{2 \times 9.8(3 - h_1)}$$

解得 $h_1 = 1.07\text{m}$，由于 $h_1 = H - h_3 - h_2$，故

$$h_2 = H - h_1 - h_3 = 3 - 1.07 - 0.5 = 1.43\text{m}$$

（2）计算 Q_n

$$Q_n = \mu_n A_2 \sqrt{2g(H - h_1)} = 0.82 \times \pi / 4 \times 0.03^2 \times \sqrt{2 \times 9.8 \times (3 - 1.07)} = 3.56\text{L/s}$$

5.3 简单管路水力计算

简单管路包括短管和长管。这里所说的短管和长管，并不是我们平常所指的管道长短，而是根据沿程水头损失与局部水头损失比重不同来定义的。所谓短管，是指在总水头损失中，局部水头损失占有相当比重，计算时对其不可忽略的管路。实际工程中常见的水泵吸水管、虹吸管、倒虹吸管都属于短管。所谓长管是指在总水头损失中，以沿程水头损失为主，流速水头与局部水头损失之和与沿程水头损失相比很小，在计算中可以忽略不计，或按沿程水头损失的某一百分数进行估算，而不影响计算精度的管路。如城市给水管道、室内给水管道等均可按长管进行计算。

简单管路的短管与长管，是组成各种复杂管路的基本单元。简单管路计算是一切复杂

管路水力计算的基础。

5.3.1　短管水力计算

1. 自由出流

如图 5-11 所示，水流经管道流入大气，称为自由出流。

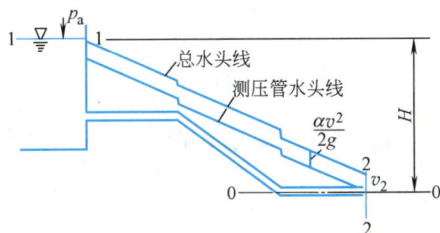

图 5-11　短管自由出流

以通过管道出口断面形心的水平面为基准面 0—0，对水箱内 1—1 断面与管道出口 2—2 断面列能量方程

$$H+\frac{\alpha_1 v_1^2}{2g}=\frac{\alpha v^2}{2g}+h_{\mathrm{w}}$$

令 $H_0=H+\dfrac{\alpha_1 v_1^2}{2g}$，代入上式，得

$$H_0=\frac{\alpha v^2}{2g}+h_{\mathrm{w}}=\frac{\alpha v^2}{2g}+\left(\sum\lambda\,\frac{l}{d}+\sum\zeta\right)\frac{v^2}{2g}$$

管中流速

$$v=\frac{1}{\sqrt{\alpha+\sum\lambda\,\dfrac{l}{d}+\sum\zeta}}\sqrt{2gH_0} \tag{5-13}$$

流量

$$Q=vA=\mu_{\mathrm{c}}A\sqrt{2gH_0} \tag{5-14}$$

上式为短管自由出流基本公式。

式中　μ_{c}——管路的流量系数，$\mu_{\mathrm{c}}=\dfrac{1}{\sqrt{\alpha+\sum\lambda\,\dfrac{l}{d}+\sum\zeta}}$。

2. 淹没出流

如图 5-12 所示，当管道出口淹没在水下时，称为淹没出流。以下游水池自由液面为基准面 2—2，对上下游水池中符合渐变流条件的过水断面 1—1、2—2，列能量方程

$$H+\frac{\alpha_1 v_1^2}{2g}=\frac{\alpha_2 v_2^2}{2g}+h_{\mathrm{w}}$$

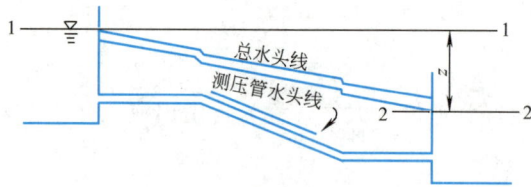

图 5-12　短管淹没出流

因上下游水池中流速 v_1、v_2 与管中流速 v 相比甚小，故可以忽略不计，即 $v_1 = v_2 \approx 0$，则

$$H = h_{\mathrm{w}} = \left(\sum \lambda \frac{l}{d} + \sum \zeta \right) \frac{v^2}{2g}$$

流速

$$v = \frac{1}{\sqrt{\sum \lambda \dfrac{l}{d} + \sum \zeta}} \sqrt{2gH} \tag{5-15}$$

流量

$$Q = vA = \mu_{\mathrm{c}} A \sqrt{2gH} \tag{5-16}$$

上式为短管淹没出流基本公式。

式中　μ_{c}——管路流量系数，$\mu_{\mathrm{c}} = \dfrac{1}{\sqrt{\sum \lambda \dfrac{l}{d} + \sum \zeta}}$。

比较式（5-14）与式（5-16）可知，短管自由出流与淹没出流流量计算公式形式完全相同，且流量系数 μ_{c} 值也相同，但作用水头不同，自由出流时，H 是指上游水池液面至管道出口形心的高度；而淹没出流时，H 是指上下游水位差。

3. 短管水力计算基本类型

实际工程中，短管水力计算可归纳为以下三类：

（1）已知流量 Q、管道长度 l、管径 d、管材、局部阻力组成，求作用水头 H_0；

（2）已知作用水头 H、管道长度 l、管径 d、管材、局部阻力组成，求流量 Q；

（3）已知流量 Q、作用水头 H、管道长度 l、管材、局部阻力组成，求管径 d。

4. 短管水力计算应用

（1）虹吸管水力计算

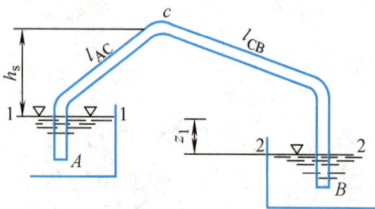

图 5-13　虹吸管

虹吸管是一种利用真空压力输水的管道。如图 5-13 所示。它可将堤坝一侧的水经坝顶引向另一侧。安装时可将虹吸管中部高出上下游自由液面。工作时先将虹吸管内抽成真空，在管内外压差作用下，上游水流通过虹吸管被引向下游。只要管内真空不被破坏，并使上下游保持一定水位差，虹吸作用就将保持下去，水流会源源不断流

入下游。由于利用虹吸管输水具有节能、跨越高地、减少土方量、便于自动操作、管理方便等优点，因而在工程中广为应用。

当虹吸管内真空值过大时，管内将发生汽化，从而破坏水流连续性。为了保证虹吸管正常工作，工程上限制虹吸管内的最大真空高度不得超过允许值 $[h_v]=7\sim 8\text{mH}_2\text{O}$ （$70\sim 80\text{kPa}$）。虹吸管水力计算，通常是已定管径及上下游水位差，按照最大真空值计算通过虹吸管的流量；或已知流量，要求计算其安装高度（指虹吸管顶部断面形心超出上游自由液面的垂直距离）。

【**例 5-5**】　用虹吸管将水从上游水池引入吸水池，如图 5-13 所示。已知上游水池与吸水池中水位高差 $H=2.5\text{m}$，管长 l_{AC} 段为 15m，l_{CB} 段为 25m，管径 $d=200\text{mm}$，沿程阻力系数 $\lambda=0.025$，入口局部阻力系数 $\zeta_{入口}=1.0$，各弯头局部阻力系数 $\zeta_{弯头}=0.2$，管顶允许真空高度 $[h_v]=7\text{mH}_2\text{O}$，试求通过的流量及最大安装高度。

【**解**】　（1）计算流量

以吸水池自由液面 2—2 为基准面，对 1—1、2—2 断面列能量方程

$$H+\frac{p_a}{\rho g}+0=0+\frac{p_a}{\rho g}+0+h_{w1-2}$$

$$H=h_{w1-2}=\left(\lambda\frac{l_{AB}}{d}+\zeta_{入口}+3\zeta_{弯头}+\zeta_{出口}\right)\frac{v^2}{2g}$$

流速

$$v=\frac{1}{\sqrt{\lambda\dfrac{l_{AB}}{d}+\zeta_{入口}+3\zeta_{弯头}+\zeta_{出口}}}\sqrt{2gH}$$

$$=\frac{\sqrt{2\times 9.8\times 2.5}}{\sqrt{0.025\times\dfrac{40}{0.2}+1+3\times 0.2+1}}=2.54\text{m/s}$$

通过虹吸管的流量

$$Q=vA=2.54\times\frac{\pi}{4}\times 0.2^2=0.08\text{m}^3/\text{s}$$

（2）计算最大安装高度

以 1—1 断面为基准面，对 1—1、c—c 断面列能量方程

$$\frac{p_a}{\rho g}=h_s+\frac{p_c}{\rho g}+\frac{\alpha_c v_c^2}{2g}+h_{w1-c}$$

$$h_s=\frac{p_a-p_c}{\rho g}-\frac{v^2}{2g}\left(\alpha_c+\lambda\frac{l_{Ac}}{d}+\zeta_{入口}+2\zeta_{弯头}\right)=h_v-\left(\alpha_c+\lambda\frac{l_{Ac}}{d}+\zeta_{入口}+2\zeta_{弯头}\right)\frac{v^2}{2g}$$

以 $[h_v]=7\text{m}$ 代入上式，则

$$h_s=7-\left(1+0.025\frac{15}{0.2}+1+2\times 0.2\right)\frac{2.54^2}{2\times 9.8}=5.59\text{m}$$

利用虹吸原理，在长距离输水管中作压力输水也有应用，实例如下：

某水厂水源的输水工程如图 5-14 所示，一级泵站 A 从水源（高程 22.0m）取水，穿越山包 B（高程 62.0m），将水输送至水厂的混合池 C（高程 45.6m），管线全长约 3000m。该输水工程有两个设计方案：

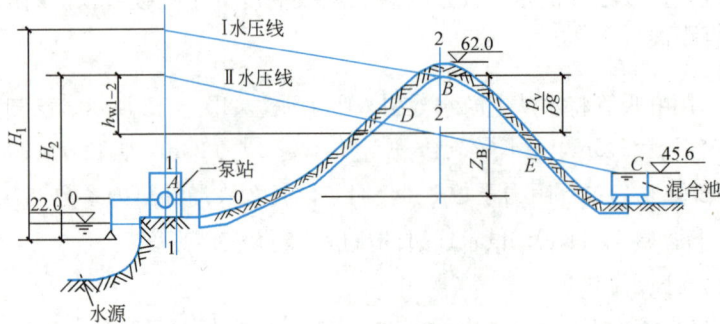

图 5-14　某水厂水源的输水工程示意图

方案一：按照传统做法，以山包最高点 B 点为控制点，在 B 点处建一个高位水池。水泵先将水送入高位水池，然后再由高位水池依靠重力输水至水厂混合池 C。该方案的水泵供水水压线为 I 线，水泵扬程为 H_1。

方案二：以水厂混合池 C 为控制点，水泵供水水压线为 II 线，水泵扬程为 H_2，供水水压线 II 将供水管线分为三段，即：AD 与 EC 段位于供水水压线之下，属于正压输水；DBE 段位于供水水压线之上，属于负压输水。这样整个输水管线形成一根虹吸管。

控制点由 B 点降至 C 点以后，水泵静扬程相应地由 H_{01} 降至 H_{02}，

$$H_{01}=62.0-22.0=40\text{m}$$

$$H_{02}=45.6-22.0=23.6\text{m}$$

该工程采用了第二设计方案，使水泵扬程大大降低，因此工程建成投产数年后，节能效果十分显著。

（2）水泵吸水管水力计算

从吸水口至水泵进口的管路称为吸水管，如图 5-15 所示。

吸水管水力计算主要是确定水泵安装高度，即水泵轴线在吸水池液面上的高度 H_s。

以吸水池液面 1—1 为基准面，对 1—1 断面及水泵进口 2—2 断面列能量方程

$$\frac{p_a}{\rho g}=H_s+\frac{p_2}{\rho g}+\frac{\alpha v^2}{2g}+h_w$$

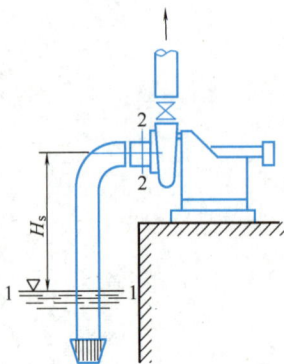

图 5-15　离心泵吸水管

$$H_s = \frac{p_a - p_2}{\rho g} - \frac{\alpha v^2}{2g} - h_w = h_v - \left(\alpha + \lambda \frac{l}{d} + \sum \zeta\right)\frac{v^2}{2g} \tag{5-17}$$

式中　H_s——水泵安装高度，m；

h_v——水泵进口断面真空高度 m，$h_v = \dfrac{p_a - p_2}{\rho g}$；

λ——沿程阻力系数；

$\sum\zeta$——吸水管各项局部阻力系数之和。

若以水泵允许吸上真空高度代入上式，则可得到水泵最大安装高度

$$H_s = [h_v] - \left(\alpha + \lambda \frac{l}{d} + \sum \zeta\right)\frac{v^2}{2g} \tag{5-18}$$

式中　H_s——水泵最大安装高度，m；

$[h_v]$——水泵允许吸上真空高度，m。

上式表明，水泵允许安装高度是要根据水泵允许吸上真空高度 $[h_v]$ 来确定的。

【例 5-6】　如图 5-15 所示离心泵装置，抽水量 $Q = 8.1L/s$，吸水管长度 $l = 8m$，管径 $d = 100mm$，沿程阻力系数 $\lambda = 0.045$，各局部阻力系数分别为：带滤网底阀 $\zeta_阀 = 7.0$，90°弯头 $\zeta_{90°} = 0.25$，水泵允许吸上真空高度 $[h_v] = 5.7m$，试确定水泵最大安装高度 H_s。

【解】　由式（5-18）

$$H_s = [h_v] - \left(\alpha + \lambda \frac{l}{d} + \sum \zeta\right)\frac{v^2}{2g}$$

其中流速

$$v = \frac{Q}{A} = \frac{8.1 \times 10^{-3}}{\pi/4 \times 0.1^2} = 1.03\text{m/s}$$

将各项数值代入上式中，得到水泵最大安装高度

$$H_s = 5.7 - \left(1 + 0.045\frac{8}{0.1} + 7 + 0.25\right)\frac{1.03^2}{2 \times 9.8} = 5.06\text{m}$$

（3）倒虹吸管水力计算

倒虹吸管是穿越道路、河渠等障碍物的一种输水管道。如图 5-16 所示。倒虹吸管中的水流并无虹吸作用。由于其中间部分低于进口与出口，外形像倒置的虹吸管，故称为倒虹吸管。倒虹吸管水力计算主要是计算流量及确定管径。

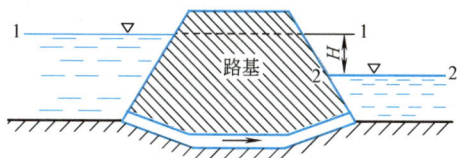

图 5-16　倒虹吸管

【例 5-7】　如图 5-16 所示，一穿越路堤的倒虹管，圆形断面，管长 $l = 50m$，上下游水位差 $H = 2.5m$，通过的流量 $Q = 2.9\text{m}^3/\text{s}$，

采用钢筋混凝土管，$\lambda = 0.02$，各局部阻力系数为：$\zeta_{入口} = 0.5$，$\zeta_{弯头} = 0.55$，$\zeta_{出口} = 1$，试计算其管径 d。

【解】 以下游水面为基准面，对符合渐变流条件的上下游水面 1—1、2—2 断面列能量方程，忽略上下游流速 v_1、v_2，得

$$H = h_w = \left(\lambda \frac{l}{d} + \sum \zeta\right)\frac{v^2}{2g} = \left(\lambda \frac{l}{d} + \zeta_{入口} + 2\zeta_{弯头} + \zeta_{出口}\right)\frac{Q^2}{2g\,(\pi/4d^2)^2}$$

$$= \left(0.02\frac{50}{d} + 0.5 + 2\times 0.55 + 1\right)\frac{2.9^2}{2\times 9.8\times 0.62\times d^4}$$

$$2.5 = \frac{0.692}{d^5} + \frac{1.81}{d^4}$$

化简得

$$2.5d^5 - 1.81d - 0.692 = 0$$

采用试算法求 d，设 $d = 1.0$m，代入上式得

$$2.5 - 1.81 - 0.692 \approx 0$$

故求得该管道直径 $d = 1.0$m。

通常第一次所设直径不会恰好是方程的解，一般需经过多次试算。若试算所得结果并不是整数，应采用与之相近的规格产品。

5.3.2 长管水力计算

长管是有压管道的简化模型，其特点是不计流速水头和局部水头损失，使水力计算大为简化，并可利用专门编制的计算表进行辅助计算。将有压管流分为短管和长管的目的就在于此。简单长管的直径沿程不变，流量也不变，现分析其水力特点及计算方法。

1. 简单长管水力计算

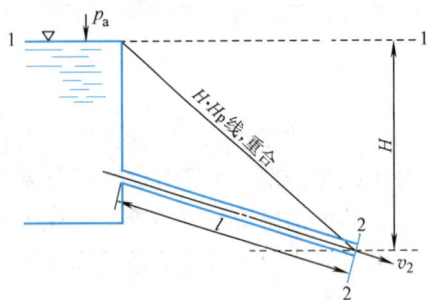

图 5-17　简单管道

如图 5-17 所示。由水池引出简单长管，管长为 l、管径为 d，水池水面距管道出口断面形心高度为 H。以管道出口断面 2—2 形心点所在的水平面为基准面，对水池内自由液面 1—1 断面与 2—2 断面列能量方程

$$H = \frac{\alpha_2 v_2^2}{2g} + h_w$$

在长管中 h_j 与 $\frac{\alpha v^2}{2g}$ 可以忽略不计，或将其按 h_f 的某一百分数进行估算，所以

$$H = h_w = h_f \tag{5-19}$$

上式即为简单长管水力计算的基本公式。该式表明，长管的全部作用水头都消耗在沿

程水头损失上，其总水头线是一连续下降的直线。

在具体水力计算中，常将式（5-19）按下列两种方式计算。

（1）按比阻计算

由式（5-19）得

$$H=h_f=\lambda\frac{l}{d}\frac{v^2}{2g}=\frac{8\lambda}{g\pi^2 d^5}lQ^2$$

式中

$$v=\frac{Q}{(\pi/4)\,d^2}$$

故

$$\frac{v^2}{2g}=\frac{8Q^2}{g\pi^2 d^4}$$

令：

$$A=\frac{8\lambda}{g\pi^2 d^5} \tag{5-20}$$

则：

$$H=h_f=AlQ^2 \tag{5-21}$$

式（5-21）是简单长管按比阻计算的基本公式。

式中　A——比阻，表示单位流量通过单位长度管道所需要的作用水头。A 值大小取决于 λ 与 d。

计算 A 值的公式有很多种，下面仅介绍最常用的两种。

1）舍维列夫公式

对旧钢管、旧铸铁管，通常采用舍维列夫公式。将式（4-21）、式（4-22）分别代入式（5-20）中，则

A. 当 $v\geqslant1.2$m/s（阻力平方区）

$$A=\frac{0.001736}{d^{5.3}} \tag{5-22}$$

B. 当 $v<1.2$m/s（过渡区）

$$A'=0.852\left(1+\frac{0.867}{v}\right)^{0.3}\left(\frac{0.001736}{d^{5.3}}\right)=KA \tag{5-23}$$

式中　K——修正系数，$K=0.852\left(1+\frac{0.867}{v}\right)^{0.3}$。

各种流速下的 K 值列于表 5-4 中。按式（5-22）计算出各种管径的 A 值列于表 5-5 中，以便计算时可直接查用。

A 值的修正系数 K 值　　　　　　　　　　　　　　　　　　　　表 5-4

v(m/s)	0.20	0.25	0.3	0.35	0.4	0.45	0.5	0.55	0.6
K	1.41	1.33	1.28	1.24	1.2	1.175	1.15	1.13	1.115
v(m/s)	0.65	0.7	0.75	0.8	0.85	0.9	1.0	1.1	$\geqslant1.2$
K	1.10	1.085	1.07	1.06	1.05	1.04	1.03	1.015	1.0

2）曼宁公式

对钢筋混凝土管道、紊流粗糙区的一般管流，工程上通常采用曼宁公式计算比阻 A 值。

$$C = \frac{1}{n}R^{1/6}$$

旧钢管、旧铸铁管的比阻 A 值　　　　　　　　　　表 5-5

旧　　钢　　管		旧　铸　铁　管	
直　径(mm)	A(流量以 $\mathrm{m^3/s}$ 计)	直　径(mm)	A(流量以 $\mathrm{m^3/s}$ 计)
125	106.2	50	15190
150	44.95	75	1709
200	9.273	100	365.3
250	2.583	125	110.8
300	0.9392	150	41.85
350	0.4078	200	9.029
400	0.2062	250	2.752
450	0.1089	300	1.025
500	0.06222	350	0.4529
600	0.02384	400	0.2232
700	0.01150	450	0.1195
800	0.005665	500	0.06839
900	0.003034	600	0.02602
1000	0.001736	700	0.01150
1100	0.001048	800	0.005665
1200	0.0006605	900	0.003034
1300	0.0004322	1000	0.001736
1400	0.0002918		

又 　　　　　　　　　　　　　　　$$\lambda = \frac{8g}{C^2}$$

代入式（5-20）中，整理得

$$A = \frac{10.3n^2}{d^{5.3}} \tag{5-24}$$

根据上式，通过粗糙系数 n 和管径 d 就可以求出紊流粗糙区的比阻 A。按式（5-24）计算出不同 n、d 下的 A 值列于表 5-6 中，用于查表计算。表中粗糙系数，铸铁管 $n=0.013$，混凝土管和钢筋混凝土管 $n=0.013 \sim 0.014$。

输水管道比阻 A 值　　　　　　　　　　表 5-6

直径 d(mm)	$A\left(\text{流量以 } \mathrm{m^3/s} \text{ 计}, C = \frac{1}{n}R^{\frac{1}{6}}\right)$		
	$n=0.012$	$n=0.013$	$n=0.014$
75	1480	1740	2010
100	319	375	434
150	36.7	43.0	49.9
200	7.92	9.30	10.8
250	2.41	2.83	3.28
300	0.911	1.07	1.24
350	0.401	0.471	0.545
400	0.196	0.230	0.267
450	0.105	0.123	0.143
500	0.0598	0.0702	0.0815
600	0.0226	0.0265	0.0307
700	0.00993	0.0117	0.0135
800	0.00487	0.00573	0.00663
900	0.00260	0.00305	0.00354
1000	0.00148	0.00174	0.00201

以上介绍的两种方法，是工程中常采用的计算 A 值的方法。

（2）按水力坡度计算

将式（5-19）改写成：

$$J=\frac{H}{l}=\frac{h_{\mathrm{f}}}{l}=\lambda\frac{1}{d}\frac{v^2}{2g} \tag{5-25}$$

式（5-25）是简单长管按水力坡度计算的基本公式。

式中　J——水力坡度，表示一定流量通过单位长度管道所需要的作用水头。

对于旧钢管、旧铸铁管，当水温 $t=10℃$ 时，将式（4-21）、式（4-22）分别代入式（5-25）中，则：

1）当 $v\geqslant 1.2\mathrm{m/s}$（阻力平方区）

$$J=0.00107\frac{v^2}{d^{1.3}} \tag{5-26a}$$

2）当 $v<1.2\mathrm{m/s}$（过渡区）

$$J=0.000912\frac{v^2}{d^{1.3}}\left(1+\frac{0.867}{v}\right)^{0.3} \tag{5-26b}$$

根据式（5-26）计算出的水力坡度 J 值列于表 5-7 中，计算时可直接查用。利用该表，已知 $v(Q)$、d、J 中任意两个量，便可直接查出另一个量，它不涉及阻力区的修正问题，因而，在给水管道的水力计算中被广泛应用。

铸铁管的 J 和 v 值（部分）　　　　　表 5-7

Q		公　称　直　径　DN(mm)									
		350		400		450		500		600	
m³/h	L/s	v	J(‰)	v	J(‰)	v	J(‰)	v	J(‰)	v	J(‰)
547.2	152	1.58	10.5	1.21	5.16	0.96	2.87	0.77	1.69	0.54	0.684
554.4	154	1.60	10.7	1.23	5.29	0.97	2.94	0.78	1.73	0.545	0.700
561.6	156	1.62	11.0	1.24	5.43	0.98	3.01	0.79	1.77	0.55	0.718
568.8	158	1.64	11.3	1.26	5.57	0.99	3.08	0.80	1.81	0.56	0.733
576.0	160	1.66	11.6	1.27	5.71	1.01	3.14	0.81	1.85	0.57	0.750
583.2	162	1.68	11.9	1.29	5.86	1.02	3.22	0.83	1.90	0.573	0.767
590.4	164	1.70	12.2	1.31	6.00	1.03	3.29	0.84	1.94	0.58	0.784
597.6	166	1.73	12.5	1.32	6.51	1.04	3.37	0.85	1.98	0.59	0.802
604.8	168	1.75	12.8	1.34	6.30	1.06	3.44	0.86	2.03	0.594	0.819
612.0	170	1.77	13.1	1.35	6.45	1.07	3.52	0.87	2.07	0.60	0.837
619.2	172	1.79	13.4	1.37	6.30	1.08	3.59	0.88	2.12	0.61	0.855
626.4	174	1.81	13.7	1.38	6.76	1.09	3.67	0.89	2.16	0.615	0.873
633.6	176	1.83	14.0	1.40	6.91	1.11	3.75	0.90	2.21	0.62	0.891
640.8	178	1.85	14.3	1.42	7.07	1.12	3.83	0.91	2.26	0.63	0.909
648.0	180	1.87	14.7	1.43	7.23	1.13	3.91	0.92	2.31	0.64	0.931
655.2	182	1.89	15.0	1.45	7.39	1.14	3.99	0.93	2.35	0.64	0.95
662.4	184	1.91	15.3	1.46	7.56	1.16	4.08	0.94	2.40	0.65	0.97
669.6	186	1.93	15.7	1.48	7.72	1.17	4.16	0.95	2.45	0.66	0.99
676.8	188	1.95	16.0	1.50	7.89	1.18	4.24	0.96	2.50	0.66	1.01
684.0	190	1.97	16.3	1.51	8.06	1.19	4.33	0.97	2.55	0.67	1.03
691.2	192	2.00	16.7	1.53	8.23	1.21	4.41	0.98	2.60	0.68	1.05

注意，钢管与铸铁管的水力坡度计算表一般也是根据内径编制的，但表中列出的则是公称直径 D_g 与 $v(Q)$、J 的对应关系。

对于钢筋混凝土管道，通常采用谢才公式计算水力坡度，即：

$$J = \frac{v^2}{C^2 R} \qquad (5\text{-}27)$$

式中　R——水力半径，m；

　　　C——谢才系数，$\mathrm{m}^{1/2}/\mathrm{s}$，可采用式（4-27）、式（4-28）计算。

按式（5-27）亦可编制出相应的水力坡度计算表以简化计算。

2. 简单长管水力计算的基本类型

（1）已知作用水头 H、管道长度 l、管材、管径 d，求流量 Q。

（2）已知流量 Q、管道长度 l、管材、管径 d，求作用水头 H。

（3）已知流量 Q、作用水头 H、管道长度 l、管材，求管径 d。

下面举例说明简单长管的水力计算。

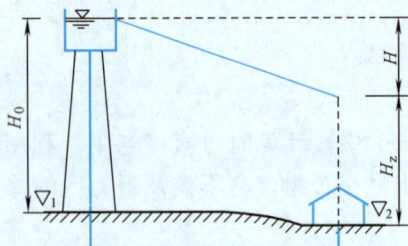

图 5-18　长管计算

【例 5-8】　如图 5-18 所示，某供水系统，通过水塔向工厂供水。采用铸铁管道。已知管长 $l = 2500\mathrm{m}$，管径 $d = 450\mathrm{mm}$，水塔处地面标高 $\nabla_1 = 100\mathrm{m}$，水塔内自由液面距地面高度 $H_0 = 20\mathrm{m}$，工厂地面标高 $\nabla_2 = 85\mathrm{m}$，工厂要求的自由水压 $H_z = 25\mathrm{m}$，试求管道通过的流量 Q。

【解】　（1）按比阻计算　由式（5-21）得：

$$Q = \sqrt{\frac{H}{Al}}$$

式中，作用水头

$$H = (\nabla_1 + H_0) - (\nabla_2 + H_z) = (100 + 20) - (85 + 25) = 10\mathrm{m}$$

查表 5-5，铸铁管 $d = 450\mathrm{mm}$ 时，$A = 0.1195\,\mathrm{s}^2/\mathrm{m}^6$ 代入上式中，得

$$Q = \sqrt{\frac{H}{Al}} = \sqrt{\frac{10}{0.1195 \times 2500}} = 0.183\mathrm{m}^3/\mathrm{s}$$

校核阻力区

$$v = \frac{Q}{A} = \frac{0.183}{\pi/4 \times 0.45^2} = 1.15\mathrm{m/s} < 1.2\mathrm{m/s}$$

说明水流处于紊流过渡区，比阻 A 需修正。

查表 5-4，当 $v = 1.15\mathrm{m/s}$ 时，通过插值计算，$K = 1.0075$，故修正后的流量为

$$Q = \sqrt{\frac{H}{kAl}} = \sqrt{\frac{10}{1.0075 \times 0.1195 \times 2500}} = 0.182\mathrm{m}^3/\mathrm{s}$$

（2）按水力坡度计算

由式（5-25）得：

$$J = \frac{H}{l} = \frac{10}{2500} = 0.004$$

查表 5-7，$d = 450\text{mm}$，$J = 0.004$ 时，

$$Q = 0.182\text{m}^3/\text{s}$$

所得结果与按比阻计算的结果一致。

【例 5-9】　在上题中，管线布置情况、地面标高及工厂所需自由水压都保持不变，若将供水量增至 $Q = 200\text{L/s}$，试设计水塔高度 H_0。

【解】　$v = \dfrac{Q}{A} = \dfrac{0.2}{\pi/4 \times 0.45^2} = 1.25\text{m/s} > 1.2\text{m/s}$

故为阻力平方区、A 值不需要修正：

$$H = AlQ^2 = 0.1195 \times 2500 \times 0.2^2 = 11.95\text{m}$$

由

$$H = (\nabla_1 + H_0) - (\nabla_2 + H_z)$$

可得水塔高度

$$H_0 = H + H_z + \nabla_2 - \nabla_1 = 11.95 + 25 + 85 - 100 = 21.95\text{m}$$

【例 5-10】　采用内壁涂水泥砂浆的铸铁管输水（$n = 0.012$），已知作用水头 $H = 25\text{m}$，管长 $l = 2500\text{m}$，要求通过流量 $Q = 0.195\text{m}^3/\text{s}$，试选择输水管直径 d。

【解】　$A = \dfrac{H}{lQ^2} = \dfrac{25}{2500 \times 0.195^2} = 0.263\text{s}^2/\text{m}^6$

查表 5-6，$n = 0.012$

当 $d = 400\text{mm}$，$A_1 = 0.196\text{s}^2/\text{m}^6$；

$d = 350\text{mm}$，$A_2 = 0.401\text{s}^2/\text{m}^6$。

因为 $A_1 < A < A_2$，可见适合本题中要求的管径应介于 d_1、d_2 两者之间，但并无此规格产品。为了保证满足供水要求，只好采用较大的管径 $d = 400\text{mm}$，但这样势必浪费管材。为了充分利用作用水头，且保证供水，又节省管材，合理的办法就是采用两段不同直径的管道串联。

5.4　复杂管路水力计算

5.4.1　串联管路水力计算

由不同直径的管段顺次相接而成的管路系统，称为串联管路，如图 5-19 所示。串联管路常用于以下两种情况：

（1）沿途向多处供水，由于经过一段距离便有流量分出，使得流量沿程减少，因此，所采用的管径也随之相应减小。

（2）供水点虽然只有一处，但是为了充分利用作用水头，节省管材，而采用串联方式。

串联管路中，各管段虽然串接在同一管路系统中，但由于各管段直径不同、流量也不相同，所以，应当分段计算其水头损失。

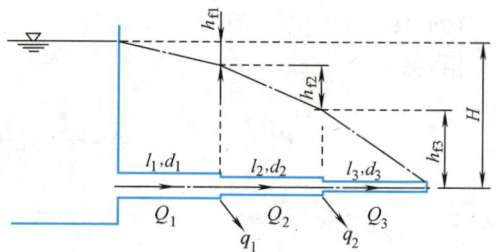

图 5-19　串联管路

串联管路中，不同管径管段的连接之处称为节点。根据连续性方程，串联管路应满足节点流量平衡。即流向节点的流量应当等于流出节点的流量。

$$Q_1 = q_1 + Q_2$$
$$Q_2 = q_2 + Q_3 \tag{5-28}$$
$$Q_i = q_i + Q_{i+1}$$

串联管路总水头损失应当等于各段水头损失之和。

$$H = \sum h_{fi} = \sum_{i=1}^{n} A_i l_i Q_i^2 \tag{5-29}$$

式中，A_i、l_i、Q_i 分别为各管段比阻、管段长度及通过的流量。n 为管段数。

当沿途各节点无流量输出时，通过各管段的流量相等，即 $Q_1 = Q_2 = Q_3 = \cdots\cdots = Q$，于是式（5-26）可简化为

$$H = Q^2 \sum_{i=1}^{n} A_i l_i \tag{5-30}$$

由于各管段水力坡度不等，故串联管路水头线是连续折线。

【例 5-11】　在例 5-10 题中，为了既充分利用作用水头，又节省管材，采用 350mm、400mm 两种直径的管段串联方式，试求每段管段的长度各为多少？

【解】　设 $d_1 = 400$mm，管长为 l_1，$d_2 = 350$mm 管长为 l_2，查表 5-6，得

$$A_1 = 0.196 \text{s}^2/\text{m}^6, \quad A_2 = 0.401 \text{s}^2/\text{m}^6$$

由式（5-30）得

$$H = (A_1 l_1 + A_2 l_2)Q^2 = [A_1 l_1 + A_2(2500 - l_1)]Q^2$$

代入已知数据

$$25 = [0.196 l_1 + 0.401(2500 - l_1)] \times 0.195^2$$

解得

$$l_1 = 1683\text{m}, \quad l_2 = 817\text{m}$$

5.4.2　并联管路水力计算

在两个节点之间并设两条或两条以上管段的管路系统称为并联管路。如图 5-20 所示。并联管路能够增加供水能力，提高供水安全可靠性。

并联管路中各管段的流量应当满足连续性条件，即流入节点的流量等于流出节点的流量。

节点 A：$Q_1 = Q_2 + Q_3 + Q_4 + q_A$

节点 B：$Q_2 + Q_3 + Q_4 = Q_5 + q_B$

图 5-20　并联管道

由于节点 A 与节点 B 是并联管路中各管段共同的起点与终点，而 A、B 两断面之间的总水头差只能有一个，故受单位重力作用的液体由节点 A 流入，不论通过 2、3、4 管段中的任意一条管段到达节点 B，其水头损失都等于 A、B 两断面间的总水头差。即：并联管路中各管段的水头损失均相等。

$$h_{fAB} = h_{f2} = h_{f3} = h_{f4} = H_A - H_B \tag{5-31}$$

由于各管段均为简单管路，故

$$h_{fAB} = A_2 l_2 Q_2^2 = A_3 l_3 Q_3^2 = A_4 l_4 Q_4^2 \tag{5-32}$$

由式（5-32）得

$$Q_2 = \sqrt{\frac{h_{fAB}}{A_2 l_2}}\,;\ Q_3 = \sqrt{\frac{h_{fAB}}{A_3 l_3}}\,;\ Q_4 = \sqrt{\frac{h_{fAB}}{A_4 l_4}}$$

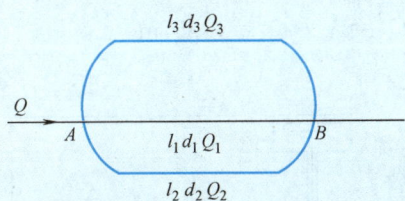

图 5-21　例 5-12 图

【例 5-12】　如图 5-21 所示，由三根铸铁管组成的并联管路，由节点 A 分出，在节点 B 重新汇合。已知总流量 $Q = 0.28\text{m}^3/\text{s}$，$d_1 = 300\text{mm}$，$d_2 = 250\text{mm}$，$d_3 = 200\text{mm}$，$l_1 = 500\text{m}$，$l_2 = 800\text{m}$，$l_3 = 1000\text{m}$。试求并联管路中各管段流量及水头损失。

【解】　查表 5-5，得各管段的比阻

$$A_1 = 1.025\text{s}^2/\text{m}^6，A_2 = 2.752\text{s}^2/\text{m}^6，A_3 = 9.029\text{s}^2/\text{m}^6$$

由式（5-32），得

$$A_1 l_1 Q_1^2 = A_2 l_2 Q_2^2 = A_3 l_3 Q_3^2$$

$$1.025 \times 500 \times Q_1^2 = 2.752 \times 800 \times Q_2^2 = 9.029 \times 1000 \times Q_3^2$$

$$512.5 Q_1^2 = 2201.6 Q_2^2 = 9029 Q_3^2$$

$$Q_1 = \sqrt{\frac{2201.6}{512.5}} Q_2 = 2.073 Q_2$$

$$Q_3 = \sqrt{\frac{2201.6}{9029}} Q_2 = 0.494Q_2$$

由节点流量平衡

$$Q_1 + Q_2 + Q_3 = Q_{AB}$$
$$2.073Q_2 + Q_2 + 0.494Q_2 = 0.28$$

得

则

$$Q_2 = \frac{0.28}{3.567} = 0.0785 \text{m}^3/\text{s}$$

$$Q_1 = 2.073Q_2 = 0.1627 \text{m}^3/\text{s}$$

$$Q_3 = 0.494Q_2 = 0.0388 \text{m}^3/\text{s}$$

校核阻力区

$$v_1 = \frac{Q_1}{A_1} = \frac{0.1627}{\pi/4 \times 0.3^2} = 2.3 \text{m/s}$$

$$v_2 = \frac{Q_2}{A_2} = \frac{0.0785}{\pi/4 \times 0.25^2} = 1.6 \text{m/s}$$

$$v_3 = \frac{Q_3}{A_3} = \frac{0.0388}{\pi/4 \times 0.2^2} = 1.23 \text{m/s}$$

各管段的流速均大于 1.20m/s，其流动均属阻力平方区，故 A 值不需修正。
各管段水头损失

$$h_{fAB} = h_{f1} = h_{f2} = h_{f3} = A_1 l_1 Q_1^2 = A_2 l_2 Q_2^2 = A_3 l_3 Q_3^2 = 13.57 \text{m}$$

5.4.3 沿途均匀泄流管路水力计算

沿管线长度均匀泄出流量的管路称为沿途均匀泄流管路，如图 5-22 所示。例如给水工程中滤池的冲洗管，灌溉工程中的人工降雨管等。

设沿途均匀泄流管路长度为 l，直径为 d，单位长度管路的途泄流量为 q，总途泄流量为 Q_t，通过管道流到下游的流量为 Q_z，即转输流量。在距离均匀泄流管路始端 x 处的 M 点断面上，流量为 $Q_M = Q_z - \dfrac{Q_t}{l}x +$

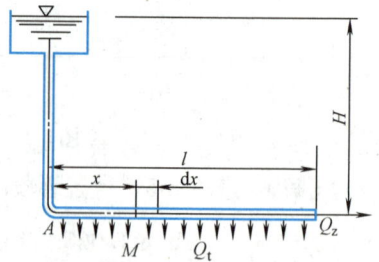

图 5-22 均匀泄流管道

Q_t。在 M 点取一微小管段 $\mathrm{d}x$，由于 $\mathrm{d}x$ 很小，故可以认为通过微小管段 $\mathrm{d}x$ 的流量 Q_M 不变，其水头损失按均匀流计算。即

$$\mathrm{d}h_f = AQ_M^2 \mathrm{d}x = A\left(Q_z + Q_t - \frac{Q_t}{l}x\right)^2 \mathrm{d}x$$

整个泄流管路水头损失

$$h_f = \int_0^l \mathrm{d}h_f = \int_0^l A\left(Q_z + Q_t - \frac{Q_t}{l}x\right)^2 \mathrm{d}x$$

当管径与粗糙情况不变，且流动处于阻力平方区时，比阻 A 为常数，则上式积分得

$$h_f = Al\left(Q_z^2 + Q_z Q_t + \frac{1}{3}Q_t^2\right) \tag{5-33}$$

由于

$$Q_z^2 + Q_z Q_t + \frac{1}{3}Q_t^2 \approx (Q_z + 0.55Q_t)^2$$

所以式（5-33）可近似表示为

$$h_f = Al(Q_z + 0.55Q_t)^2 \tag{5-34}$$

实际计算时，常引用计算流量 Q_c，即

$$Q_c = Q_z + 0.55Q_t \tag{5-35}$$

则式（5-34）可以写为

$$h_f = AlQ_c^2 \tag{5-36}$$

若转输流量 $Q_z = 0$，由式（5-34）得

$$h_f = \frac{1}{3}AlQ_t^2 \tag{5-37}$$

上式表明，对于只有途泄流量而无转输流量的管道，其水头损失仅是全部流量集中在管道末端泄出时的 1/3。

【例 5-13】 如图 5-23 所示，由三段铸铁管串联而成的水塔供水系统，中段为均匀泄流管路。已知 $l_1 = 500\mathrm{m}$，$d_1 = 200\mathrm{mm}$，$l_2 = 200\mathrm{m}$，$d_2 = 150\mathrm{mm}$，$l_3 = 200\mathrm{m}$，$d_3 = 125\mathrm{mm}$，节点 B 分出流量 $q = 0.01\mathrm{m}^3/\mathrm{s}$，转输流量 $Q_z = 0.02\mathrm{m}^3/\mathrm{s}$，途泄流量 $Q_t = 0.015\mathrm{m}^3/\mathrm{s}$，试求所需作用水头。

【解】 首先计算各管段流量

$$Q_1 = Q_z + Q_t + q = 0.02 + 0.015 + 0.01 = 0.045\mathrm{m}^3/\mathrm{s}$$

$Q_2 = Q_c$，由式（5-35）得

$$Q_2 = Q_z + 0.55Q_t = 0.02 + 0.55 \times 0.015 = 0.028\mathrm{m}^3/\mathrm{s}$$

$$Q_3 = Q_z = 0.02\mathrm{m}^3/\mathrm{s}$$

由于三段管段为串联，因此系统所需作用水头应等于各管段水头损失之和。

$$H = \sum h_f = h_{fAB} + h_{fBC} + h_{fCD}$$

查表 5-5，各管段比阻值为

$$A_1 = 9.029\mathrm{s}^2/\mathrm{m}^6, A_2 = 41.85\mathrm{s}^2/\mathrm{m}^6, A_3 = 110.8\mathrm{s}^2/\mathrm{m}^6$$

校核阻力区

$$v_1 = \frac{Q_1}{A_1} = \frac{0.045}{\pi/4 \times 0.2^2} = 1.43 \text{m/s}$$

$$v_2 = \frac{Q_2}{A_2} = \frac{0.028}{\pi/4 \times 0.15^2} = 1.58 \text{m/s}$$

$$v_3 = \frac{Q_3}{A_3} = \frac{0.02}{\pi/4 \times 0.125^2} = 1.63 \text{m/s}$$

各管段流速均大于 1.2m/s，其流动均为阻力平方区，故 A 值不需修正。

故
$$H = A_1 l_1 Q_1^2 + A_2 l_2 Q_2^2 + A_3 l_3 Q_3^2$$
$$= 9.029 \times 500 \times 0.045^2 + 41.85 \times 200 \times 0.028^2 + 110.8 \times 200 \times 0.02^2$$
$$= 24.56 \text{m}$$

【例 5-14】 如图 5-24 所示，某供水管路系统，采用铸铁管，中段为并联管路、末端为均匀泄流管路。已知各段管长 $l_1 = 500 \text{m}$，$l_2 = 350 \text{m}$，$l_3 = 700 \text{m}$，$l_4 = 300 \text{m}$，$d_1 = 250 \text{mm}$，$d_2 = d_3 = 150 \text{mm}$，$d_4 = 200 \text{mm}$，节点 B 分出流量 $q_B = 0.01 \text{m}^3/\text{s}$，单位长度上泄流量 $q_{CD} = 0.1 \text{L/(s·m)}$，转输流量 $Q_z = 20 \text{L/s}$，D 点要求自由水压 $H_{Dz} = 8 \text{m}$，试求水塔高度 H_t。

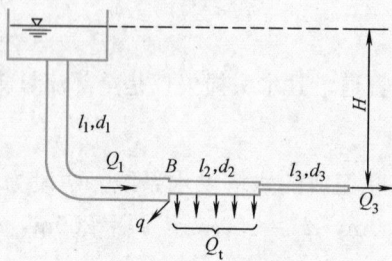

图 5-23 例 5-13 图

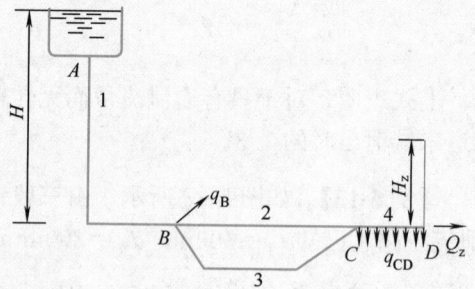

图 5-24 例 5-14 图

【解】 首先计算各管段流量

$$Q_1 = Q_z + q_B + q_{CD} \cdot l_4 = 20 + 45 + 0.1 \times 300 = 95 \text{L/s} = 0.095 \text{m}^3/\text{s}$$

$$Q_2 + Q_3 = Q_z + q_{CD} l_4 = 20 + 0.1 \times 300 = 50 \text{L/s} = 0.05 \text{m}^3/\text{s}$$

$$Q_4 = Q_C = 0.55 q_{CD} \cdot l_4 + Q_z = 0.55 \times 0.1 \times 300 + 20$$
$$= 36.5 \text{L/s} = 0.0365 \text{m}^3/\text{s}$$

查表 5-5，各管段比阻为

$$A_1 = 2.752 \text{s}^2/\text{m}^6，\quad A_2 = A_3 = 41.85 \text{s}^2/\text{m}^6，\quad A_4 = 9.029 \text{s}^2/\text{m}^6$$

由式（5-32）得

$$A_2 l_2 Q_2^2 = A_3 l_3 Q_3^2$$

则
$$Q_2 = \sqrt{\frac{A_3 l_3}{A_2 l_2}} Q_3 = \sqrt{\frac{41.85 \times 700}{41.85 \times 350}} Q_3 = 1.414 Q_3$$

由于
$$Q_2 + Q_3 = 50 \text{L/s} = 0.05 \text{m}^3/\text{s}$$

所以
$$Q_3 + 1.414 Q_3 = 0.05$$

则
$$Q_3 = 0.0207 \text{m}^3/\text{s}$$

$$Q_2 = 0.05 - 0.0207 = 0.0293 \text{m}^3/\text{s}$$

校核阻力区

$$v_1 = \frac{Q_1}{A_1} = \frac{0.095}{\pi/4 \times 0.25^2} = 1.94 \text{m/s} \quad > 1.2 \text{m/s}$$

$$v_2 = \frac{Q_2}{A_2} = \frac{0.0293}{\pi/4 \times 0.15^2} = 1.66 \text{m/s} \quad > 1.2 \text{m/s}$$

$$v_3 = \frac{Q_3}{A_3} = \frac{0.0207}{\pi/4 \times 0.15^2} = 1.17 \text{m/s} \quad < 1.2 \text{m/s}$$

$$v_4 = \frac{Q_4}{A_4} = \frac{0.0365}{\pi/4 \times 0.2^2} = 1.16 \text{m/s} \quad < 1.2 \text{m/s}$$

管段 1、2 为阻力平方区，故 A_1、A_2 不需修正。而管段 3、4 为紊流过渡区，A_3、A_4 需进行修正。

查表 5-4，插值计算，得

$$K_3 = 1.0045, \quad K_4 = 1.006$$

重新计算并联管路中各管段流量

$$Q_2' = \sqrt{\frac{K_3 A_3 l_3}{A_2 l_2}} Q_3 = 1.417 Q_3'$$

因为
$$1.417 Q_3' + Q_3' = 0.05$$

所以
$$Q_3' = \frac{0.05}{2.417} = 0.0207 \text{m}^3/\text{s}$$

$$Q_2' = 0.05 - 0.0207 = 0.0293 \text{m}^3/\text{s}$$

计算水塔高度 H_t，因管段 1、2 (3)、4 为串联，故

$$H = h_{fAB} + h_{f2} + h_{fCD}$$

$$= A_1 l_1 Q_1^2 + A_2 l_2 Q_2'^2 + K_4 A_4 l_4 Q_4^2$$

$$= 2.752 \times 500 \times 0.095^2 + 41.85 \times 350 \times 0.0293^2 +$$

$$1.006 \times 9.029 \times 300 \times 0.0365^2 = 28.6 \text{m}$$

水塔高度
$$H_t = H + H_{DZ} = 28.6 + 8 = 36.6 \text{m}$$

5.5　管网水力计算原理

在实际工程中，为了满足向更多的用户供水，往往将简单管路通过串联与并联的方式组成给水管网。

管网按其布置形式分为枝状管网和环状管网两种，如图 5-25 所示。管网内各管段的直径取决于流量 Q 及流速 v。在流量 Q 一定的条件下，流速大则管径就小，可节省管材、降低管道造价，使工程造价降低；但同时流速大，其水头损失大，导致水塔高度及水泵扬程增加，从而使日常运行费用增大。反之，如果流速小则管径就大，其水头损失小，经常性费用降低；但由于管径大，增加了管材用量，从而使工程造价增加。

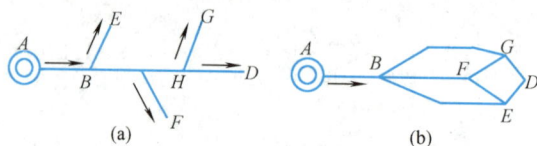

图 5-25　管网的形式
（a）枝状；（b）环状

因此，工程上是以经济流速 v_e 来确定管径的。所谓经济流速是指在投资偿还期内，使供水总成本（管网造价与运行管理费之和）为最小值的流速。影响经济流速的因素很多，因地因时而异，详见有关设计手册。综合实际设计经验及各地技术经济资料，对于一般的中、小直径的给水管路，其平均经济流速为：

$$d = 100 \sim 400 \text{mm}，v_e = 0.6 \sim 1.0 \text{m/s}$$

$$d > 400 \text{mm}，v_e = 1.0 \sim 1.4 \text{m/s}$$

经济流速选定后，可按下式计算管径：

$$d = \sqrt{\frac{4Q_i}{\pi v_e}} = 1.13\sqrt{\frac{Q_i}{v_e}} \tag{5-38}$$

5.5.1　枝状管网水力计算原理

枝状管网水力计算，分为新建给水系统的设计与扩建原有给水系统设计两种情况。

1. 新建给水系统设计

新建给水系统通常是已知管路沿线地形资料、各管段长度、管材、用户要求的供水量及自由水头，要求确定各管段的直径及水塔高度或水泵扬程。

首先从各管段末端开始，根据用户用水量向上游推算出各管段的流量，然后选用经济流速，按式（5-38）确定出相应管径，然后再计算各管段水头损失，最后计算出从水塔到控制点（是指地形标高、要求的自由水头及水塔至该点的水头损失三项之和为最大值的点）的总水头损失。

显然只要能够满足控制点的用水要求，即可满足管网中其他各点的用水要求。所以，应当根据控制点来确定水塔高度（或水泵扬程），如图 5-26 所示。水塔高度可按下式进行计算：

$$H_t = Z_c + H_{zc} + \sum h_{fi} - Z_t \qquad (5\text{-}39)$$

式中　H_t——水塔高度，m；

　　　H_{zc}——控制点要求的自由水头，m；

　　　Z_c——控制点的地形标高，m；

　　　Z_t——水塔处地形标高，m；

　　　$\sum h_{fi}$——从水塔到控制点的总水头损失。

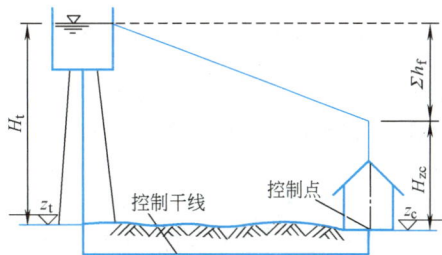

图 5-26　根据控制点确定水塔高度

2. 扩建给水系统设计

扩建给水系统通常是已知水塔高度、管路沿线地形资料、各管段长度、管材、用户要求的供水量及自由水头，要求确定扩建部分各管段的直径。

由于水塔已经建成，故不能用经济流速计算管径，否则不能够保证供水技术经济要求，要根据各干线已知条件，按式（5-40）计算出各干线平均水力坡度 $\overline{J}$，

$$\overline{J} = \frac{H_t + (Z_t + Z_0) - H_z}{\sum \rho} \qquad (5\text{-}40)$$

计算步骤如下：

（1）计算出各干线平均水力坡度 $\overline{J}$，然后选择其中 $\overline{J}$ 为最小值的干线作为控制干线。

（2）在控制干线上按水头损失均匀分配的原则，即各管段水力坡度相等，按下式计算比阻 A_i：

$$A_i = \frac{h_{fi}}{l_i Q_i^2} = \frac{\overline{J}_{min}}{Q_i^2}$$

（3）按所求得的 A_i 确定控制干线中各管径 d_i。实际选用时，由于标准管径比阻不一定正好等于计算值，故可取部分管段的比阻大于计算值，另一部分管段的比阻小于计算值，使其组合正好满足给定水头下通过所需的流量。

（4）计算控制干线各节点的水头，以此为准继续计算各支线的管径。

【例 5-15】　如图 5-27 所示，一枝状管网，从水塔向各用水点供水。采用铸铁管，各管段长度见表 5-8。水塔处地形标高与节点 4、节点 7 处地形标高相同，节点 4、节点 7 处要求的自由水压 H_z = 12m，求各管段的直径、水头损失及水塔高度。

【解】　（1）计算各管段的流量 Q_i；

（2）根据经济流速选择各管段直径 d_i。

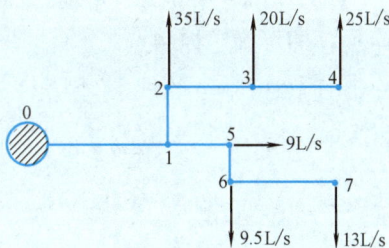

图 5-27　枝状管网水力计算

以 3~4 管段为例，采用 v_e = 1m/s，则

$$d_{3\sim4} = \sqrt{\frac{4Q}{\pi v_e}} = 1.13\sqrt{\frac{0.025}{1}} = 0.179\text{m}$$

采用标准管径 $d_{3\sim4}$ = 200mm，则管中实际流速为

$$v_{3\sim4} = \frac{4Q}{\pi d^2} = \frac{4 \times 0.025}{\pi \times 0.2^2} = 0.8\text{m/s}$$

（3）计算各管段水头损失。

以 3～4 管段为例，查表 5-5，$A_{3～4}=9.029s^2/m^6$，因为 $v_{3～4}=0.8m/s<1.2m/s$，水流处于紊流过渡区，所以 $A_{3～4}$ 需要修正。查表 5-4，$K_{3～4}=1.06$，则 3～4 段水头损失为：

$$h_{f3～4}=K_{3～4}A_{3～4}l_{3～4}Q_{3～4}^2=1.06×9.029×350×0.025^2=2.09m$$

其他各管段的计算与 3～4 段相同，列表计算，见表 5-8。

各管段水头损失   表 5-8

管段		管段长度 l(m)	管段中的流量 q(L/s)	管道直径 d(mm)	流速 v (m/s)	比阻 A (s^2/m^6)	修正系数 K	水头损失 h_f(m)
		已 知 数 值			计 算 所 得 数 值			
左侧支线	3～4	350	25	200	0.80	9.029	1.06	2.09
	2～3	350	45	250	0.92	2.752	1.04	2.03
	1～2	200	80	300	1.13	1.015	1.01	1.31
右侧支线	6～7	500	13	150	0.74	41.85	1.07	3.78
	5～6	200	22.5	200	0.72	9.029	1.08	0.99
	1～5	300	31.5	250	0.64	2.752	1.10	0.90
水塔至分岔点	0～1	400	111.5	350	1.16	0.4529	1.01	2.27

（4）确定控制点，计算水塔高度 H_t。

因为节点 4 与节点 7 的地形标高、所需自由水头均相等，所以只需比较 $h_{f0～4}$ 与 $h_{f0～7}$，即可确定控制点。

沿 0～1～2～3～4 管线

$$\sum h_{f0～4}=2.09+2.03+1.31+2.27=7.70m$$

沿 0～1～5～6～7 管线

$$\sum h_{f0～7}=3.78+0.99+0.90+2.27=7.94m$$

由于 $h_{f0～7}>h_{f0～4}$，故应取节点 7 作为管网的控制点，则水塔的高度为：

$$H_t=\sum h_{f0～7}+H_z=7.94+12=19.94m$$

5.5.2　环状管网水力计算原理

如图 5-28 所示环状管网，其主要特点是供水可靠性较枝状管网要高，当然其造价也相对较高。环状管网水力计算，通常是已知管网的布置、各管段长度、各节点流量，要求确定各管段通过的流量、管径及水头损失。

环状管网水力计算，应遵循以下两条水力学准则：

（1）根据连续性原理，对任一节点，流向节点的流量应当等于流出节点的流量。若以流向节点的流量为正、流出节点的流量为负，则任一节点流量的代数和应等于零，即每一个节点都应满足：

$$\sum Q_i = 0 \qquad\qquad (5\text{-}41)$$

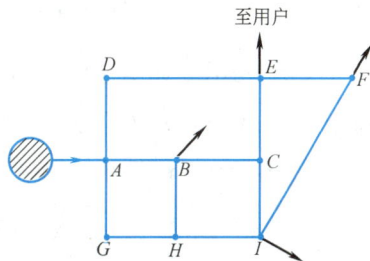

图 5-28   环状管网

（2）对于任一闭合环路，以某一节点至另一个节点沿两个方向计算的水头损失应当相等。若以顺时针方向计算的水头损失为正、逆时针方向计算的水头损失为负，则任一闭合环路中的水头损失代数和应等于零，即每一个闭合环路都应满足：

$$\sum h_{fi} = 0 \qquad\qquad (5\text{-}42)$$

通常由于管网都设有若干个环，直接求解比较困难，因此，工程设计中多采用试算法，通过逐次逼近达到平差目的。但当环数较多时，人工计算工作量非常大。现在计算机已广泛应用于管网计算中，对于多环管网的计算，充分显示出其计算迅速而准确的优越性。

环状管网的计算方法，应用较广的有哈代—克罗斯法，即管网平差法，现简单介绍如下：

（1）在各环设定各管段水流方向，根据节点平衡条件 $\sum Q_i = 0$，分配各管段流量 Q_i。

（2）根据初分配的流量及经济流速选定各管段的管径 d_i。

（3）按式（5-21）计算各管段水头损失 h_{fi}，规定顺时针方向流动时，h_{fi} 取正值，逆时针方向流动时，h_{fi} 取负值。

（4）按式（5-41）计算各环路闭合差 Δh，即 $\Delta h = \sum h_{fi}$ 若 $\Delta h = \sum h_{fi} \approx 0$，则说明初拟流量分配不恰当，应进行校正，校正流量 ΔQ 可按下式估算：

$$\Delta Q = -\frac{\sum h_{fi}}{2\sum \dfrac{h_{fi}}{Q_i}} \qquad\qquad (5\text{-}43)$$

式中 ΔQ —— 环路的校正流量，L/s；

$\sum h_{fi}$ —— 环路的闭合差，m；

$\sum \dfrac{h_{fi}}{Q_i}$ —— 环路内各管段的水头损失 h_{fi} 与相应管段流量之比的总和。

应用 ΔQ 校正流量时注意：

若 $\sum h_{fi} > 0$ 时，表示顺时针方向的流量偏大，按式（5-43）所得 $\Delta Q < 0$，即顺时针方向流动的管段流量应减小，逆时针方向流动的管段流量应增大；若 $\sum h_{fi} < 0$ 时，表示顺时针方向的流量偏小，应增大顺时针方向流动管段中的流量，减小逆时针方向流动管段中的流量，故所得 $\Delta Q > 0$。共用管道校正流量等于各环校正值的代数和。

（5）将校正流量 ΔQ 与各管段初分配流量相加得到第二次分配流量，并按同样步骤逐次计算，直至满足所要求的精度。

【例5-16】 如图 5-29 所示，一水平两环管网，已知用水点流量 $Q_4=0.032\text{m}^3/\text{s}$，$Q_5=0.054\text{m}^3/\text{s}$，各管段均采用铸铁管，其管长及管径见表 5-9。求各管段通过的流量。闭合差小于 0.5m 即可。

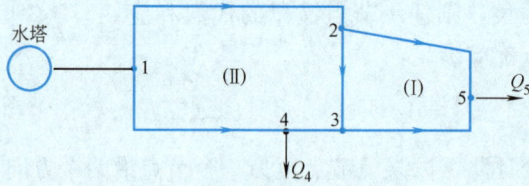

图 5-29　环状管网水力计算

环状管网第一次平差计算　　　　　　　　　　　　　　　　　　　表 5-9

环号	管段	l_i(m)	d_i(mm)	Q_{i1}(L/s)	v_{i1}(m/s)	A_{i1}(s²/m⁶)	h_{fi}(m)	h_{fi}/Q_i	ΔQ(L/s)
	2-5	220	200	+30	+0.9549	9.3365	+1.8486	61.62	
Ⅰ	5-3	210	200	−24	−0.7639	9.3365	−1.1293	47.056	−2.2212
	3-2	90	150	−6	−0.0509	42.8903	−0.1390	23.1667	
	Σ	—	—			—	+0.5857	131.8427	
	1-2	270	200	+36	+1.1459	9.3365	+3.2670	90.7508	
	2-3	90	150	+6	+0.3395	42.8903	+0.1390	23.1667	
Ⅱ	3-4	80	200	−18	−3667	9.3365	−0.2420	13.4446	−3.9627
	4-1	260	250	−50	0.2546	2.8613	−1.8598	37.1967	
	Σ	—	—				1.3042	164.5588	

【解】　第一次管网平差计算：

（1）初拟流向、分配流量

初拟各管段流向如图 5-29 所示，对于节点 2，在Ⅰ环路中有

$$Q_{2\sim5}+Q_{2\sim3}=Q_{1\sim2}$$

或　　　　　　　　$Q_{1\sim2}-Q_{2\sim3}-Q_{2\sim5}=36-6-30=0，\ (\sum Q_i=0)$

对于节点 5，在Ⅰ环路中有

$$Q_{2\sim5}+Q_{3\sim5}=Q_5$$

或　　　　　　　　$Q_{2\sim5}+Q_{3\sim5}-Q_5=30+24-54=0，\ (\sum Q_i=0)$

各管段流量分配见表 5-9。

（2）计算各管段水头损失 h_{fi}

按分配流量，由式（5-21）计算 h_{fi}

$$h_{fi}=A_i l_i Q_i^2$$

各管段水头损失 h_{fi} 见表 5-9。

（3）计算环路闭合差

$$\sum h_{fI}^{(1)}=1.8486-1.1293-0.139=0.5857\text{m}>0.5\text{m}$$

$$\sum h_{fII}^{(1)}=3.267+0.139-0.242-1.8598=1.304\text{m}>0.5\text{m}$$

闭合差大于规定值，按式（5-43）计算校正流量 ΔQ。

$$\Delta Q_I=-\frac{0.5857}{2\times131.8427}=-2.2212\text{L/s}$$

$$\Delta Q_{II}=-\frac{1.3042}{2\times164.5588}=-3.9627\text{L/s}$$

第二次管网平差计算：

（1）调整分配流量

将校正流量 ΔQ 与各管段初分配流量相加，得第二次分配流量，然后重复（2）、（3）步骤计算。

由于 $\sum h_{f(I)}^{(1)}$、$\sum h_{f(II)}^{(1)}$ 均大于 0，说明顺时针方向流动的流量偏大，应将其减小，例如：

$$Q_{2\sim5}=30-\Delta Q_I=30-2.2212=27.7788\text{L/s}$$

$$Q_{1\sim2}=36-\Delta Q_{II}=36-3.9627=32.0373\text{L/s}$$

其余各管段流量以此类推，详见表 5-10。

（2）验算第二次平差结果

由表 5-10 有

$$\sum h_{f(I)}^{(2)}=1.585-1.3481-0.07=0.1669\text{m}<0.5\text{m}$$

$$\sum h_{f(II)}^{(2)}=2.5903+0.07-0.3603-2.1663=0.1337<0.5\text{m}$$

计算结果表明按表 5-10 流量分配的水头损失闭合差符合规定值（<0.5m）。两次管网平差结果见表 5-11。

环状管网第二次平差计算　　　　　　　　表 5-10

环号	管段	l_i (m)	d_i (mm)	ΔQ_i (L/s)	Q_i (L/s)	u_i (m/s)	A_i (s^2/m^6)	h_{fi} (m)	h_{fi}/Q_i
	2-5	220	200	−2.2212	+27.7788	+0.8842	9.3365	+1.5850	57.0585
	5-3	210	200	−2.2212	−26.2212	−0.8346	9.3365	−1.3481	51.4126
I	3-2	90	150	+3.9627 −2.2212	−4.2585	−0.8346	42.8903	−0.0700	16.4377
	Σ	—	—	—	—	—	—	+0.1669	124.9088
	1-2	270	200	−3.9627	+32.0373	1.0198	9.3365	+2.5903	80.8526
	2-3	90	150	−3.9627 +2.2212	+4.2585	0.2410	42.8903	+0.0700	16.4377
II	3-4	80	200	−3.9627	−21.9627	−0.6991	9.3365	−0.3603	16.4051
	4-1	260	250	−3.9627	−53.9627	−1.0993	2.8613	−2.1663	40.1444
	Σ	—	—	—	—	—	—	+0.1337	153.8398

137

环号	I			II			
管段	2～5	5～3	3～2	1～2	2～3	3～4	4～1
流量(L/s)	27.8	26.2	4.3	32.0	4.3	22.0	54

环状管网平差计算结果　　　　　　表 5-11

5.6　有压管路中的水击

在前面各章节中所研究的水流运动，没有也不需要考虑液体压缩性。但是，液体在有压管道中所发生的水击现象，则必须考虑液体的可压缩性，同时还要考虑管壁材料的弹性。与前面讨论的有压管道恒定流动不同，本节有压管道中的水击属于非恒定流动问题。

5.6.1　水击现象及原因

在有压管路中，由于某些外界原因，例如阀门突然启闭、水泵机组突然停车等，使管中流速突然发生变化，从而导致压强急剧升高和降低交替变化的水力现象称为水击，又称为水锤。水击发生时所产生的升压值可达管路正常工作压强的几十倍，甚至上百倍。这种大幅度的压强波动，具有很大破坏性。往往会引起管路系统强烈振动，严重时会造成阀门破裂、管道接头脱落，甚至管道爆裂等重大事故。

管道内水流速度突然变化是产生水击的外界条件，而水流本身具有惯性及压缩性则是产生水击的内在原因。

由于水与管壁均为弹性体，因而当水击发生时，在强大的水击压强作用下，水与管壁都将发生变形，即水的压缩与管壁的膨胀。在水及管壁弹性变形力与管道进口处水池水位恒定水压力的相互作用，以及水流惯性的作用下，将使管中水流发生周期性减速增压与增速减压的振荡现象。如果没有能量损失，则这种振荡现象将一直周期性地传播下去，如图5-30所示。然而，实际上由于液体的黏滞性以及管壁与水的弹性变形将不断消耗能量，使水击压强及振荡现象迅速衰减，如图5-31所示。

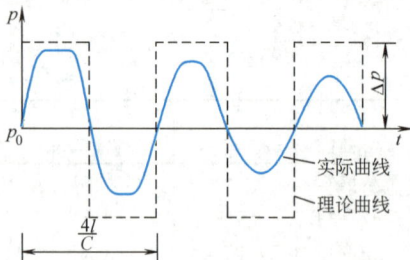

图 5-30　水击压强随时间的变化　　　　　图 5-31　实测水击压强随时间的变化

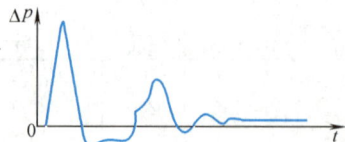

由于水击而产生的弹性波称为水击波。水击波的传播速度 C 可按下式计算：

$$C = \frac{C_0}{\sqrt{1 + \frac{E_0}{E} \cdot \frac{d}{\delta}}} = \frac{1425}{\sqrt{1 + \frac{E_0}{E} \cdot \frac{d}{\delta}}} \quad (\text{m/s}) \tag{5-44}$$

式中 C_0 ——声波在水中的传播速度，m/s；

E_0 ——水的弹性模量，$E_0=2.07 \times 10^5 \text{N/cm}^2$；

E ——管壁的弹性模量，见表 5-12；

d ——管道直径，m；

δ ——管壁厚度，m。

对于普通钢管 $d/\delta=100$，$E/E_0=1/100$，代入式（5-44）中，得 $C=1000\text{m/s}$。如果 $v_0=1\text{m/s}$，则由于阀门突然关闭而引起的直接水击产生的水击压强 $\Delta p=1\text{MPa}$。由此可见，直接水击压强是很大的，足以对管道造成破坏。

常用管壁材料的弹性模量 E 表 5-12

管壁材料	$E(\text{N/cm}^2)$	管壁材料	$E(\text{N/cm}^2)$
钢管	206×10^5	混凝土管	20.6×10^5
铸铁管	88×10^5	木管	6.9×10^5

如图 5-32 所示，有压管道长度为 l，上游水池水位恒定，管道末端设一控制阀门。阀门关闭前管道中流速为 v_0，压强为 p_0。当阀门突然关闭而发生水击时，压强变化及传播情况可分为四个阶段：

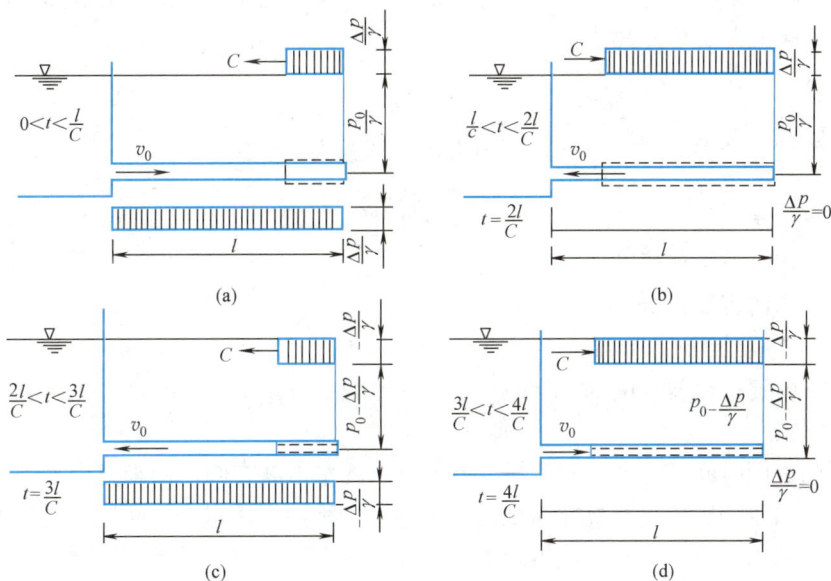

图 5-32 水击过程示意图
（a）第一阶段；（b）第二阶段；（c）第三阶段；（d）第四阶段

第一阶段：由于阀门突然关闭而引起的减速增压波，从阀门向上游传播，沿程各断面依次减速增压。在 $t=l/C$ 时，水击波传递至管道进口处，此时管道内处于液体全部被压缩，管壁全部膨胀状态，管中压强均为 $p_0+\Delta p$。如图 5-32（a）所示。

第二阶段：由于管中压强 $p_0+\Delta p$ 大于水池中静水压强 p_0，在压差 Δp 的作用下，管道进口处的液体以 $-v_0$ 的速度向水池方向倒流，同时压强恢复为 p_0。减压波从管道进口向阀门处传播，在 $t=2l/C$ 时，减压波传递至阀门处，此时管中压强全部恢复到正常

压强 p_0，同时具有向水池方向的流速 v_0。如图 5-32（b）所示。

第三阶段：在惯性的作用下，管中水流仍以 $-v_0$ 的速度向水池倒流，因阀门关闭无水补充，致使此处水流停止流动，速度由 $-v_0$ 变为零，同时引起压强降低，密度减小、管壁收缩，管中流速从进口开始各断面依次由 $-v_0$ 变为零。在 $t=3l/C$，时，增速减压波传递至管道进口处，此时管中压强为 $p_0-\Delta p$，速度为零。如图 5-32（c）所示。

第四阶段：由于管道进口压强 $p_0-\Delta p$ 小于池中静水压强 p_0，在压差 Δp 的作用下，水流又以速度 v_0 向阀门方向流动，管道中水的密度及管壁恢复正常，在 $t=4l/C$ 时，增压波传递至阀门处。此时全管恢复至起始状态，管中压强为 p_0。如图 5-32（d）所示。

由于水流的惯性作用，同时阀门依然是关闭的，水击波将重复上述四个阶段。水击波传播速度极快，故上述四个阶段是在极短的时间内连续完成的。在水击的传播过程中，管道各断面的流速及压强均随时间周期性变化，所以水击过程是非恒定流。

5.6.2 水击压强的计算

由于阀门的关闭总要有一个过程，因此，水击现象有两种类型。

1. 直接水击

设阀门关闭时间为 T_z，当 $T_z<2l/C$ 时，则在最早发出的水击波返回阀门以前，阀门已全部关闭。此时产生的水击称为直接水击，其水击压强按儒可夫斯基公式计算：

$$\Delta p=\rho C(v_0-v) \tag{5-45}$$

当阀门瞬间完全关闭时，$v=0$，则最大水击压强为

$$\Delta p=\rho Cv_0 \tag{5-46}$$

式中　C —— 水击波传播速度，m/s；

　　　ρ —— 水的密度，kg/m^3；

　　　v —— 阀门处流速，m/s；

　　　v_0 —— 管道中流速，m/s。

2. 间接水击

如果阀门关闭时间 $T_z>2l/C$，那么最早发出的水击波在阀门尚未完全关闭前已返回阀门断面，则增压和减压相互叠加而抵消，这种水击称为间接水击。间接水击的水击压强小于直接水击的水击压强。间接水击的最大压强可按下式计算：

$$\Delta p=\rho Cv_0\frac{T}{T_z}=\frac{2\rho v_0 l}{T_z} \tag{5-47}$$

式中　v_0 —— 水击发生前管中断面平均流速；

　　　T —— 水击波相长，$T=2l/C$，s；

　　　T_z —— 阀门关闭时间，s；

　　　l —— 管道长度，m。

【例 5-17】 已知某有压管路，管长 $l=1500$m，水击波传播速度 $C=1000$m/s，阀门全开时，管中流速 $v_0=2.5$m/s，假设阀门在 $T_z=2.5$s 与 $T_z=8$s 内全部关闭，试求管路所受的最大水击压强值。

【解】　(1) $T_z = 2.5\text{s}$

$$2l/C = \frac{2 \times 1500}{1000} = 3\text{s}$$

$$T_z = 2.5\text{s} < 2l/C = 3\text{s}$$

故发生直接水击，由式 (5-44) 得

$$\Delta p = \rho C v_0 = 1000 \times 1000 \times 2.5$$

$$= 2500\text{kPa} = 255\text{mH}_2\text{O}$$

(2) $T_z = 8\text{s}$

$$T_z = 8\text{s} > \frac{2l}{C} = 3\text{s}$$

故发生间接水击，由式 (5-47) 得

$$\Delta p = \frac{2\rho v_0 l}{T_z} = \frac{2 \times 1000 \times 2.5 \times 1500}{8} = 937.5\text{kPa} = 95.7\text{mH}_2\text{O}$$

5.6.3　水击的防控措施

为了防控水击危害，工程上通常采用以下措施：

(1) 限制管中流速，减小水击压强。最新规范要求，室外给水管网中最大设计流速不应大于 $2.5 \sim 3\text{m/s}$。

(2) 延长阀门关闭或开启时间，可以避免产生直接水击，并减小间接水击压强。

(3) 设置安全阀、水击消除器、空气室、调压塔等安全装置，进行水击过载保护，可以有效缓解或消除水击压强、防止水击危害。

(4) 缩短管道长度，可缩短水击波相长，将直接水击变为间接水击，也可降低间接水击压强。

(5) 增加管道弹性，使水击波传播速度减缓，从而降低直接水击压强。

📖 知识链接——中国成功水利工程

哈尔滨市民的饮水生命线——磨盘山水库输水工程

　　磨盘山水库长距离输水工程是把距哈尔滨市约 180km 处的磨盘山水库水源引至哈市平房区净水厂，是一项旨在增加哈尔滨市供水能力、改善哈市饮用水水质、提高哈市饮用水供水安全的民心工程。该工程总规模为 90 万 m^3/d，由水库、输水管线、净水厂、城区配水管网等几部分组成，项目总投资 55.26 亿元，是迄今为止哈尔滨市最大的基础设施建设项目，也是国内规模最大、技术一流的现代化供水工程。

扫描二维码
看全部内容

思考题

5-1　如何区分大孔口与小孔口？在出流规律计算方面两者有什么不同？

5-2　试归纳孔口恒定自由出流与淹没出流的异同点。

5-3　什么叫作用水头？作用水头一定时，出流量与孔口在液面下开设的位置高度是否有关？

5-4　为什么孔口淹没出流时，没有大小孔口之分？

5-5　孔口出流与管嘴出流有什么不同？为什么在条件相同的情况下，管嘴过流能力大于孔口过流能力？

5-6　圆柱形外管嘴正常工作的条件是什么？

5-7　什么是有压管流？其主要特点是什么？

5-8　什么是短管、长管？在水力学中为什么要引入这一概念？

5-9　短管的测压管水头线，在什么情况下会沿流程上升？长管的测压管水头线是否会出现相同的情况？为什么？

5-10　如图 5-33 所示，（a）为自由出流，（b）为淹没出流。若两种出流的作用水头 H、管长 l、管径 d 及沿程阻力系数 λ 都相同，试问：

（1）两管中的流量是否相同？为什么？

（2）两管中各相应点的压强是否相同？为什么？

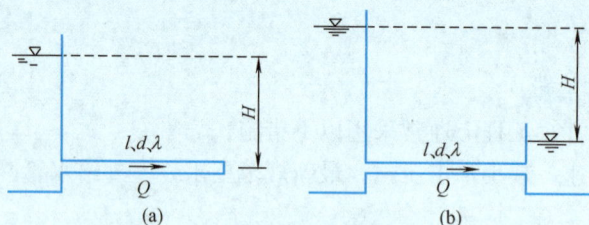

图 5-33　题 5-10 图

5-11　如图 5-34 所示，一并联管路，A、B 两管的直径、管长、粗糙系数均相等，通过的流量为 Q。若作用水头 H 不变，B 管停止工作，问此时管路出口流量是否等于 $(1/2)Q$？为什么？

5-12　如图 5-35 所示，两组管路，其中管段 1、2、…、6 和管段 $1'$、$2'$、…、$6'$ 的管长、管径、粗糙系数均各对应相等，并且 $H_A = H'_A$。试分析：

（1）若 $Q = Q'$，比较 B 点与 B' 点作用水头的大小。

（2）若 $H_B = H'_B$，比较 Q 与 Q' 的大小。

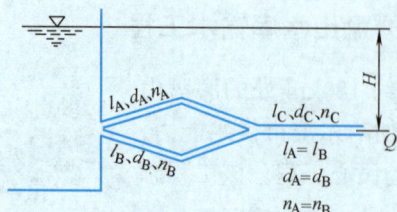

图 5-34　题 5-11 图

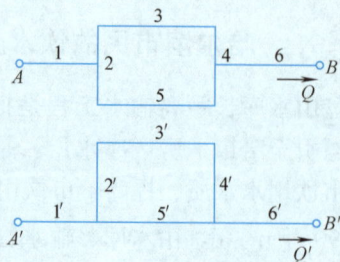

图 5-35　题 5-12 图

5-13　技术管网水力计算中的最不利点，是否是离水塔最远的点？

5-14　什么是水击？引起水击的外界条件及内在原因是什么？水击的危害有哪些？水击的防控措施有哪些？

5-15　什么是直接水击？什么是间接水击？为什么间接水击压强小于直接水击压强？

🖊 习题

5-1　如图 5-36 所示，薄壁孔口出流，直径 $d=2\text{cm}$，水箱水位恒定 $H=2\text{m}$。试求：（1）孔口流量 Q；（2）此孔口外接圆柱形管嘴流量 Q_n；（3）管嘴收缩断面的真空值。

5-2　如图 5-37 所示，水箱用隔板分为 A、B 两室，隔板上开一孔口，其直径 $d_1=4\text{cm}$，在 B 室底部装有圆柱形外管嘴，其直径 $d_2=3\text{cm}$。已知 $H=3\text{m}$，$h_3=0.5\text{m}$。试求：（1）在恒定出流时的 h_1，h_2；（2）流出水箱 B 的流量 Q。

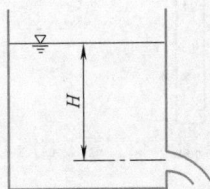

图 5-36　题 5-1 图

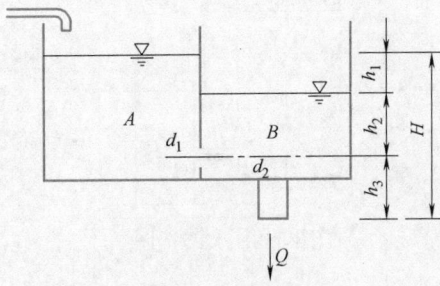

图 5-37　题 5-2 图

5-3　如图 5-38 所示，水从 A 水箱通过直径 $d=10\text{cm}$ 的孔口流入 B 水箱，孔口流量系数为 0.62。设 A 水箱的作用水头 $H_1=3\text{m}$ 保持不变，试求在下列三种情况下，通过孔口的流量：

（1）B 水箱中无水，即 $H_2=0$；

（2）B 水箱中的作用水头 $H_2=2\text{m}$；

（3）A 水箱水面压力为 2000Pa，$H_1=3\text{m}$，同时 B 水箱水面与大气相通，$H_2=2\text{m}$。

5-4　如图 5-39 所示，贮水槽底面积 $F=3\text{m}\times2\text{m}$，注水深 $H_1=4\text{m}$。由于锈蚀，距槽底 $H_3=0.2\text{m}$ 处形成一个直径 $d=5\text{mm}$ 的孔洞。试求水位恒定时，一昼夜的漏水量。

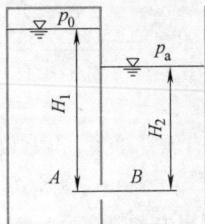

图 5-38　题 5-3 图

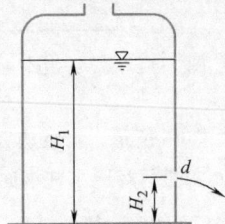

图 5-39　题 5-4 图

5-5　如图 5-40 所示，有一平底空船，其水平面积 $\Omega=8\text{m}^2$，船舷高 $h=0.5\text{m}$，船自重 $G=9.8\text{kN}$。现船底破一直径 10cm 的圆孔，水自圆孔漏入船中。试问经过多长时间后船将沉没？

5-6 如图 5-41 所示，游泳池长 $L=25\text{m}$，宽 $B=10\text{m}$，水深 $H=1.5\text{m}$，池底设有直径 $d=0.1\text{m}$ 的放水孔直通排水地沟。试问放空池水所需时间。

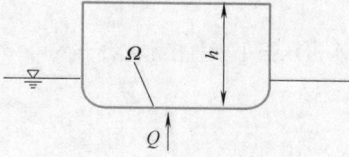

图 5-40 题 5-5 图

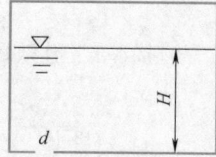

图 5-41 题 5-6 图

5-7 如图 5-42 所示，液体从封闭的立式容器中经管嘴流入开口水池，管嘴直径 $d=80\text{mm}$，$h=3\text{m}$，要求流量 $Q=0.05\text{m}^3/\text{s}$。试求作用于密闭容器内液面上的压强。

5-8 如图 5-43 所示，用虹吸管将钻井里的水输送到集水井，上下游水位差为 1.5m，虹吸管全长 60m，直径 0.2m，沿程阻力系数 $\lambda=0.031$，管道入口和弯头的局部阻力系数为 $\zeta_a=0.5$ 和 $\zeta_b=0.5$。试求虹吸管的流量。

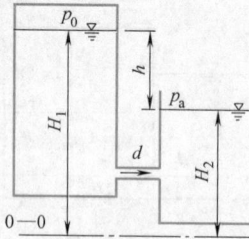

图 5-42 题 5-7 图

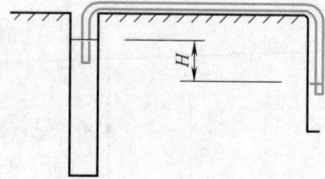

图 5-43 题 5-8 图

5-9 如图 5-44 所示，虹吸管将 A 池中的水输入 B 池，已知长度 $l_1=3\text{m}$，$l_2=5\text{m}$，直径 $d=75\text{mm}$，两池水面高差 $H=2\text{m}$，最大超高 $h=1.8\text{m}$，沿程阻力系数 $\lambda=0.02$；局部阻力系数为：进口 $\zeta_a=0.5$，转弯 $\zeta_b=0.2$，出口 $\zeta_c=1$。试求流量 Q 及管道最大超高断面的真空度。

5-10 如图 5-45 所示，两条水渠用铸铁的倒虹吸管连接，管道直径 $d=500\text{mm}$，长度 $l=125\text{m}$。两渠的水面高差 $\Delta z=5\text{m}$。根据地形，两转弯角度各为 $60°$ 和 $50°$。试求虹吸管的水流量。

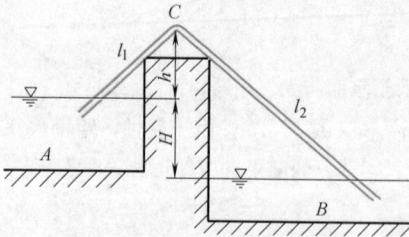

图 5-44 题 5-9 图

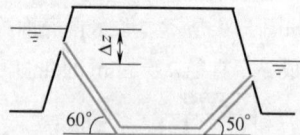

图 5-45 题 5-10 图

5-11 如图 5-46 所示，水泵从吸水井抽水。吸水井与蓄水池用自流管相接，其水位均不变。水泵的安装高度（水泵进口与吸水井水面高差）$h_a=4.5\text{m}$。自流管长度 $l_1=20\text{m}$，直径 $d_1=150\text{mm}$。水泵吸水管长度 $l_2=12\text{m}$，直径 $d_2=150\text{mm}$。自流管和吸水管的沿程损失系数均为 $\lambda=0.03$。自流管进口的滤网的局部损失系数 $\xi_1=2$，水泵吸水管口底阀的局部损失系数 $\xi_2=9$，吸水管的 $90°$ 弯头的局部损失系数 $\xi_3=0.3$。水泵进口断面 2—2 的真空压强 P_a-P_2 不得超过 58800Pa，试求水泵的最大允许流量，并求这种流量下蓄水池与吸水井的水面高差 ΔH。

5-12　如图 5-47 所示，用钢管从水塔引水，管道长度 $l=300\text{m}$，直径 $d=200\text{mm}$，输水流量 $Q=0.0525\text{m}^3/\text{s}$，管流的局部水头损失按沿程水头损失的 5% 计。试求水塔水面与管道出口的高差 H。

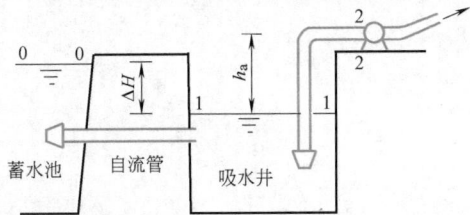

图 5-46　题 5-11 图　　　　　　　　　图 5-47　题 5-12 图

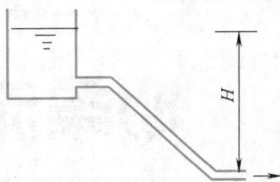

5-13　如图 5-48 所示，用水泵从河道向水池抽水。水池与河道的水面高差 $\Delta z=24.5\text{m}$。吸水管为长度 $l_1=4\text{m}$，直径 $d_1=200\text{mm}$ 的钢管，设有带底阀的莲蓬头及一个 45°的弯头。压力管为长度 $l_2=50\text{m}$，直径 $d_2=150\text{mm}$ 的钢管，设有止回阀（$\zeta_3=1.7$）、闸阀（$\zeta_4=0.1$）、45°弯头各一个。已知流量 $Q=0.05\text{m}^3/\text{s}$，机组效率 $\eta=80\%$。试求水泵的扬程 H。

5-14　如图 5-49 所示，用虹吸管从蓄水池引水灌溉。虹吸管采用直径 $d=0.4\text{m}$ 的钢管，管道进口处安装 1 个莲蓬头，中段设有 40°的弯头 2 个。上下游水位差 $H=4\text{m}$，上游水面到管顶高程 $h=1.8\text{m}$。各管段长度分别为 $l_1=8\text{m}$，$l_2=4\text{m}$，$l_3=12\text{m}$。

（1）试求虹吸管的水流量 Q；

（2）虹吸管中压强最小的断面在哪里？其最大真空值是多少？

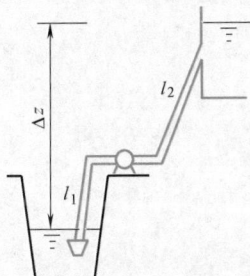

图 5-48　题 5-13 图　　　　　　　　　图 5-49　题 5-14 图

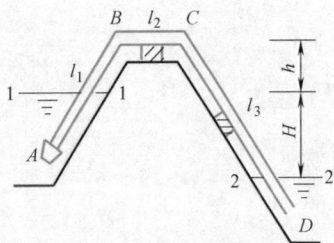

5-15　如图 5-50 所示，水泵通过铸铁压水管向同高程的 B、C、D 用户点供水。要求 D 点的相对压强水头为 $\dfrac{p_D}{\rho g}=4\text{m}$。已知各点的供水流量分别为 $q_B=0.01\text{m}^3/\text{s}$，$q_C=0.005\text{m}^3/\text{s}$，$q_D=0.01\text{m}^3/\text{s}$。各管段的长度和直径分别为 $l_1=500\text{m}$，$d_1=200\text{mm}$；$l_2=450\text{m}$，$d_2=150\text{mm}$；$l_3=300\text{m}$，$d_3=100\text{mm}$。试求水泵出口断面 A 的相对压强 P_A。

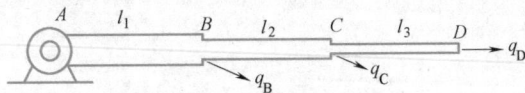

图 5-50　题 5-15 图

习题解析及参考答案

145

教学单元6

明渠流

Chapter 06

教学目标

1. 掌握明渠流的类型及特点。
2. 理解明渠均匀流和非均匀流的形成条件及水力特征。
3. 理解水力最优断面和允许流速的概念，掌握明渠均匀流水力计算方法。
4. 理解断面比能、临界水深和临界坡度的概念，掌握明渠流流动形态判别准则。
5. 掌握水跌和水跃的概念及计算方法。

　　明渠是一种具有自由表面水流的渠道，如天然河道、人工渠道、重力排水管道中的水流均属明渠流。

　　明渠流与有压管流不同，它具有自由表面，表面上各点受大气压强作用，其相对压强为零，所以又称为无压流或重力流。

　　明渠流根据其运动要素是否随时间变化分为明渠恒定流与明渠非恒定流。明渠恒定流又可根据流线是否为平行直线分为明渠均匀流与明渠非均匀流。

　　明渠流由于自由表面不受约束，当遇有河渠建筑物或流量变化时，往往形成明渠非均匀流。但在工程实际中，如铁路、公路、给水排水和水利工程中的沟渠，其排水或输水能力的计算，常按明渠均匀流处理。

　　此外，明渠均匀流理论对于进一步研究明渠非均匀流具有非常重要的意义。

6.1　明渠流的类型及特点

　　明渠的断面形状、尺寸、底坡等对水流的流动状态有重要影响，所以为了研究明渠水流运动规律，必须首先了解明渠类型及其对水流运动的影响。

6.1.1　明渠流类型

1. 按断面几何形状分类

　　人工明渠的横断面，通常为对称的几何形状。例如常见的有圆形、矩形、梯形等。而天然河道横断面，其形状常是不规则的断面，如图 6-1 所示。

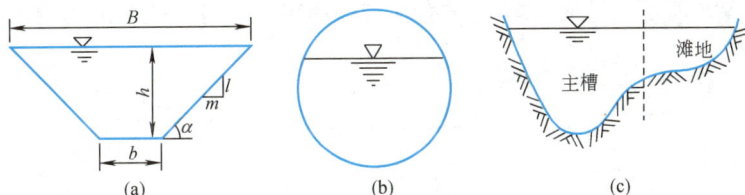

图 6-1　明渠断面形状
（a）人工明渠梯形断面；（b）无压圆管水流断面；（c）天然河道断面形状

　　在排水工程中，排水管一般为非满流状态，其优点是非满流能容纳超过设计流量的高峰流量和污废水中释放出来的有毒、易燃易爆气体；而排洪沟、雨水沟常采用梯形或矩形明渠。当明渠修在土质地基上时，往往做成梯形断面，其两侧的倾斜度用边坡系数 m（$m = ctg\alpha$）表示，它表示渠道水深每增加 1m，单侧梯形所增加的宽度，m 的大小应根据土壤种类或护面情况而定，如表 6-1 所示。矩形断面常用于岩石开凿或两侧用条石砌筑

梯形渠道的边坡系数　　　　　　　　　　　　　　　　　　　　表 6-1

土的种类	边坡系数 m	土的种类	边坡系数 m
粉砂	3.0～3.5	黏壤土、黄土或黏土	1.25～1.5
细砂、中砂和粗砂： 1. 疏松的和中等密实的 2. 密实的	2.0～2.5 1.5～2.0	卵石和砌石	1.25～1.5
		半岩性的抗水的土壤	0.5～1.0
		风化的岩石	0.25～0.5
粉土	1.5～2.0	未风化的岩石	0～0.25

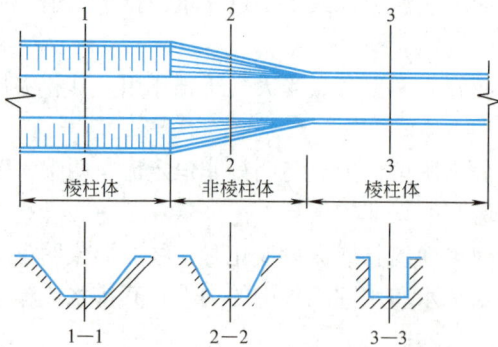

图 6-2　棱柱体渠道和非棱柱体渠道

而成的渠道，混凝土渠或木渠也常做成矩形。

2. 按断面几何特性分类

在工程实践中，有时由于地形、地质条件的改变，或是由于水流运动条件需要，在不同渠段，横断面形状、尺寸或底坡不完全相同。根据渠道断面几何特性，分为棱柱形渠道和非棱柱形渠道。断面形状、尺寸及底坡沿程不变，同时又无弯曲的渠道，称为棱柱体渠道；而横断面形状、尺寸或底坡沿程改变的渠道，称为非棱柱体渠道，如图 6-2 所示。

在非棱柱体渠道中，由于断面形状、尺寸或底坡等沿程发生变化，流线不会是平行直线，故水流不可能形成均匀流；只有在棱柱体明渠中才可能形成均匀流。

3. 按底坡方向分类

明渠渠底纵向倾斜程度称为底坡，底坡以符号 i 表示，i 表示渠底与水平夹角 θ 的正弦，即 $i = \sin\theta$。

当明渠底沿程降低时，称为顺坡明渠，如图 6-3（a）所示，此时 $i > 0$；当渠底为水平时，称为平坡明渠，如图 6-3（b）所示，此时 $i = 0$；当渠底沿程升高时，称为逆坡明渠，如图 6-3（c）所示，此时 $i < 0$。只有在顺坡明渠中才有可能形成均匀流。

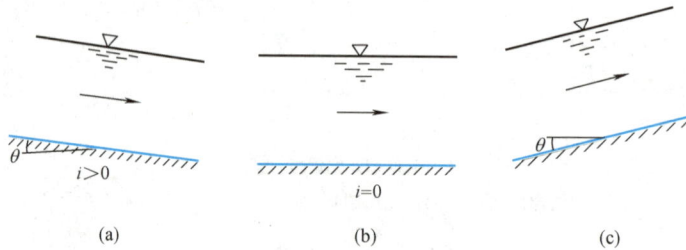

（a）　　　　　　　　　　（b）　　　　　　　　　　（c）

图 6-3　明渠底坡

6.1.2　明渠流动的特点

同有压管流相比较，明渠流动具有以下特点：

（1）明渠流动具有自由液面，沿程各断面的表面压强都是大气压强，重力对流动起主导作用。

（2）明渠底坡的改变对断面流速和水深有直接影响。

而有压管道，只要管道形状、尺寸一定，前后管线坡度变化对流速 p 和过流断面面积 A 无影响。

（3）明渠局部边界的变化，如设置控制设备、渠道形状和尺寸的变化、改变底坡等，都会造成水深在很长的流程上发生变化。

6.2　明渠均匀流形成条件及水力特征

6.2.1　明渠均匀流产生的条件

由于明渠均匀流的特性，它的形成需要有一定的条件：

（1）水流应为恒定流。因为在明渠非恒定流中必然伴随着波浪的产生，流线不可能是平行直线；

（2）流量应沿程不变，即无支流汇入或分出；

（3）渠道必须是长而直的棱柱体顺坡明渠；

（4）粗糙系数沿程不变；

（5）渠道断面形状沿程不变；

（6）渠道中无闸、坝或跌水等构筑物的局部干扰。

显然，实际工程中的渠道并不是都能满足上述要求的，特别是许多渠道中总有各种构筑物存在，因此大多数明渠中的水流都是非均匀流。但是，在顺直棱柱体顺坡渠道中的水流，当流量沿程不变时，只要渠道有足够长度，在离开渠道进口、出口或构筑物一定距离的渠段中，水流可视

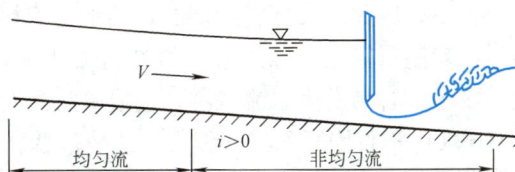

图 6-4　渠道中的均匀流与非均匀流

为近似于均匀流，如图 6-4 所示，工程实际中常按均匀流处理。至于天然河道，因其断面几何尺寸、坡度、粗糙系数一般均沿程改变，所以不会产生均匀流。但对于较为顺直、整齐的河段，当其余条件比较接近时，也常按均匀流处理。

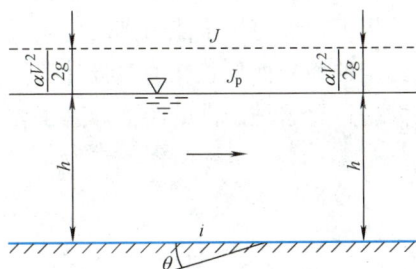

图 6-5　明渠均匀流的特性

6.2.2　明渠均匀流的特性

由于明渠均匀流的流线为一簇相互平行的直线，因此，它具有下列特性：

（1）过水断面形状、尺寸及水深沿程不变；

（2）过水断面流速分布、断面平均流速沿程不变；因而，水流动能修正系数及流速水头也沿程不变；

（3）总水头、水面线及底坡线三者相互平行，即 $J=J_p=i$，如图 6-5 所示。

6.3　明渠均匀流水力计算

6.3.1　明渠均匀流水力计算公式

明渠均匀流水力计算的基本公式有二：其一为恒定流连续方程式

$$Q=Av=常数 \tag{6-1}$$

另一则为均匀流能量方程式，亦即谢才公式

$$v=C\sqrt{Ri} \tag{6-2}$$

根据连续方程和谢才公式，可得到计算明渠均匀流的流量公式

$$Q = AC\sqrt{Ri} \tag{6-3}$$

或

$$Q = K\sqrt{i} \tag{6-4}$$

式中，$K = AC\sqrt{R}$ 为流量模数，又称为特征流量，单位为米^3/秒（m^3/s），它综合反映明渠断面形状、尺寸和粗糙度对过水能力的影响。在底坡一定的情况下，流量与流量模数成正比。明渠中水流多处于阻力平方区，目前工程上广泛采用曼宁公式或巴甫洛夫斯基公式来确定上列公式中的谢才系数 C，即

$$C = \frac{1}{n}R^{\frac{1}{6}} \tag{6-5}$$

式（6-5）中的谢才系数 C 与断面形状、尺寸及边壁粗糙程度有关，从曼宁公式或巴甫洛夫斯基公式可知，它是 n 和 R 的函数。但分析表明，R 对 C 的影响远比 n 对 C 的影响小得多。因此，根据实际情况正确地选定粗糙系数，对明渠的计算有重要意义。在设计通过已知流量管道时，如果 n 值选得偏小，计算所得的断面也偏小，过水能力将达不到设计要求，容易发生水流漫溢，造成事故。对挟带泥沙的水流还会形成淤积。如果选择的 n 值偏大，不仅因断面尺寸偏大而造成浪费，还会因实际流速过大引起冲刷。严格说来粗糙系数应与渠道或管道表面粗糙程度及流量、水深等因素有关，对于挟带泥沙的水流还受含沙量的影响，但主要的因素仍然是表面的粗糙情况。对于人工渠道，在长期实践中积累了丰富的资料，实际应用时可参照这些资料选择粗糙系数值。

6.3.2　水力最优断面

从均匀流计算公式可以看出，明渠输水能力（流量）取决于过水断面形状、尺寸、底坡和粗糙系数的大小。设计渠道时，底坡一般依地形条件或其他技术上的要求而定；粗糙系数则主要取决于渠壁材料。在底坡及粗糙系数已定的前提下，渠道过水能力则决定于渠道横断面形状及尺寸。从经济观点上来说，总是希望所选定的横断面形状在通过设计流量时其面积最小，或者是过水断面积一定时通过的流量最大。符合这种条件的断面，其工程量最小，称为水力最优断面。

将曼宁公式代入明渠均匀流基本公式可得

$$Q = AC\sqrt{Ri} = \frac{1}{n}Ai^{\frac{1}{2}}R^{\frac{2}{3}}$$

$$= \frac{1}{n}\frac{A^{\frac{5}{3}}i^{\frac{1}{2}}}{\chi^{\frac{2}{3}}} \tag{6-6}$$

由上式可知：当渠道底坡 i、粗糙系数 n 及过水断面面积 A 一定时，湿周 χ 越小（或水力半径 R 越大）的断面，通过的流量就越大。

由几何学可知，面积一定时，圆形断面湿周最小，水力半径最大；因为半圆形过水断面与圆形断面水力半径相同，所以，在明渠各种断面形状中，半圆形断面是水力最优的。但半圆形断面不易施工，对于无衬护的土渠，两侧边坡往往达不到稳定性要求，因此，半圆形断面难以普及，只有在钢筋混凝土或钢丝网水泥做的渡槽等构筑物中才采用类似半圆形的断面。

工程中采用最多的是梯形断面，其边坡系数 m 由边坡稳定性要求确定，在 m 已定的情况下，同样的过水面积 A，湿周的大小因底宽与水深比值 b/h 而异。根据水力最优断面条件

$$A = 常数$$

$$\chi = 最小值 \tag{6-7}$$

即

$$\left. \begin{array}{l} \dfrac{\mathrm{d}A}{\mathrm{d}h}=0 \\[2mm] \dfrac{\mathrm{d}\chi}{\mathrm{d}h}=0; \quad \dfrac{\mathrm{d}\chi^2}{\mathrm{d}h^2}>0 \end{array} \right\}$$

而

$$A = (b+mh)h$$

$$\chi = b + 2h\sqrt{1+m^2} = \frac{A}{h} - mh + 2h\sqrt{1+m^2}$$

分别写出 A、χ 对 h 的一阶导数并使之为零，可得

$$\frac{\mathrm{d}A}{\mathrm{d}h} = (b+mh) + h\left(\frac{\mathrm{d}b}{\mathrm{d}h}+m\right) = 0$$

$$\frac{\mathrm{d}\chi}{\mathrm{d}h} = \frac{\mathrm{d}b}{\mathrm{d}h} + 2\sqrt{1+m^2} = 0$$

上二式中消去 $\dfrac{\mathrm{d}b}{\mathrm{d}h}$ 后，解得

$$\frac{b}{h} = \beta_m = 2\left(\sqrt{1+m^2}-m\right) = f(m) \tag{6-8}$$

式（6-8）表明：梯形水力最优断面的宽深比 b/h 值仅与边坡系数 m 有关。

因为

$$R = \frac{A}{\chi} = \frac{(b+mh)h}{b+2h\sqrt{1+m^2}} = \frac{(\beta+m)h^2}{(\beta+2\sqrt{1+m^2})h}$$

用 β_m 代替上式中的 β 值，整理得

$$R_m = \frac{h_m}{2} \tag{6-9}$$

式（6-9）说明：梯形水力最优断面的水力半径等于水深的一半。

矩形断面可以看成为 $m=0$ 的梯形断面。以 $m=0$ 代入以上各式可求得矩形水力最佳断面的 β_m 及 R_m 值。

$$\beta_m = \frac{b_m}{h_m} = 2 \quad 即 \quad b_m = 2h_m$$

$$R_m = \frac{h_m}{2}$$

不难证明，矩形或梯形水力最优断面实际上是半圆的外切多边形断面，如图 6-6 所示。

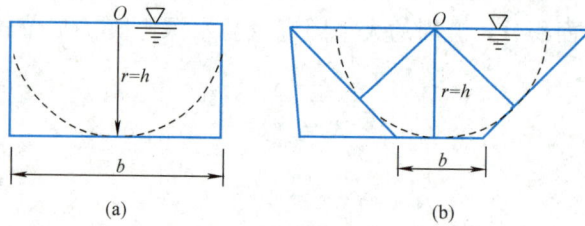

图 6-6　矩形和梯形的水力最优断面

前面已经说明，水力最优断面是 A 一定时湿周 χ 最小的断面，因此对湿周 χ 求导，并取导数为零来讨论水力最优断面的边坡。

$$\frac{\mathrm{d}\chi}{\mathrm{d}m}=-h+\frac{2mh}{\sqrt{1+m^2}}=0$$

得

$$m=\frac{1}{\sqrt{3}}$$

即

$$\mathrm{ctg}\alpha=\frac{1}{\sqrt{3}}$$

$$\alpha=60°$$

可见在边坡可任意选定条件下，水力最优梯形断面是正六边形的一半，它是和半圆最接近的梯形。

工程实践中，边坡系数 m 取决于开挖土渠地方的土的情况，可参阅表 6-1。

工程上还往往遇到这样的问题，即底坡 i_0、边坡系数 m 和渠壁铺砌情况已经确定，要求选择梯形渠道水力最佳断面的尺寸，即确定底宽 b 和水深 h 的关系，使之在一定过流断面积 A 时，输水能力 Q 最大或 χ 最小。

为此将式 $\chi=\frac{A}{h}-mh+2h\sqrt{1+m^2}$ 中 A、m 视为常数，求某一 h 值使 χ 最小。用求极值的方法求解

$$\frac{\mathrm{d}\chi}{\mathrm{d}h}=-\frac{A}{h^2}-m+2\sqrt{1+m^2}=-\frac{bh+mh^2}{h^2}-m+2\sqrt{1+m^2}$$

$$=-\frac{b}{h}-2m+2\sqrt{1+m^2}=0$$

又 $\dfrac{\mathrm{d}^2\chi}{\mathrm{d}h^2}=\dfrac{-b(-1)}{h^2}>0$，故有极小值存在，即湿周最小时的梯形断面的宽深比为

$$\frac{b}{h}=2\left(\sqrt{1+m^2}-m\right)$$

根据此式，预先算好不同边坡系数 m 时的水力最优断面宽深比 b/h，列于表 6-2。

不同边坡系数 m 时的水力最佳断面宽深比 表6-2

m	0	0.25	0.5	1.0	1.5	2.0	2.5	3.0
b/h	2.00	1.56	1.24	0.83	0.61	0.47	0.385	0.325

从表中看出，当 $m=0$，即 $\alpha=90°$ 时为矩形断面，这时的 $b/h=2$，即水面宽为水深的 2 倍时的矩形断面为水力最佳断面。

以上讨论只是从水力学角度考虑的，对于中小型渠道，挖土不深，造价基本上由土方工程量来决定，因此，水力最优断面的造价也最经济；而对于大型渠道，按水力最优断面设计，往往挖土过深，使土方单价增高。例如边坡系数 m 为 1.5，底宽为 20m 的渠道，由表 6-2 查得 $h=20/0.61=32.8\text{m}$，超过了一般渠道的深度要求，也增加了施工、养护的困难。因此，大型渠道往往设计成宽浅的形式，它的土方量虽然较水力最优断面大，但它的造价却较低。另外开挖渠道往往不是单纯地为了输水，例如运河需要一定的宽度和深度，过多地超过所需要的水深，也没有必要。所以断面形状的最后确定，要综合各方面因素考虑，水力最优断面只是提供了一方面论据。

6.3.3 允许流速

为通过一定的流量，可采用不同大小的过水断面，则渠道中将有不同的平均流速。如果流速过大，可能冲刷渠道，使其遭到破坏；如果流速过小，又会导致水流中挟带的泥沙淤积，降低渠道过水能力。因此，在管渠设计中，除了要考虑水力最优断面这一因素外，还须对渠道最大和最小流速进行校核，以免渠身遭受冲刷或淤积。

所谓允许流速，即对渠道不会产生冲刷，也不会使水中悬浮泥沙在管渠内发生淤积的断面平均流速，设计渠道时应使断面平均流速小于最大不冲刷流速 v_{max}，以及大于最小不淤积流速 v_{min}。

即
$$v_{min}<v<v_{max}$$

渠道中最大允许不冲刷流速 v_{max} 的大小，取决于管道材料或渠道土质情况；设计时可参考《室外排水设计标准》GB 50014 中有关数据。一般，为了防止微生物在管渠中滋生以及泥沙、悬浮物淤积，管渠中最小允许不淤积流速 v_{min} 应不小于 0.6m/s。

当然，在进行管渠水力计算时，如果 $v>v_{max}$，或 $v<v_{min}$，就应当设法调整流速大小。根据谢才公式，v 与 i、R 和 n 有关，因此，就应通过这几个水力要素值的大小来改变流速 v 的值，使之满足要求。

6.3.4 明渠均匀流的水力计算

应用基本式（6-2）和式（6-3），即可解决工程实践中常见明渠均匀流的水力计算问题。在给水排水工程中，无压圆管均匀流和梯形断面明渠水流应用最广。由于断面几何特点的不同，将分别讨论其水力计算。

1. 梯形断面明渠均匀流的计算

由式（6-3）可以看出，对于梯形渠道，各水力要素间存在着下列函数关系：

$$Q=AC\sqrt{Ri}=f(m,b,h,i,n) \tag{6-10}$$

这就是说，上式中包括 Q、m、b、h、i、n 六个变量。一般情况下，边坡系数 m 及粗糙系数 n 是根据渠道护面材料种类，用经验方法来确定。因此，梯形渠道均匀流的水力计算，实际上是根据渠道所担负的生产任务、施工条件、地形及地质状况等，预先选定

153

Q、b、h、i 四个变量中的三个，然后应用水力计算公式求另一个变量。工程实践中所提出的明渠均匀流水力计算问题，主要有下列几种类型：

（1）确定渠道输水能力

已知渠道断面尺寸 b、m、h 及底坡 i，粗糙系数 n，求通过的流量（或流速）。

【例 6-1】 某渠道断面为矩形，按水力最优断面设计，底宽 $b=8m$，渠壁用石料砌成（$n=0.028$），底坡 $i=1/8000$。试校核能否通过设计流量 $20m^3/s$。

【解】 因渠道较长，断面规则，底坡一致，故可按均匀流计算。由于是水力最优矩形断面，所以有

水深 $$h=b/2=4m$$

过流断面 $$A=bh=8\times4=32m^2$$

湿周 $$\chi=2h+b=2\times4+8=16m$$

水力半径 $$R=A/\chi=32/16=2m$$

谢才系数 $$C=\frac{1}{n}R^{\frac{1}{6}}=\frac{1}{0.028}\times2^{\frac{1}{6}}=40.1m^{\frac{1}{2}}/s$$

流量 $$Q=AC\sqrt{Ri}=32\times40.1\times\sqrt{2\times\frac{1}{8000}}=20.3m^3/s$$

可见能够满足设计要求。若不能满足，就要调整 i 或 n 来满足设计要求。

（2）确定渠道底坡

已知渠道设计流量 Q，水深 h，底宽 b，粗糙系数 n 及边坡系数 m，求底坡 i。

这一类问题，相当于根据其他技术要求，拟定了断面形式、尺寸及护面情况，而计算底坡，可利用公式 $i=\dfrac{Q^2}{A^2C^2R}=\dfrac{Q^2}{K^2}$ 求解。

【例 6-2】 一棱柱体渠道，断面形状为矩形，渠道为钢筋混凝土护面（$n=0.014$），通过流量为 $Q=25.6m^3/s$，过流断面面积为 $5.1m^2$，水深 3.08m。问此渠道底坡应为多少？

【解】 $$\because i=\frac{Q^2}{K^2}$$

$$K=AC\sqrt{R} \quad C=\frac{1}{n}R^{\frac{1}{6}}$$

$$R=\frac{A}{\chi}=\frac{5.01\times3.08}{(5.1+2\times3.08)}=1.395m$$

$$C=\frac{1}{n}R^{\frac{1}{6}}=\frac{1}{0.014}\times1.395^{\frac{1}{6}}=75.5m^{\frac{1}{2}}/s$$

$$K=AC\sqrt{R}=5.1\times3.08\times75.5\sqrt{1.395}=1400m^3/s$$

$$\therefore i=\frac{Q^2}{K^2}=25.6^2/1400^2=1/3000$$

（3）确定渠道断面尺寸

已知 Q、i、m 及 n，求 b 和 h。我们从 $Q=AC\sqrt{Ri}=f$（m，b，h，n，i）可知，h 和 b 都隐含在关系式中，无法直接求解，须按下述试算——图解法进行计算。

1）已知 Q、i、m、n 和 b，求 $h=?$

试算——图解法的步骤如下，可先假设一系列 h 值，代入流量模数的计算公式，计算相应的 K 值，并绘成 h-K 曲线，然后根据已知流量 Q，计算相应的 K，在曲线上依据 K 即可查出要求的 h 值。

【例 6-3】 已知某梯形渠道流量 $Q=1\mathrm{m}^3/\mathrm{s}$，底坡 $i=0.0006$，当地为密实黏土（$n=0.03$），按施工和使用条件要求底宽 $b=1.5\mathrm{m}$，求该渠道的水深 h。

【解】 从已知的 Q，i 值计算 K 为

$$K=\frac{Q}{\sqrt{i}}=40.8\mathrm{m}^3/\mathrm{s}$$

假设 $h=1.0\mathrm{m}$、$0.9\mathrm{m}$、$0.85\mathrm{m}$、$0.80\mathrm{m}$，计算相应的 A、χ、R、C 及 K 值如表 6-3 所示：

计算结果   表 6-3

$h(\mathrm{m})$	$A(\mathrm{m}^2)$	$\chi(\mathrm{m})$	$R(\mathrm{m})$	$C(\mathrm{m}^{\frac{1}{2}}/\mathrm{s})$	$K(\mathrm{m}^3/\mathrm{s})$
1.0	2.50	4.33	0.58	30.44	57.96
0.9	2.16	4.05	0.53	29.98	47.14
0.85	2.00	3.90	0.51	29.69	42.41
0.80	1.84	3.76	0.49	29.59	38.11

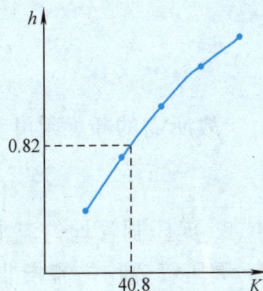

图 6-7 h-K 曲线

将上表绘作 h-K 曲线。在横坐标上，取 $K=40.8\mathrm{m}^3/\mathrm{s}$，引垂线和曲线相交，从交点引水平线，得 $h=0.82\mathrm{m}$，即为所求值，如图 6-7 所示。

2）已知 Q、i、m、n 和 h，求 $b=?$

这类问题解法，和上述已知 b 求 h 相类似，仅仅用 b 代替 h 即可。

3）已知 Q、v、i、n 和 m，要求设计渠道断面尺寸。

这类问题的计算步骤可通过下例来说明：

【例 6-4】 有一梯形渠道，已知 $Q=19.6\mathrm{m}^3/\mathrm{s}$，$v=1.45\mathrm{m/s}$，边坡系数 $m=1$，粗糙系数 $n=0.02$，底坡 $i=0.0007$。求所需的水深 h 及底宽 b。

【解】 对梯形断面

过流断面面积 $\qquad A=\left(\dfrac{b+B}{2}\right)h=(b+mb)h$

湿周 $\qquad\qquad\qquad \chi=b+2h\sqrt{1+m^2}$

由上两式可求得

$$h=\frac{-\chi\pm\sqrt{x^2+4A(m-2\sqrt{1+m^2})}}{2(m-2\sqrt{1+m^2})}$$

上式中的过流断面面积 A 及湿周 χ 可按下述方法求得

过流断面面积 $\qquad A=\dfrac{Q}{v}=\dfrac{19.6}{1.45}=13.5\text{m}^2$

水力半径

由 $\qquad\qquad\qquad v=C\sqrt{Ri}=\dfrac{1}{n}R^{\frac{2}{3}}i^{\frac{1}{2}}$

则 $\qquad\qquad R=\left(\dfrac{nv}{i^{\frac{1}{2}}}\right)^{\frac{3}{2}}=\left(\dfrac{0.02\times1.45}{0.0007^{\frac{1}{2}}}\right)^{\frac{3}{2}}=1.15\text{m}$

湿周 $\qquad\qquad \chi=\dfrac{A}{R}=\dfrac{13.5}{1.15}=11.7\text{m}$

将 A、χ 代入，即可求得所需水深

$$h=\dfrac{-11.7\pm\sqrt{11.7^2+4\times13.51(1+2\sqrt{1+1^2}\,)}}{2(1-2\sqrt{1+1^2}\,)}=\begin{cases}3.51\text{m}\\4.89\text{m}\end{cases}$$

则相应的底宽为

$$b=\chi-2\sqrt{1+m^2}\,h$$

$$=11.7-2\sqrt{1+1^2}\,h\begin{cases}h=1.15\text{m}\\h=4.89\text{m}\end{cases}\quad\text{时}\quad\begin{matrix}b=7.43\text{m}\\b<0\end{matrix}$$

故所需的断面尺寸为

$$h=1.51\text{m},\ b=7.43\text{m}$$

2. 无压圆管均匀流水力计算

无压管道均匀流指非满管均匀流，具有自由表面，且自由表面上气体压强均为大气压强，水面线实际上就是测压管水头线。

生产和生活中的排水管道，一般都须按非满流设计，即无压流。无压流是在重力作用下的流动，所以又称重力流。在实际工程中无压均匀流很难达到，为了便于计算，我们常常把流体在一定范围内接近均匀流的非满管流视为无压均匀流进行水力计算。

（1）圆管断面水力要素

如图 6-8，设圆管断面直径为 d，水深为 h，水面弦长所对圆心角 θ，现根据几何关系来求出过流断面面积 A，湿周 χ，水力半径 R 的表达式。

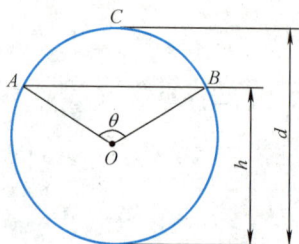

图 6-8 圆管断面

从图中看出：

面积 $A=$ 圆面积$-$扇形面积（$OACB$）$+$三角形面积（OAB）

即

$$A=\dfrac{\pi}{4}d^2-\dfrac{\pi}{4}d^2\dfrac{\theta}{2\pi}+\dfrac{d^2}{4}\sin\dfrac{\theta}{2}\cos\dfrac{\theta}{2}$$

$$=\dfrac{\pi}{4}d^2-\dfrac{d^2}{8}\theta+\dfrac{d^2}{8}\sin\theta$$

$$=\left(\dfrac{1}{4}\pi-\dfrac{\theta}{8}+\dfrac{\sin\theta}{8}\right)d^2$$

$$\chi = \pi d - \frac{d}{2}\theta = d\left(\pi - \frac{\theta}{2}\right)$$

$$R = \frac{A}{\chi} = \frac{d}{4}\left(1 + \frac{\sin\theta}{2\pi\theta}\right)$$

上式中

$$\frac{\theta}{2} = \arccos\left(\frac{h - \frac{d}{2}}{\frac{d}{2}}\right) = \arccos\left(\frac{2h}{d} - 1\right)$$

可见水力要素 A，χ，R 都是直径 d 和水深 h 的函数。

（2）无压圆管均匀流水力计算

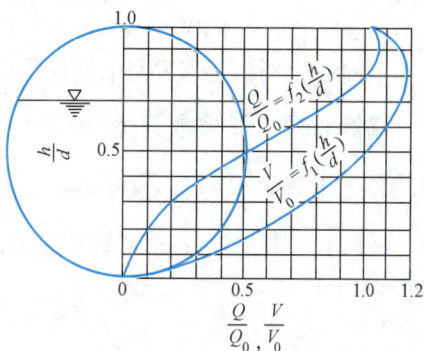

无压圆管均匀流流速计算公式仍是谢才公式，即

$$v = C\sqrt{Ri}$$

而流量公式为

$$Q = vA = AC\sqrt{Ri} = K\sqrt{i}$$

计算谢才系数 C，可采用曼宁公式，即

$$C = \frac{1}{n}R^{\frac{1}{6}}$$

若将曼宁公式计算的 C 值分别代入上述流速及流量公式，得

$$v = \frac{1}{n}R^{\frac{2}{3}}i^{\frac{1}{2}} \tag{6-11}$$

$$Q = \frac{A}{n}R^{\frac{2}{3}}i^{\frac{1}{2}} \tag{6-12}$$

图 6-9　圆管输水性能曲线

以上公式是按满管流进行计算的。而在排水系统中，常采用非满流圆形管道，因此，我们首先介绍充满度的概念。所谓充满度，是指无压圆管中水流深度与管径的比值，即 h/d。一般情况下，排水管道的充满度 $h/d < 1$，为非满流。计算圆形管道非满流的流速和流量是比较复杂的，为了便于计算，并能利用满流时的计算资料，可根据不同的充满度，与不满流和满流的流速比和流量比的数值建立关系，绘制输水性能曲线图，如图 6-9 所示，以供非满流的水力计算使用。

在下面计算中，以 Q、v 分别表示非满流时的流量和流速；以 Q_0、v_0 分别表示满流时的流量和流速，则

流速比

$$\frac{v}{v_0} = \frac{C\sqrt{Ri}}{C_0\sqrt{R_0 i}} = \frac{\frac{1}{n}R^{\frac{1}{6}}\sqrt{Ri}}{\frac{1}{n}R_0^{\frac{1}{6}}\sqrt{R_0 i}} = \left(\frac{R}{R_0}\right)^{\frac{1}{6}+\frac{1}{2}}$$

$$= \left(\frac{R}{R_0}\right)^{\frac{2}{3}} = f_1\left(\frac{h}{d}\right) \tag{6-13}$$

流量比
$$\frac{Q}{Q_0}=\frac{Av}{A_0 v_0}=\frac{A}{A_0}\left(\frac{R}{R_0}\right)^{\frac{2}{3}}=f_2\left(\frac{h}{d}\right) \tag{6-14}$$

由于非满流与满流的流速比和流量比都是充满度$\frac{h}{d}$的函数，所以在图 6-9 中，上边的曲线表示充满度与流量比的关系，下边的曲线表示充满度与流速比的关系。

图 6-9 中的曲线是通过式（6-13）、式（6-14）计算所得结果绘制的。

在图 6-9 中，我们可以看出无压管水流的一些特点。

1）当$\frac{h}{d}=0.95$时，$\frac{Q}{Q_0}$为最大值，即

$$\left(\frac{Q}{Q_0}\right)_{\max}=1.087$$

这说明无压管流中，通过最大的流量并不在满流时，而在充满度为$\frac{h}{d}=0.95$时。

2）当$\frac{h}{d}=0.81$时，$\frac{v}{v_0}$为最大值，即

$$\left(\frac{v}{v_0}\right)_{\max}=1.16$$

这说明无压管流中，通过最大的流速也不在满流时，而在充满度为$\frac{h}{d}=0.81$时。

以上特点是由于圆形断面，若充满度超过某一数值后，继续增加，则过水断面面积增长率不如湿周增长率来得快，因此水力半径反而减小了，从而影响流量和流速的增长。

下面通过例题，来说明如何使用输水性能曲线进行无压圆管水流的水力计算。

【例 6-5】 某排水管道管径 $d=150\text{mm}$，坡度 $i=0.008$，管道的粗糙系数 $n=0.013$，充满度$\frac{h}{d}=0.7$，试求排水管道内污水流速和流量。

【解】 根据式（6-11）计算满流流速和流量

$$v_0=\frac{1}{n}R^{\frac{2}{3}}i^{\frac{1}{2}}=\frac{1}{n}\left(\frac{d}{4}\right)^{\frac{2}{3}}i^{\frac{1}{2}}$$

$$=\frac{1}{0.013}\left(\frac{0.15}{4}\right)^{\frac{2}{3}}(0.008)^{\frac{1}{2}}=0.77\text{m/s}$$

$$Q_0=v_0 A_0=v_0\frac{\pi}{4}d^2$$

$$=0.77\times0.785\times(0.15)^2=0.0136\text{m}^3/\text{s}$$

从图 6-9 中可以查得，当充满度$\frac{h}{d}=0.7$时，流速比和流量比为

$$\frac{v}{v_0}=1.13 \qquad \frac{Q}{Q_0}=0.86$$

所以管中实际流速和流量为
$$v=1.13v_0=1.13\times0.77=0.87\text{m/s}$$

$$Q=0.86Q_0=0.86\times0.0136=0.0117\text{m}^3/\text{s}=11.7\text{L/s}$$

【例 6-6】 某工厂的生产废水采用混凝土管道排除，粗糙系数 $n=0.014$，排除废水流量 $Q=60\text{L/s}$，管道坡度 $i=0.007$，最小允许流速 $v_{\min}=0.7\text{m/s}$，试求管道直径。

【解】 按下列步骤进行水力计算。

（1）先按满流情况试选管径。

由于 $Q=\left(\dfrac{\pi}{4}d^2\right)v$，所以

$$d=\sqrt{\frac{4Q}{\pi v}}=\sqrt{\frac{4\times0.06}{3.14\times0.7}}=0.33\text{m}$$

先初选偏安全的规格管径 $d=350\text{mm}$。

（2）根据初选管径计算其满流时流速和流量。

$$v_0=\frac{1}{n}R_0^{\frac{2}{3}}i^{\frac{1}{2}}=\frac{1}{n}\left(\frac{d}{4}\right)^{\frac{2}{3}}i^{\frac{1}{2}}$$

$$=\frac{1}{0.014}\left(\frac{0.35}{4}\right)^{\frac{2}{3}}(0.007)^{\frac{1}{2}}=1.18\text{m/s}$$

$$Q_0=\frac{\pi}{4}d^2v=0.785\times(0.35)^2\times1.06=0.11\text{m}^3/\text{s}$$

（3）计算流量比，再从曲线图中求出充满度和流速比。

$$\frac{Q}{Q_0}=\frac{0.060}{0.11}=0.55$$

在图 6-9 中查得，当 $\dfrac{Q}{Q_0}=0.55$ 时，充满度和流速比分别为 $\dfrac{h}{d}=0.52$，$\dfrac{v}{v_0}=1.02$。

（4）计算管中实际流速。

$$v=1.02v_0=1.02\times1.18=1.2\text{m/s}>0.7\text{m/s}$$

由于实际流速大于最小允许流速，所以试选管径符合要求，确定管径 $d=350\text{mm}$ 符合要求。

6.4 明渠非均匀流形成条件及水力特征

6.4.1 明渠非均匀流形成条件

学习明渠均匀流之后已知：产生明渠均匀流的条件是渠道断面、形状、尺寸、底坡和粗糙率均沿程不变，并且渠道上没有修建任何对水流产生干扰的水工建筑物。但是在实际工程中，常常需要在河道上修建水工构筑物，例如架桥、设涵、筑坝、建闸，如图 6-10 所示。不言而喻，在我们兴建这些水工构筑物的同时，也破坏了形成明渠均匀流的条件，使水流由等速、等深的均匀流转变为明渠非均匀流。

除人为因素以外，河渠在大自然作用下，其过水断面面积大小及底坡也经常发生变化，这些也会导致水流产生非均匀流动。

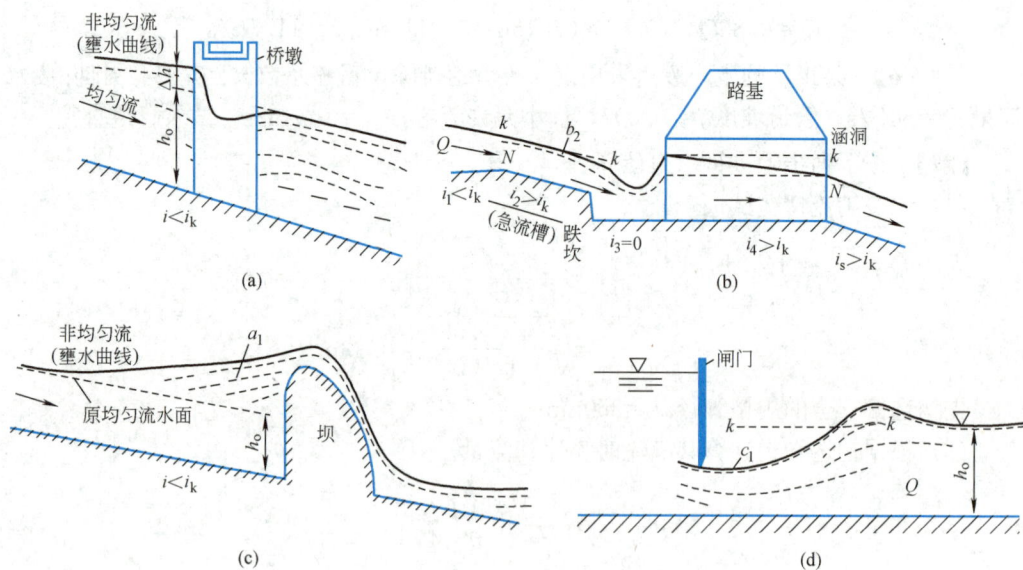

图 6-10　明渠非均匀流动

6.4.2　明渠非均匀流的水力特征

非均匀流可分为渐变流和急变流。在明渠中渐变流的水深可能沿程逐渐增大，也可能逐渐减小，从而形成我们常见的壅水曲线或降水曲线；而明渠中急变流的水深可以在局部急剧增大，也可以在局部突然降低，从而形成我们常见的水跃或水跌。如图 6-11 所示。以上我们谈及的壅水、降水、水跃及水跌是明渠非均匀流最重要的四种基本水流现象，这些水流现象和水流的形态是密不可分的。

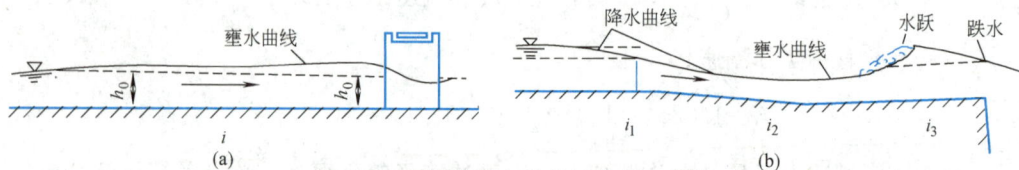

图 6-11　明渠非均匀流的四种水流现象

在非均匀流中，重力与摩擦力是不平衡的，当重力大于摩擦力时水流加速流动，而当重力小于摩擦力时水流减速流动，这就是非均匀流的水深时而增加时而减小的根本原因。非均匀流的水力特征是水深 h 与流速 v 沿程变化，其总水头线、测压管水头线与渠底线互不平行，即水力坡度、水面坡度与渠底坡度彼此不相等，如图 6-12 所示。

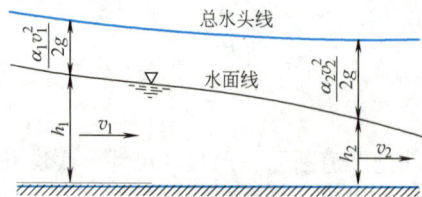

图 6-12　明渠非均匀流动

$$J \neq J_P \neq I$$

当渠道断面形状沿程改变时，其过水断面面积仅与水深有关，其函数关系为 $A = f(h)$，这种渠道称为棱柱形渠道，人工渠道一般属于这一种。对于断面尺寸沿程变化不大的天然河道及桥涵内的水流，可以近似地按此类渠道进行水力计算。但是断面尺寸沿程变化较大的渠道，其过水断面不仅与水深有关，而且沿流程长度发生变化，其函数关系为 $A = f(h、L)$，这种渠道称为非棱柱形渠道，天然河道、连接矩形与梯形的过渡段一般属于这一种。

在实际工程中，明渠水流大多为非均匀流，因此研究非均匀流的规律具有十分重要的意义。但非均匀流比均匀流要复杂得多，而在非棱柱形渠道中发生非均匀流则更复杂。本章主要讨论棱柱形渠道中的恒定非均匀流，即 $A=f(h)$ 的渠道。

6.5　断面比能和临界状态

6.5.1　断面比能和临界状态

如图 6-13 所示，在明渠渐变流的任一过水断面中，单位重量液体对基准面 0—0 的总机械能 E 为

$$E=Z_A+\frac{P_A}{\rho g}+\frac{\alpha v^2}{2g}=Z+h+\frac{\alpha v^2}{2g} \qquad (6\text{-}15)$$

式中 　Z——过水断面最低点到基准面 0—0 的铅垂
距离，m；

　　　　h——过水断面最大水深，m。

由于 Z 的大小取决于基准面位置，所以如果把基准面 0—0 移至过水断面的最低点 $0'$—$0'$ 位置，则单位重量液体的机械能就等于单位断面能量。

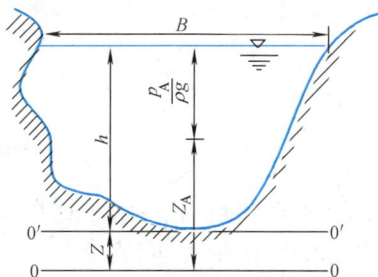
图 6-13　明渠渐变流横断面

$$e=h+\frac{\alpha v^2}{2g}=h+\frac{\alpha Q^2}{2gA^2} \qquad (6\text{-}16)$$

式中　e——断面单位能量或断面比能。

应该注意的是断面比能 e 和单位重量液体的机械能 E 是两个不同概念。在均匀流中，水深 h 及流速 v 均沿程不变，因此断面比能 e 沿程不变；而在非均匀流中，水深 h 及流速 v 均沿程改变，且可能增大也可能减小，所以断面比能 e 沿程改变。但无论是在非均匀流中还是在均匀流中，受单位重力作用的液体的机械能 E 却总是沿程减小的。

6.5.2　临界水深

临界水深是指在断面形状和流量给定的条件下，相应于最小断面比能的水深。用 h_K 表示，如图 6-14 所示。将式（6-16）对水深 h 求导取极值

$$\frac{\mathrm{d}e}{\mathrm{d}h}=1-\frac{\alpha Q^2 B}{gA^3}=0 \qquad (6\text{-}17)$$

求解得

$$\frac{\alpha Q^2}{g}=\frac{A_k^3}{B_k} \qquad (6\text{-}18)$$

式（6-18）是临界水深 h_k 的隐函数式。式中，A_k 和 B_k 分别表示过水断面面积和水面宽，均为 h_k 的函数。

根据不同形状的断面几何特征，可应用式（6-18）求解临界水深。下面分别介绍工程中最为常见的矩形断面与梯形断面临界水深的计算方法。

1. 矩形断面临界水深计算方法

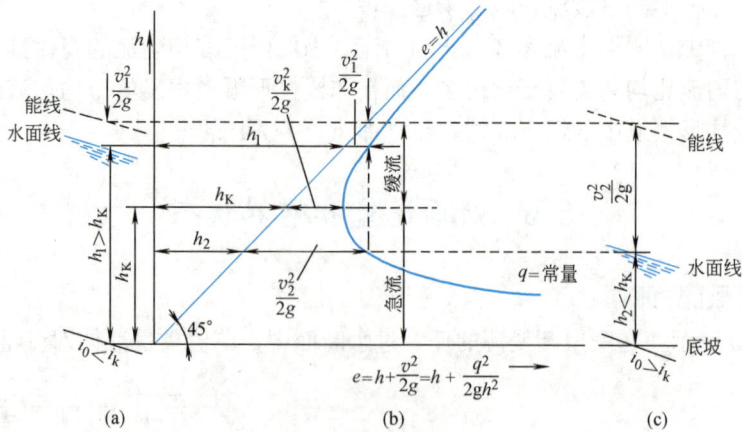

图 6-14 断面比能示意

(a) 缓流断面；(b) 比能曲线；(c) 急流断面

对于矩形断面临界水深的求解，可直接由公式解得。由于矩形断面中，$A=bh$，$b=B$，代入式（6-18）可得：

$$\frac{\alpha Q^2}{g}=\frac{(bh_k)^3}{b}=b^2 h_k^3$$

则

$$h_k=\sqrt[3]{\frac{\alpha Q^2}{g b^2}}=\sqrt[3]{\frac{\alpha q^2}{g}} \qquad (6\text{-}19)$$

式中 $q=\dfrac{Q}{b}$——单宽流量，$m^3/(s\cdot m)$。

由于 $q=v_k\cdot h_k$，代入式（6-19）并加以整理后得：

$$h_k=\frac{\alpha v_k^2}{g}=2\times\frac{\alpha v_k^2}{2g} \qquad (6\text{-}20)$$

令 $\alpha=1.0$，式（6-20）还可写成

$$v_k=\sqrt{g h_k} \qquad (6\text{-}21)$$

2. 梯形断面临界水深计算方法

对于梯形断面，式（6-18）的转化形式为高次方程，直接求解较为复杂，因此，为了使计算简化，常采用试算法。试算法求解临界水深 h_k 的步骤如下：

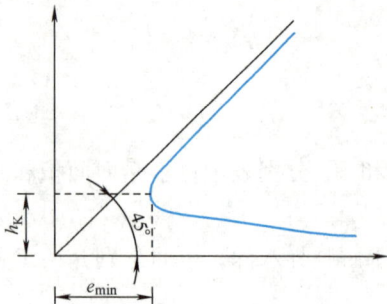

图 6-15 临界水深 h_K 的求解示意

（1）对于给定的断面，设不同的 h 值；（2）求出与各 h 值相应的 $\dfrac{A^3}{B}$ 值；（3）以 $\dfrac{A^3}{B}$ 为横坐标、h 为纵坐标作图（图 6-15）；（4）求 h_K；

由于 $\dfrac{\alpha Q^2}{g}=\dfrac{1.1\times 30^2}{9.8}=101.02$，所以在横坐标 $\dfrac{A^3}{B}$ 轴上截取 101.02 作垂线与曲线相交，得到 $h_k=1.17m$。

【例 6-7】 底宽 $b=10\mathrm{m}$，边坡系数 $m=1.0$ 的梯形渠道，已知流量 $Q=30\mathrm{m}^3/\mathrm{s}$，求临界水深 h_{K}（取 $\alpha=1.1$）。

【解】 按上述方法作图进行计算，计算过程见表 6-4。

计算过程　　　　　　　表 6-4

h	$B=b+2mh$	$A=h(b+mh)$	A^3/B
0.25	10.5	2.563	1.60
0.50	11.0	5.25	13.16
0.75	11.5	8.06	45.58
1.0	12.0	11.0	110.92
1.5	13.0	17.25	394.84
2.0	14.0	24.0	987.43
3.0	16.0	39.0	3707.44
4.0	18.0	56.0	9756.44

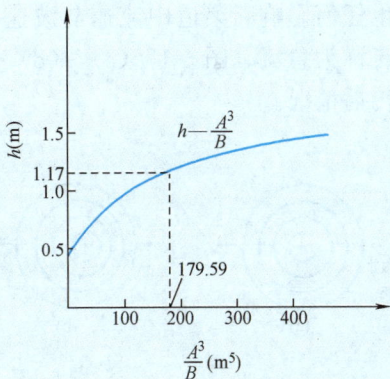

图 6-16　$h-\dfrac{A^3}{B}$ 曲线

现根据上表做出 $h-\dfrac{A^3}{B}$ 的曲线，如图 6-16 所示。

6.5.3　临界坡度

在棱柱形渠道中，当断面形状、尺寸和流量一定时，则 h_k 一定，但渠道中的正常水深 h_0（相对应于渠道底坡 i 作均匀流动时的水深，称为正常水深，用 h_0 表示），却随着渠道底坡的变化而变化。若水流的正常水深 h_0 恰好等于临界水深 h_k，此时渠道坡度称为临界坡度或临界底坡，用 i_k 表示。在顺坡渠道中，如果实际的渠道底坡小于某一流量下的临界坡度，即 $i<i_k$，则此时的 $h_0>h_k$，这种渠道底坡称为缓坡；如果 $i=i_k$，此时 $h_0=h_k$，这种渠道底坡称为临界坡；如果 $i>i_k$，此时 $h_0<h_k$，那么这种渠道底坡就称为陡坡。

值得注意的是，对渠道底坡的缓坡、临界坡和陡坡的划分并不是固定不变的。因为临界底坡 i_k 随渠道内的流量变化而变化，如果渠道内流量发生变化，相应的 i_k 和 h_k 也会变化，那么 i 与 i_k 的相互关系也会发生变化，从而对该渠道的缓坡、陡坡的划分也会随之改变。

【例 6-8】 底宽 $b=6\mathrm{m}$ 的矩形渠道，通过流量 $Q=30\mathrm{m}^3/\mathrm{s}$。当此渠道作均匀流时，正常水深 $h_0=2\mathrm{m}$，粗糙系数 $n=0.025$。试分别用 h_k 判别该渠道属何种底坡。

【解】 用 h_k 判别，采用式（6-19）计算 h_k。

$$h_k=\sqrt[3]{\frac{\alpha Q^2}{gb^2}}=\sqrt[3]{\frac{30^2}{9.8\times6^2}}=1.37\mathrm{m}$$

因为 $h_0=2>h_k$（1.37m），故此渠道底坡为缓坡。

6.5.4　明渠流的流动形态及判别准则

为了分析明渠水流的三种流动形态，现进行一个简单水流现象的观察实验。若在静止渠水中丢下一块石块，此时水面将产生一个微小波动，这个波动以石块着落点为中心，以一定波速 c（可以证明，这个微波的传播速度正好等于临界流速，证明略）向四周传播，如果渠道中的流速 v 小于波速 c，该微波将以绝对速度 $v'=v-c$ 向上游传播，同时又以绝对速度 $v'=v+c$ 向下游传播。具有这种特征的水流称为缓流。当渠道中的流速 v 等于或大于波速时，微波只能以绝对速度 $v'=v+c$ 向下游传播，而对上游水流不发生任何影响。渠道中流速与波速相等的水流称为临界流，而渠道中流速大于波速的水流称为急流。图 6-17（a）～（d）分别表示微波在静止水流、缓流、临界流和急流中的传播情况。

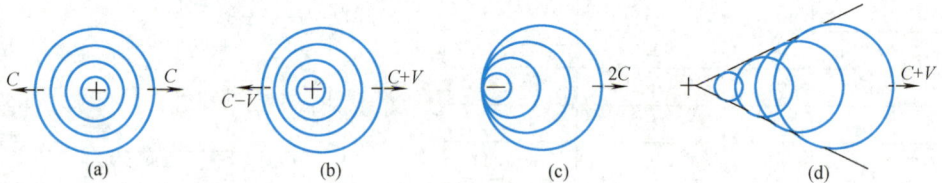

图 6-17 微波在各流态中的传播
（a）静止水流；（b）缓流；（c）临界流；（d）急流

从以上观察实验中，我们了解到实际水流存在三种流动形态，这三种水流形态与水流实际流速有关。当明渠水流的水深等于临界水深时，则渠道中水流速度为临界流速，用 v_k 表示，而此时的水流状态称为临界流；那么当渠道中实际流速小于临界流速时，此流动形态称为缓流；若实际流速大于临界流速时，则称为急流。

由此，得出第一种明渠流的流动形态判别准则：

当 $v<v_k$，水流为缓流；

　　$v=v_k$，水流为临界流；

　　$v>v_k$，水流为急流。

第二种判别准则可从图 6-14 中分析看出，临界水深把比能函数曲线分成上下两支。

上支：$h>h_k$，则 $v<v_k$，为缓流；

下支：$h<h_k$，则 $v>v_k$，为急流；

至于极值点，$h=h_k$，则 $v=v_k$，为临界流。

【例 6-9】 底宽 $b=6$m 的长直矩形断面渠道，通过的流量 $Q=30$m^3/s。若渠道内某断面水深 $h=2$m，试判别水流流态。

【解】（1）采用临界速度判别。

$$v_k=\sqrt{gh_k}=\sqrt{9.8\times1.37}=3.66\text{m/s}$$

而实际 $v=2.5$m/s$<v_k$（3.66m/s），水流为缓流。

（2）用临界水深来判别。

$$h_k=\sqrt[3]{\frac{\alpha Q^2}{gb^2}}=\sqrt[3]{\frac{1\times30^2}{9.8\times6^2}}=1.37\text{m}$$

因为 $h=2$m$>h_k$，故水流属缓流。

6.6 水跌与水跃

水跌与水跃是自然界和实际工程中常见的水力现象，这两种水力现象有何特点及作用呢？下面将予以进一步探讨。

6.6.1 水跌

先做一个观察实验，如图 6-18（a）所示，由于过坎后水流为自由跌落，因为重力比阻力大得多，引起在跌坎上游附近水面急剧下降，并以临界流的状态通过突变的 D 断面处，由缓流转变为急流，形成水跌现象。

很显然此时明渠水流从缓流过渡到急流，即水深从大于临界水深减小到小于临界水深时，水面有急剧而平顺的降落，这种降落现象称为水跌。

可以根据 D 处的断面及给定的流量，绘出 $e=f(h)$ 曲线，如图 6-18（b）所示。在缓流状态下，当水深由 h_0 逐渐减小时，断面比能将沿 e 曲线上支线 N' 向 K 减小。显然，在重力作用下，跌坎上的水深最低只能降到临界水深的数值，即 $h_D=h_k$。因为在这种情况下，水流断面比能已达最小值 e_{min}，所以跌坎上的极限最小水深是临界水深。

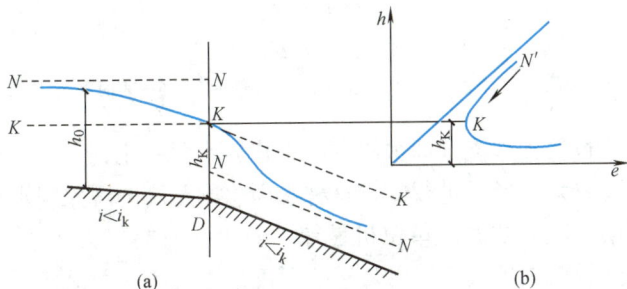

图 6-18 水跌现象

上述理论是根据渐变流的条件得出的。跌坎处水流流线弯曲程度较大，属急变流，因此上述结论与实际情况之间有误差。实验证明，临界水深发生在跌坎偏上游处，但两者相差甚小，所以可认为水流条件突然改变就发生在跌坎断面处。

【例 6-10】 涵洞上游的急流槽与河沟衔接，如图 6-10（b）所示。已知 $Q=4\text{m}^3/\text{s}$，跌坎断面为矩形，底宽 $b=2.5\text{m}$，边坡系数 $\alpha=1$，$i_河=0.014$，$i_槽=0.32$（i_k 正好在两坡之间）。求跌坎处的水深及流速。

【解】 因为天然河沟与人工陡槽衔接之处水深是由缓坡到急坡，所以跌坎处的水深为临界水深。

因系矩形断面，故

$$h_k=\sqrt[3]{\frac{\alpha Q^2}{gb^2}}=\sqrt[3]{\frac{4^2}{9.8\times2.5^2}}=0.261\text{m}$$

求得 h_k 为 0.261m。

跌坎处的临界流速为

$$v_k=\sqrt{gh_k}=\sqrt{9.8\times0.261}=1.60\text{m/s}$$

6.6.2 水跃

1. 水跃现象

学习水跃现象之后，我们再看这样一个实验，如图 6-19 所示。水从构筑物上溢下产生急流，见图 6-19（a）；然后把尾门关小，使下游水深增加以形成缓流。这样，水流势必由急流向缓流过渡而形成水跃，见图 6-19（b）。

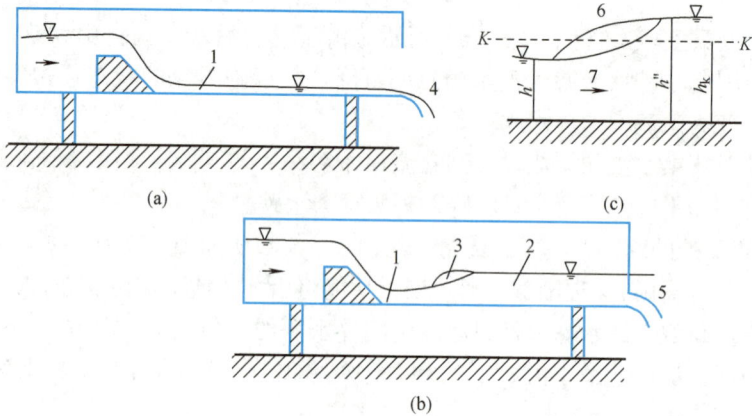

图 6-19　水跃现象

1—急流；2—缓流；3—水跃；4—尾门全开；5—尾门落下；6—表面水滚区；7—主流区

这种水流从急流过渡到缓流（即水深从小于临界水深变化到大于临界水深时）是以自由水面突然增高（飞跃）的形式进行的，这种水面急剧升高的现象叫水跃。

有实验资料表明，跃前断面的单位机械能，经水跃后要损失 $45\% \sim 60\%$，跃后水深 h'' 越大，则水跃中能量损失越大。所以，水跃不仅是水流的一种衔接形式，在工程上也作为一种有效的消能措施加以利用。

2. 水跃的水力计算

如图 6-20 所示，水跃前后存在着两个不同的水深 h' 和 h''，并且二者一一对应，被称为共轭水深。二者之差称为水跃高度，跃前、跃后两断面间的水平距离称为水跃长度。水跃计算主要是求共轭水深以及计算水跃长度。

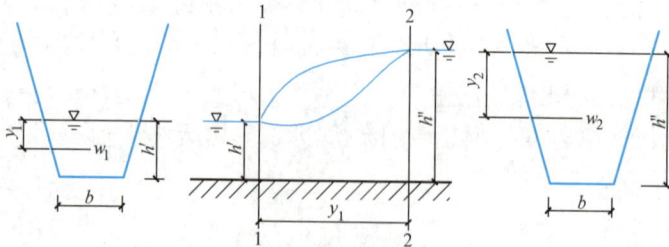

图 6-20　水跃方程

（1）水跃方程——共轭水深计算

由于水跃区的水流极为紊乱，无法应用能量方程式计算水跃中的能量损失。水跃前、后水深变化与流速变化紧密相连，跃后水深与跃前水深形成的压力差，促使水流动量减小，从而流速减小。因此，用动量方程来求解。

由此可以导出共轭水深计算式：

$$h' = \frac{h''}{2}\left(\sqrt{1+\frac{8h_k^3}{h''^3}}-1\right) = \frac{h''}{2}\left(\sqrt{1+\frac{8q^2}{gh''^3}}-1\right) \tag{6-22}$$

$$h'' = \frac{h'}{2}\left(\sqrt{1+\frac{8h_k^3}{h'^3}}-1\right) = \frac{h'}{2}\left(\sqrt{1+\frac{8q^2}{gh'^3}}-1\right) \tag{6-23}$$

因矩形断面河渠的佛汝德数 $F_r = v^2/gh = q^2/h^2/gh = q^2/gh^3$，将其代入以上两式，则

$$h' = \frac{h''}{2}\left(\sqrt{1+8F_{r2}}-1\right) \tag{6-24}$$

$$h'' = \frac{h'}{2}\left(\sqrt{1+8F_{r1}}-1\right) \tag{6-25}$$

式中，F_{r1}、F_{r2}——分别为跃前和跃后断面的佛汝德数。

（2）水跃长度计算

实验表明，由水跃造成的能量损失绝大部分都集中在水跃区域，只有极小部分的能量损失发生于跃后流段 L_0，如图 6-21 所示。因此可以认为水跃能量损失完全发生在水跃段内。但是，在计算水跃长度时，并不能忽略 L_0 的存在。即

$$L = L_y + L_0 \tag{6-26}$$

式中　L——水跃长度，m；

　　　L_y——水跃段长度，m；

　　　L_0——跃后段长度，m。

水跃长度决定着有关河段应加固的长短，具有重要的实际意义。但由于水跃运动复杂，目前还没有严格的理论计算公式，而用经验公式来求得，即

图 6-21　水跃区域与跃后段
(1)—水跃段；(2)—跃后段

$$L_y = 4.5h'' \tag{6-27}$$

$$L_0 = (2.5\sim3)L_y \tag{6-28}$$

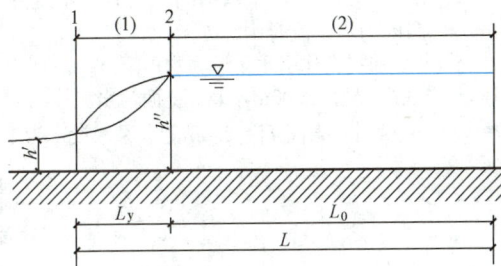

【例 6-11】　一矩形消力池，宽 $b = 3.5\text{m}$，池内收缩断面水深 $h_c = 0.25\text{m}$，$Q = 6.5\text{m}^3/\text{s}$，求与 h_c 相应的共轭水深 h''。

【解】　池内单宽流量

$$q = \frac{Q}{b} = \frac{6.5}{3.5} = 1.857\text{m}^2/\text{s}$$

其共轭水深为

$$h'' = \frac{h_c}{2}\left(\sqrt{1+\frac{8q^2}{gh_c^3}}-1\right) = \frac{0.25}{2}\left(\sqrt{1+\frac{8\times1.857^2}{9.8\times0.25^3}}-1\right) = 1.68\text{m}$$

📖 知识链接

人工天河——红旗渠

　　红旗渠位于河南安阳林州市，是全国重点文物保护单位，被誉为世界第八大奇迹，是 20 世纪 60 年代林县（今林州市）人民在极其艰难的条件下，历时十年，从太行山腰修建的引漳入林的工程，被人称之为"人工天河"。

扫描二维码
看全部内容

✏️ 习题

　　6-1　胜利村新建梯形雨排水土渠，按均匀流设计，已知水深 $h=1.2$m，底宽 $b=2.4$m，边坡系数 $m=1.5$，粗糙系数 $n=0.025$，底坡 $i=0.0016$。求流速 v 和流量 Q。

　　6-2　文明村农田灌溉采用梯形土质渠道，按均匀流设计。根据渠道等级、土质情况，选定底坡 $i=0.001$，$m=1.5$，$n=0.025$，渠道设计流量 $Q=4.2$m³/s，并选定水深 $h=0.951$m，试设计渠道底宽 b。

　　6-3　民主村引水渠道进水口后接一方圆形引水隧洞，断面尺寸如图 6-22 所示，底宽 $b=2.2$m，矩形断面高 $H=1.8$m，半圆形断面直径与底宽相同。$n=0.018$，$i=0.0022$，试求当引水流量 $Q=5$m³/s，洞内为均匀流时水深 h。

　　6-4　富强村新建引水渠道为农田灌溉，断面为矩形（图 6-23），槽宽 $b=1.5$m，槽长 $L=116.5$m，进口处渠底高程为 52.06m，渠身壁面为水泥抹面 $n=0.011$，水流在渠中作均匀流动。当通过设计流量 $Q=7.65$m³/s 时，渠高 $H=2.0$m，水深 h 设定为 1.7m，试设计渠底坡度 i 及出口处渠底高程。

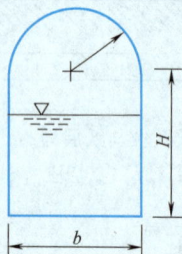

图 6-22　题 6-3 图

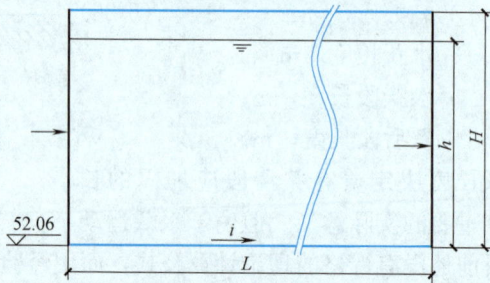

图 6-23　题 6-4 图

　　6-5　和谐小区建设排水管道，排水管道管径 $D=200$mm，坡度 $i=0.005$，管道的粗糙系数 $n=0.013$，充满度 $h/d=0.7$，试求排水管道内污水的流速和流量。

　　6-6　诚信小区的生活污水采用混凝土管道排除，小区排水流量 $Q=80$L/s，粗糙系数 $n=0.014$，管道坡度 $i=0.007$，最小允许流速 $v_{min}=0.7$m/s，试求管道直径。

　　6-7　爱国村建一条矩形断面引水渠道，底宽 $b=5$m，粗糙系数 $n=0.015$，底坡 $i=0.003$，试计算该明渠通过流量 $Q=10$m³/s 时的临界底坡，并判别渠道是缓坡还是陡坡。

习题解析及
参考答案

Chapter 07

教学单元**7**
堰流

教学目标

1. 掌握堰和堰流的概念。
2. 掌握堰的分类，理解堰流基本方程。
3. 理解薄壁堰、实用堰、宽顶堰的概念及计算。

堰流

7.1 堰流及其特征

7.1.1 堰和堰流

在水利工程中，为防洪、灌溉、航运、发电等要求，需修建溢流坝、水闸等控制水流的水工建筑物。堰是顶部过流的水工建筑物。在明渠中，经堰顶部溢流而过的水流现象称为堰流。

堰流有如下水力特征：

（1）在堰顶上由于堰的上游水流受阻，水面壅高。因此，势能转化为动能，水深变小，速度变大，动能增大。在溢流过程中，水面有下跌现象。

（2）堰流属急变流，因此，在计算堰流时，主要考虑局部阻力，其沿程阻力可忽略。

（3）在惯性作用下，水流溢过堰顶时，均会有脱离堰（构筑物）的趋势，在表面张力作用下，液流的自由表面会有收缩现象。

7.1.2 堰的分类

堰一般以堰顶宽度 δ 与堰上水头 H 的比值来进行分类。

1. 薄壁堰（$\delta/H \leqslant 0.67$）

当 $\delta/H \leqslant 0.67$ 时，堰顶宽度较小，堰前水流由于受堰壁的阻挡，在惯性作用下，水舌下缘流速方向与堰壁边缘切线方向一致。水舌离开堰顶后，在重力作用下，自然回落。因此，堰顶与堰上水流只有一条线的接触，堰宽对水流无影响，这种堰称为薄壁堰。薄壁堰主要作为测量流量的设备（图 7-1）。

2. 实用堰（$0.67 < \delta/H \leqslant 2.5$）

当 $0.67 < \delta/H \leqslant 2.5$ 时，堰顶宽度较大，回落水舌受到堰宽影响，因此堰顶与堰上水流是面的接触，这样的堰称为实用堰。实用堰的剖面有连续曲线型（图 7-2a）和折线型（图 7-2b）。实际水利工程中的溢流坝一般都采用实用堰。

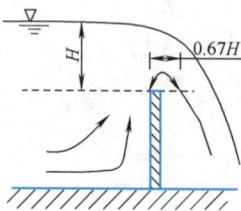

图 7-1 薄壁堰

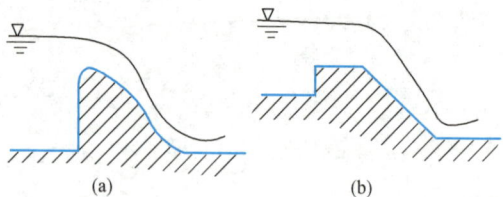

图 7-2 实用堰

3. 宽顶堰（$2.5 < \delta/H \leqslant 10$）

当 $2.5 < \delta/H \leqslant 10$ 时，堰顶宽度很大，对水流影响显著，水流在进入堰顶时形成一次跌落后，由于水流受堰顶部的顶托而形成一段与堰顶近乎平行的水流；当下游水位较低时，水流在流出堰顶时将产生第二次跌落。这种流动称为宽顶堰流，如图 7-3 所示。

当 $\delta/H > 10$，水流经过该构筑物的流程较长，沿程阻力不能忽略，此时堰流理论已不适用，要用明渠流理论来讨论。

7.1.3 堰流基本方程

为了推导堰流基本方程。以宽顶堰为例（图 7-4），在宽顶堰的上游渐变流断面处取

1—1 断面，在堰顶上收缩断面处取 c—c 断面，以堰顶为基准面，列上述两断面的能量方程。

$$H+\alpha_0\,\frac{v_0^2}{2g}=h_{c0}+\alpha\,\frac{v_c^2}{2g}+\zeta\,\frac{v_c^2}{2g} \tag{7-1}$$

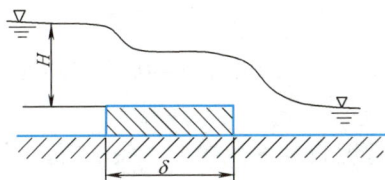

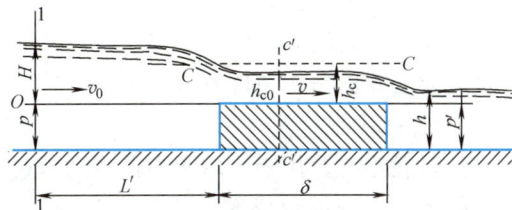

图 7-3　宽顶堰　　　　　　　图 7-4　堰流基本方程的推导示意

现设 $H_0=H+\alpha_0\,\dfrac{v_0^2}{2g}$ 为堰流的作用水头，又收缩断面的水深 h_{c0} 与 H_0 有关，令 $h_{c0}=kH_0$，k 为修正系数，它取决于堰口的形状和过流断面的变化，α_0 和 α 为相应断面的动能修正系数，ζ 是局部阻力系数。将此代入上式得

$$v_c=\frac{1}{\sqrt{\alpha+\zeta}}\sqrt{1-k}\sqrt{2gH_0}=\varphi\sqrt{1-k}\sqrt{2gH_0} \tag{7-2}$$

$$Q=v_c h_{c0}b=v_c kH_0 b=\varphi k\sqrt{1-k}\,b\sqrt{2g}\,H_0^{\frac{3}{2}}=mb\sqrt{2g}\,H_0^{\frac{3}{2}} \tag{7-3}$$

式中　b——堰宽，m；

　　　φ——流速系数，$\varphi=\dfrac{1}{\sqrt{\alpha+\zeta}}$；　　　　　　　　　　　　　　　　(7-4)

　　　m——流量系数，$m=\varphi k\sqrt{1-k}$。　　　　　　　　　　　　　　　(7-5)

上述流速和流量公式，均为无侧向收缩堰流的基本方程。如堰流存在侧向收缩以及堰下游水位对堰流的出水能力产生影响，应用该基本方程时必须进行修正。

7.2　薄壁堰与实用堰

按堰口形状不同，薄壁堰可分为矩形薄壁堰、三角形薄壁堰和梯形薄壁堰。三角形薄壁堰一般用于测量较小的流量，矩形和梯形薄壁堰常用于测量较大的流量。

7.2.1　矩形薄壁堰

矩形薄壁堰的自由出流如图 7-5 所示，在无侧向收缩影响时，其流量公式为

$$Q=mb\sqrt{2g}\,H_0^{\frac{3}{2}}$$

显然该方程等式两边均含有流速，一般要用试算法进行计算。为了使计算简化，可将上式改写为

$$Q=m_0 b\sqrt{2g}\,H^{\frac{3}{2}} \tag{7-6}$$

式中　H——堰上水头，m；

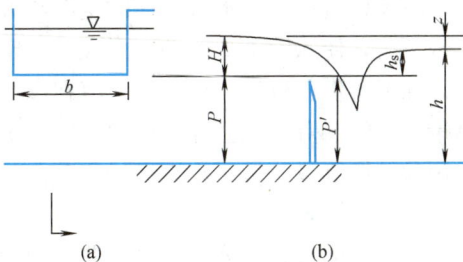

图 7-5　矩形薄壁堰
(a) 正面；(b) 剖面

m_0——已考虑流速影响的薄壁堰流量系数。

上式中的流量系数 m_0，需由实验确定。1898 年，法国工程师 Bazin 提出了经验公式

$$m_0 = \left(0.405 + \frac{0.0027}{H}\right)\left[1 + 0.55\left(\frac{H}{H+p}\right)^2\right] \tag{7-7}$$

式中 H——堰上水头，m；

  p——上游堰高，m。

此经验公式的适用条件：$H = 0.05 \sim 1.24\text{m}$，$p = 0.24 \sim 0.75\text{m}$，$b = 0.2 \sim 2.0\text{m}$。

7.2.2 三角形薄壁堰

当流量较小时，用矩形堰测量流量，因过水断面宽度较大而使堰上水头 H 很小，测量误差较大，采用三角形堰（简称三角堰）可以避免这个缺点。设三角堰的堰顶夹角为 θ，以顶点为起点的堰上水头为 H，如图 7-6 所示。

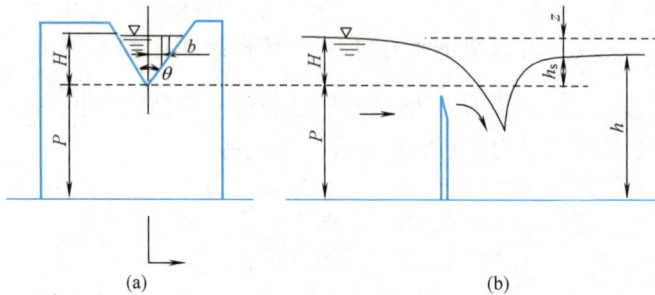

图 7-6 三角形薄壁堰

（a）正面；（b）剖面

其流量公式为

$$Q = \frac{4}{5} m_0 \tan\frac{\theta}{2} \sqrt{2g}\, H^{\frac{5}{2}} \tag{7-8}$$

当 $\theta = 90°$，$H = 0.25 \sim 0.55\text{m}$ 时，由实验可得 $m_0 = 0.395$。则

$$Q = 1.4 H^{\frac{5}{2}} \tag{7-9}$$

当 $\theta = 90°$，$H = 0.25 \sim 0.55\text{m}$ 时，另有经验公式

$$Q = 1.343 H^{2.47} \tag{7-10}$$

式中 H——以顶点为起点的堰上水头，m；

  Q——流量，m^3/s。

应用上述公式计算薄壁堰自由出流流量，为使计算准确，一般在使用薄壁堰测量流量时，应装设通气管使水舌下面的空气与大气相通，否则会因水舌下面的空气被水流带走而出现负压，使水舌上下摆动，形成不稳定的水流，影响测量精度。

如下游水位较高，使堰上水流在出流时被托起，形成淹没式出流。由于薄壁堰一般是测量流量的装置，在实际应用中，应避免淹没式出流的出现。同样，对侧向收缩的影响，在用薄壁堰测量流量时也应尽量避免。

7.2.3 实用堰

实用堰流量计算公式与矩形薄壁堰相似，即

$$Q = mb\sqrt{2g}\, H_0^{\frac{3}{2}} \tag{7-11}$$

实用堰流量系数不但与堰上水头有关，而且与实用堰具体曲线类型有关。一般曲线型实用堰可取 $m_0=0.45$，折线型实用堰可取 $m_0=0.35\sim0.42$。

1. 淹没影响

当堰下游水位超过堰顶标高时，即 $h_s=h-p>0$，是实用堰成为淹没式出流的必要条件。设 σ_s 为淹没系数，则淹没式实用堰流量公式为：

$$Q=\sigma_s mb\sqrt{2g}\,H_0^{\frac{3}{2}} \tag{7-12}$$

淹没系数与淹没程度有关，见表 7-1。

实用堰的淹没系数 表 7-1

h_s/H	0.05	0.20	0.30	0.40	0.50	0.60
δ_s	0.997	0.985	0.972	0.957	0.935	0.906
h_s/H	0.70	0.80	0.90	0.95	0.975	0.995
σ_s	0.856	0.776	0.621	0.470	0.319	0.100

2. 侧面收缩影响

当堰宽小于堰上游渠道时，过堰水流发生侧向收缩，造成泄流能力降低。侧向收缩影响用侧向收缩系数 ε 表示，堰的流量为：

$$Q=m\varepsilon b\sqrt{2g}\,H_0^{\frac{3}{2}} \tag{7-13}$$

侧向收缩系数一般取值为：$\varepsilon=0.85\sim0.95$。

7.3　宽　顶　堰

宽顶堰进口纵剖面的形式有直角形、圆弧形、斜角形等。不同进口类型产生的水流阻力不同，因而宽顶堰有不同的泄流能力，将其影响考虑在流量系数中。

宽顶堰流量计算公式为：

$$Q=mb\sqrt{2g}\,H_0^{\frac{3}{2}} \tag{7-14}$$

式中，m 为流量系数，m 取决于堰口的类型和相对堰高。别列津斯基根据实验，对 m 提出了经验公式和经验数据。

（1）矩形直角进口宽顶堰

当 $0\leqslant\dfrac{p}{H}<3.0$ 时

$$m=0.32+0.01\frac{3-\dfrac{p}{H}}{0.46+0.75\dfrac{p}{H}} \tag{7-15}$$

当 $\dfrac{p}{H}\geqslant3.0$ 时，$m=0.32$。

（2）矩形圆弧进口宽顶堰

当 $0 \leqslant \dfrac{p}{H} < 3.0$ 时

$$m = 0.36 + 0.01 \frac{3 - \dfrac{p}{H}}{1.2 + 1.5 \dfrac{p}{H}} \tag{7-16}$$

当 $\dfrac{p}{H} \geqslant 3.0$ 时，$m = 0.36$。

7.3.1 淹没式出流

当下游水位较高，使堰上水流在出流时被托起，形成淹没式出流。堰上水深由小于临界水深变为大于临界水深，水流由急流变为缓流，使堰的过水能力下降。

下游水位高于堰顶是形成淹没式堰流的必要条件，但其充分条件是下游水位足以使堰顶上的水流由急流变为缓流。根据实验得到淹没式堰流的充分条件（图7-4）是：

$$h_s = h - p' \geqslant 0.8 H_0 \tag{7-17}$$

淹没式堰流由于受下游水位的顶托，堰的过流能力降低。淹没的影响可用淹没系数 σ_s 表示，淹没式宽顶堰的流量为：

$$Q = \sigma_s m b \sqrt{2g} H_0^{\frac{3}{2}} \tag{7-18}$$

宽顶堰底淹没系数取值范围见表7-2。

宽顶堰底淹没系数 表 7-2

h_s/H	0.80	0.81	0.82	0.83	0.84	0.85	0.86	0.87	0.88
δ_s	1.00	0.995	0.99	0.98	0.97	0.96	0.95	0.93	0.90
h_s/H	0.89	0.90	0.91	0.92	0.93	0.94	0.95	0.96	0.97
δ_s	0.87	0.84	0.82	0.78	0.74	0.70	0.65	0.59	0.50

7.3.2 侧向收缩的影响

当堰的宽度小于堰上游渠道宽度时，水流在进入堰口后，由于过水断面宽度变窄，水流在惯性作用下，流线发生弯曲而密集，产生附加的局部阻力，造成过流能力降低。侧向收缩影响用收缩系数 ε 表示。对于自由出流的宽顶堰，其流量计算公式为：

$$Q = \varepsilon m b \sqrt{2g} H_0^{\frac{3}{2}} \tag{7-19}$$

收缩系数 ε 与堰宽和渠道宽的比值 $\dfrac{b}{B}$、边墩的进口形状及进口断面变化 $\dfrac{p}{H}$ 有关。根据实验资料所得的 ε 的经验公式为：

$$\varepsilon = 1 - \frac{a}{\sqrt[3]{0.2 + \dfrac{p}{H}}} \sqrt[4]{\frac{b}{B}} \left(1 - \frac{b}{B}\right) \tag{7-20}$$

式中，a 为墩形系数；矩形边缘的 $a=0.19$；圆形边缘的 $a=0.10$。

【例 7-1】　某矩形断面的宽顶堰，如图 7-7 所示，已知渠道宽 $B=4\text{m}$，堰宽 $b=3\text{m}$，坎高比 $p=p'=1\text{m}$，堰上水头 $H=2\text{m}$，堰顶为直角进口，墩头为矩形，下游水深 $h=3\text{m}$，试求过堰流量（行进流速忽略不计）。

图 7-7　例 7-1 图

【解】　因行进流速 $\psi_0=0$，则 $H_0=H=2\text{m}$。

（1）判别出流形式

$$h_s=h-p'=3-1=2\text{m}>0$$

$$0.8H_0>0.8H=0.8\times2=1.6\text{m}>h_s$$

满足淹没出流的必要条件。但由式（7-17）可得，流动不满足充分条件，依旧为自由式堰流。

由于 $b<B$，流动存在侧向收缩，因此该堰流为自由式有侧向收缩的宽顶堰。

（2）计算流量系数 m 和侧向收缩系数 ε

堰顶为直角进口，$\dfrac{p}{H}=\dfrac{1}{2}=0.5$，由式（7-15）得

当 $0\leqslant\dfrac{p}{H}<3.0$ 时

$$m=0.32+0.01\,\frac{3-\dfrac{p}{H}}{0.46+0.75\dfrac{p}{H}}=0.32+0.01\times\frac{3-\dfrac{1}{2}}{0.46+0.75\dfrac{1}{2}}=0.35$$

侧向收缩系数由式（7-20）得

$$\varepsilon=1-\frac{a}{\sqrt[3]{0.2+\dfrac{p}{H}}}\sqrt[4]{\frac{b}{B}}\left(1-\frac{b}{B}\right)=1-\frac{0.19}{\sqrt[3]{0.2+\dfrac{1}{2}}}\sqrt[4]{\frac{3}{4}}\left(1-\frac{3}{4}\right)=0.95$$

（3）计算流量

流量公式由式（7-19）得

$$Q=\varepsilon mb\sqrt{2g}\,H_0^{\frac{3}{2}}$$

$$=0.95\times0.35\times3\sqrt{2\times9.8}\times2^{\frac{3}{2}}=12.50\text{m}^3/\text{s}$$

【例 7-2】　某一进水闸宽顶堰，如图 7-8 所示。测得底坎高 $P=0.6\text{m}$，共三孔，每孔宽 5m，调查到堰上游洪水痕迹在底坎上 2m，即 $H=2\text{m}$，测得下游水深 $h_0=1\text{m}$。经推算行进流速 $v=0.6\text{m/s}$。取收缩系数 $\varepsilon=0.96$，流量系数 $m=0.38$，试计算过堰洪水流量为多少？

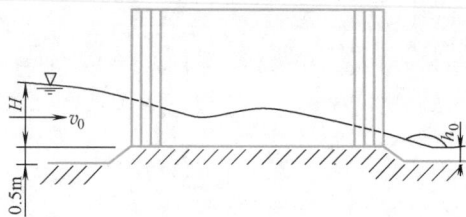

图 7-8　例 7-2 图

【解】　在解这类问题时，先进行流态判别，然后再选用不同的堰流公式计算，

$$\frac{h_0}{H}=\frac{1.0}{2.0}=0.5<0.8，为自由出流$$

又
$$H_0=H+\frac{v_0^2}{2g}=2+\frac{0.6^2}{2\times9.8}=2.018\text{m}$$

$$Q=\varepsilon mb\sqrt{2g}H_0^{\frac{3}{2}}=0.96\times0.38\times3\times5\times\sqrt{2\times9.8}\times2.018^{\frac{3}{2}}=69.49\text{m}^3/\text{s}$$

📚 知识链接

世界水利文化鼻祖——都江堰

都江堰位于四川省都江堰市城西，坐落在成都平原西部的岷江上，是世界上年代最久的以无坝引水为特征的水利工程。都江堰于 2000 年被联合国教科文组织列入世界文化遗产名录，是世界灌溉工程遗产。

扫描二维码
看全部内容

✏️ 习题

7-1　有一个无侧向收缩的矩形薄壁堰，上游堰高 $P_1=0.5$m，堰宽 $b=0.8$m，堰顶作用水头 $H=0.6$m，下游水位不影响堰顶出流，求通过堰的流量 Q。

7-2　红旗镇污水处理厂辅流沉淀池出水采用三角堰，已知堰口顶角 $\theta=90°$，过堰流量 $Q=0.05$m^3/s，试求堰上水头 H。

习题解析及
参考答案

教学单元 8

渗流

Chapter 08

教学目标

1. 掌握渗流的概念及基本定律。
2. 理解渗透系数计算方法。
3. 理解井和井群的概念，掌握井群的计算方法。
4. 理解集水廊道的概念及计算。

液体在多孔介质中的流动称为渗流。自然界中最常见的渗流现象，就是水在土壤孔隙中的流动，即地下水运动。渗流理论广泛应用于给水与排水、水利、地质、采矿、石油、化工等许多工程部门。例如，地下水源的开发，降低地下水位以及输水渠道渗漏量的确定等都涉及渗流的运动规律。

渗流理论研究范围很广，本章只对有压和无压的地下水运动作初步介绍。

8.1　渗流基本定律

8.1.1　土壤渗透特性及水在土壤中的形式

1. 土壤渗透特性

土壤是多孔介质，具有透水能力。不同结构的土壤，其透水性能有很大差异。透水性能好坏主要取决于孔隙的大小和多少、孔隙的形状和分布等因素。如果土壤中各点的渗透性能都相同，称为均质土壤；如果渗透性能随各点位置而变化则称为非均质土壤。如果土壤渗透性能不随渗流方向而变化（即各点各方向的渗透性能都相同）称为各向同性土壤（等向土壤）；反之称为各向异性土壤（异向土壤）。

2. 水在土壤中的形式

水是以多种形式存在于土壤之中的。可以分为气态水、附着水、薄膜水、毛细水和重力水等。重力水是指在重力作用下，沿土壤孔隙运动的地下水。它在地下水中所占比例最大，是渗流运动研究的主要对象。本章所研究的是重力水渗流规律。重力水按其含水层埋藏条件，又分为潜水与承压水（自流水），潜水是指埋藏在地面以下第一隔水层之上的重力水，具有自由表面。而承压水则是埋藏在地下充满于两个隔水层之间的重力水，经常处于承压状态。

8.1.2　渗流基本定律——达西定律

液体在孔隙中流动时，由于黏滞性作用，必然存在着能量损失。1852～1855年，法国工程师达西通过大量实验研究，总结出渗流流速与渗流水头损失之间的基本关系式，后人称之为达西定律。

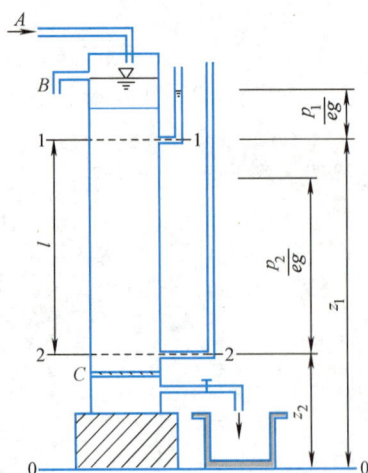

图8-1　达西实验装置

达西实验装置如图8-1所示，在上端开口的直立圆筒内充填颗粒均匀的砂层，在圆筒下部装有一块滤板 C，用以托住砂层，圆筒侧壁相距为 l 的两断面处各装有一根测压管，水由上端注入圆筒，并通过溢水管 B 使多余的水溢出，从而使筒内水位保持恒定。透过砂层的水从排水短管流入计量容器中，测出经过此时间流入容器中水的体积，即可计算出渗流流量 Q。由于渗流流速极小，故流速水头可以忽略不计。因此，测压管水头即为总水头，测压管水头差即为两断面间水头损失，即

$$h_w = H_1 - H_2$$

水力坡度等于测压管坡度，即

$$J = \frac{h_w}{l} = \frac{H_1 - H_2}{l}$$

达西通过对大量实验资料的分析，发现圆筒内的渗流量 Q 与圆筒过水断面面积 A 及水力坡度 J 成正比，并与土壤透水性能有关。即

$$Q = kAJ \tag{8-1}$$

$$v = \frac{Q}{A} = kJ \tag{8-2}$$

式中　v ——渗流断面平均流速，即渗流流速，m/s；

　　　k ——反映土壤透水性能的综合系数，称为渗透系数，单位 m/s 或 cm/s。

达西实验是在圆筒直径不变、均质砂土中进行的，属于均匀渗流，渗流断面上各点流速应相等，即 $u = v$，故式（8-2）可写为

$$u = v = kJ \tag{8-3}$$

式中　u ——点流速，m/s；

　　　J ——该点的水力坡度。

式（8-3）称为达西定律。达西定律表明，渗流水力坡度与渗流速度的一次方成正比，即水头损失与流速成线性关系。故达西定律也称为渗流线性定律。凡是符合这种规律的渗流，称为层流渗流或线性渗流。这说明达西定律只适用于层流渗流。

达西定律的适用范围，可采用雷诺数来判别：

$$Re = \frac{vd}{\nu} \leqslant 1 \tag{8-4}$$

式中　v ——渗流断面平均流速，m/s；

　　　ν ——水的运动黏滞系数，m^2/s；

　　　d ——土壤的平均粒径，m。

本章所讨论的渗流仅限于符合达西定律的层流渗流。给水与排水工程中涉及的地下水运动，属于达西定律适用范围。

8.1.3　渗透系数

渗透系数 k 是反映土壤渗流特性的一个综合性指标，是分析计算渗流问题最重要的参数。k 值准确与否将直接影响计算结果的可靠性。由于 k 值大小取决于土壤颗粒的形状、大小、分布情况及水温等多种因素，因而要准确确定其数值是很困难的。通常采用以下三种方法来确定：

1. 经验估算法

在进行初步估算时，可参照有关手册、规范及已建成工程的资料来选定 k 值。这种方法可靠性较差，只在极粗略的估算中可以采用。各类土壤渗透系数的参考值见表 8-1。

2. 实验室测定法

在现场取土样后，利用达西实验装置测定。但土样数量有限，难以反映真实情况。

3. 现场测定法

在现场钻井或挖试坑，进行抽水或注水试验，然后再根据相应计算公式反算 K 值。

土壤渗透系数参考值 表 8-1

土名	渗透系数 K		土名	渗透系数 K	
	m/d	cm/s		m/d	cm/s
黏土	<0.005	$<6\times10^{-6}$	粗砂	20~50	$2\times10^{-2}\sim6\times10^{-2}$
粉质黏土	0.005~0.1	$6\times10^{-6}\sim1\times10^{-4}$	均质粗砂	60~75	$7\times10^{-2}\sim8\times10^{-2}$
黏质粉土	0.1~0.5	$1\times10^{-4}\sim6\times10^{-4}$	圆砾	50~100	$6\times10^{-2}\sim1\times10^{-1}$
黄土	0.25~0.5	$3\times10^{-4}\sim6\times10^{-4}$	卵石	100~500	$1\times10^{-1}\sim6\times10^{-1}$
粉砂	0.5~1.0	$6\times10^{-4}\sim1\times10^{-3}$	无填充物卵石	500~1000	$6\times10^{-1}\sim1\times10$
细砂	1.0~5.0	$1\times10^{-3}\sim6\times10^{-3}$	稍有裂隙岩石	20~60	$2\times10^{-2}\sim7\times10^{-2}$
中砂	5.0~20.0	$6\times10^{-3}\sim2\times10^{-2}$	裂隙多的岩石	>60	$>7\times10^{-2}$
均质中砂	35~50	$4\times10^{-2}\sim6\times10^{-2}$			

该方法是比较可靠的测定方法。但因规模较大，需要人力及经费较多。大型工程多采用此种方法。

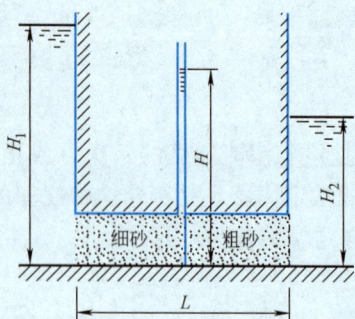

图 8-2 例 8-1 图

【例 8-1】 如图 8-2 所示，在两水箱之间，连接一条水平放置的正方形管道，边长为 20cm，长度 $L=100$cm。管道前半部分装满细砂，后半部分装满粗砂。细砂与粗砂渗透系数分别为 $k_1=0.002$cm/s，$k_2=0.05$cm/s。两水箱水深分别为 $H_1=80$cm，$H_2=40$cm。试计算管的渗流量。

【解】 设管道中点过水断面上的测压管水头为 H，由式（8-1），通过细砂和粗砂的渗透流量分别为

$$Q_1=k_1\frac{H_1-H}{0.5L}A$$

$$Q_2=k_2\frac{H_2-H}{0.5L}A$$

根据连续性原理，$Q_1=Q_2$，即

$$k_1\frac{H_1-H}{0.5L}A=k_2\frac{H_2-H}{0.5L}A$$

由此解得

$$H=\frac{k_1H_1+k_2H_2}{k_1+k_2}=\frac{0.002\times80+0.05\times40}{0.002+0.05}=41.54\text{cm}$$

渗透流量

$$Q=Q_1=Q_2=k_1\frac{H_1-H}{0.5L}A=0.002\times\frac{80-41.54}{0.5\times100}\times20\times20=0.615\text{cm}^3/\text{s}$$

【例 8-2】 厚度 $t=15m$ 的含水层，设有两个观测井（沿渗流方向的距离 $l=200m$），测得观测井 1 中水位为 64.22m，观测井 2 中水位为 63.44m，如图 8-3 所示。含水层由粗砂组成，已知渗透系数 $k=45m/d$。试求该含水层单位宽度的渗流量 q。

【解】 此题为承压的均匀渗流，应用达西公式 $v=kJ$ 计算流速

$$v=45 \times \frac{64.22-63.44}{200}=0.1755\text{m/s}$$

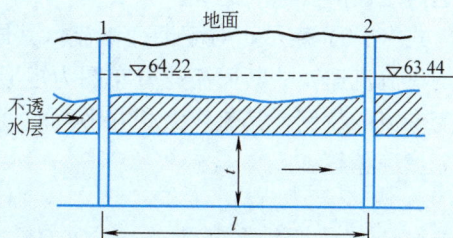

图 8-3 例 8-2 图

单宽流量

$$q=kAJ=15 \times 0.1755=2.63\text{m}^3/(\text{d} \cdot \text{m})$$

8.1.4 裘布依公式

在地面以下透水地层中的地下水运动，很多是具有自由液面的无压渗流。无压渗流相当于透水地层中的明渠流，其自由液面称为浸润面，水面线称为浸润曲线，与地面上明渠流的分类相似，无压渗流也可能有流线为平行直线、等速、等深的均匀渗流，但是由于受自然水文地质条件影响，大多数无压渗流为非均匀渐变渗流。

达西定律给出的是均匀渗流计算公式，为了研究渐变渗流运动规律，则需要建立非均匀渐变渗流计算公式。

设非均匀渐变渗流，如图 8-4 所示，取相距为 dl 的过水断面 1—1、2—2，根据渐变流性质，过水断面近似于平面，则同一过水断面上各点测压管水头相等。又由于渗流流速水头可以忽略不计，故总水头等于测压管水头，所以 1—1 与 2—2 断面之间任一流线上水头损失相等

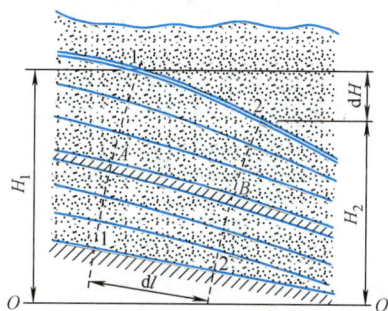

图 8-4 渐变渗流

$$H_1-H_2=-dH$$

由于渐变流流线近似于平行直线，所以 1—1 与 2—2 断面间各流线长度近似等于 dl，则过水断面上各点水力坡度相等

$$J=-\frac{dH}{dl}$$

根据达西定律，过水断面上各点流速相等，因而断面平均流速也就等于各点流速

$$v=u=kJ=-k\frac{dH}{dl} \tag{8-5}$$

上式称为裘布依公式，该式与达西公式形式相同，但意义有所不同。达西定律是均匀渗流过水断面上的流速表达式，而裘布依公式则是渐变渗流过水断面上的流速表达式。它

是达西定律的普遍表达式。

式（8-5）表示，对于渐变渗流，其同一过水断面上各点渗流流速相等，均等于断面平均渗流流速，故断面流速分布图为矩形；不同过水断面上的流速并不相等。均匀渗流是渐变渗流的特例，其流线为相互平行的直线族，断面流速分布图沿程不变，全渗流区各点渗流流速相等。

8.2 井 和 井 群

用来汲取地下水或降低地下水位的集水构筑物称为井，其应用十分广泛。

根据水文地质条件，可将井分为以下两种类型：

（1）普通井（潜水井）。

在具有自由水面的潜水层中开凿的井称为普通井或潜水井，用来汲取无压地下水。若井底直达不透水层，称为完整井；若井底未达不透水层，则称为不完整井。

（2）自流井（承压井）。

含水层位于两个不透水层之间，含水层顶面压强大于大气压强，这种含水层称为承压含水层。在承压含水层中取水的井，称为自流井或承压井。该井与普通井一样，也可分为完整井与不完整井两类。

8.2.1 普通完整井

如图 8-5 所示，一普通完整井，井底位于水平不透水层上，含水层均质各向同性。设含水层中地下水的天然水面 $A—A$，含水层厚度为 H，井的半径为 r_0，抽水前井中水面与原地下水天然水面齐平。当从井中抽水时，井中水位下降，四周地下水向井中补给，从而使周围地下水面下降，并形成一个对称于井轴线的漏斗形浸润曲面。当抽水量恒定且不过大时，经过一段时间后，含水层中可近似形成以井轴为对称轴的径向恒定渗流，井中水深及漏斗形浸润曲面均保持不变。

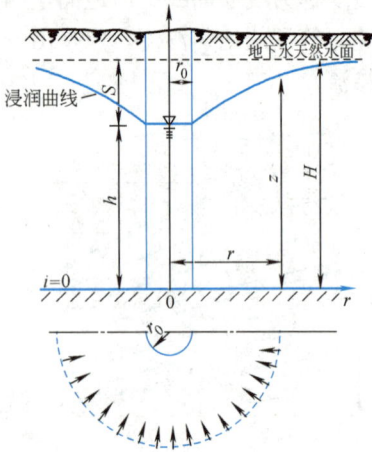

图 8-5 普通完整井

取距井中心为 r，浸润曲面高为 z 的圆柱形过水断面，其面积为 $w=2\pi rz$，断面上各点水力坡度 $J=\dfrac{\mathrm{d}z}{\mathrm{d}r}$。除井壁附近区域外，浸润曲线的曲率很小，可视为恒定渐变渗流。根据裘布依公式，该断面平均流速为

$$v=k\frac{\mathrm{d}z}{\mathrm{d}r}$$

渗流量

$$Q=vA=2\pi rzk\frac{\mathrm{d}z}{\mathrm{d}r}$$

分离变量

$$z\,\mathrm{d}z=\frac{Q}{2\pi k}\frac{\mathrm{d}r}{r}$$

对上式进行积分

$$\int_h^z z\,\mathrm{d}z = \int_{r_0}^r \frac{Q}{2\pi k}\frac{\mathrm{d}r}{r}$$

可得普通完整井浸润曲线方程

$$z^2 - h^2 = \frac{Q}{\pi k}\ln\left(\frac{r}{r_0}\right) \tag{8-6}$$

或

$$z^2 - h^2 = \frac{0.732Q}{R}\lg\frac{r}{r_0} \tag{8-7}$$

式中　r_0——井的半径，m；

　　　h——井中水深，m。

由于受井中抽水的影响，整个渗流区域的浸润曲面均会下降，但距离井越远，其下降值越小。从工程应用的观点来看，井的渗流区存在一个有限范围，其距离称为影响半径 R，在 R 以外，地下水位不再受到井中抽水的影响。

将 $r=R$、$Z=H$ 代入式（8-7）中，得普通完整井产水量计算公式

$$Q = 1.366\frac{k(H^2 - h^2)}{\lg\dfrac{R}{r_0}} \tag{8-8}$$

以抽水降深 S 代替井中水深 h，$S = H - h$，

则

$$Q = 2.732\frac{kHS}{\lg\dfrac{R}{r_0}}\left(1 - \frac{S}{2H}\right) \tag{8-9}$$

因为 $H \gg S$，所以 $\dfrac{S}{2H} \ll 1$，

则式（8-9）可简化为

$$Q = 2.732\frac{kHS}{\lg\dfrac{R}{r_0}} \tag{8-10}$$

式中　Q——普通完整井产水量，$\mathrm{m^3/s}$；

　　　H——井中水深，m；

　　　S——抽水降深，m；

　　　R——影响半径，m；

　　　r_0——井的半径，m。

由于影响半径 R 在公式中是以对数形式出现的，故 R 值对 Q 值的计算结果影响不大。

影响半径 R 的确定：

（1）在初步估算时，可采用经验公式计算。

$$R = 3000S\sqrt{k} \tag{8-11}$$

183

或 $$R=575S\sqrt{Hk} \tag{8-12}$$

式中 k 以 m/s 计，R、S、H 均以 m 计。

（2）可采用经验数据，见表 8-2。

影响半径 R 经验值　　　　　　　　　　表 8-2

岩土种类	细粒岩土	中粒岩土	粗粒岩土
R(m)	100～200	250～700	700～1000

【例 8-3】 某普通完整井的含水层厚度 $H=8\mathrm{m}$，渗透系数 $k=0.0015\mathrm{m/s}$，井半径 $r_0=0.5\mathrm{m}$，抽水时井中水深 $h=5\mathrm{m}$，试计算井的产水量 Q。

【解】 $S=H-h=8-5=3\mathrm{m}$

由式（8-11）得

$$R=3000S\sqrt{k}=3000\times3\times\sqrt{0.0015}=348.6\mathrm{m}$$

取 $R=350\mathrm{m}$，由式（8-8）得

$$Q=1.366\frac{k(H^2-h^2)}{\lg\left(\dfrac{R}{r_0}\right)}=1.366\times\frac{0.0015\times(8^2-5^2)}{\lg\left(\dfrac{350}{0.5}\right)}=0.028\mathrm{m^3/s}$$

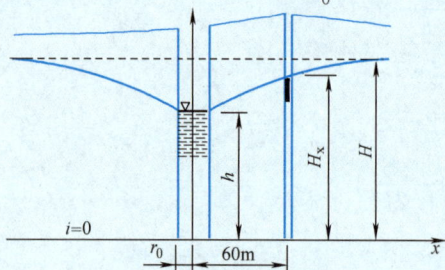

图 8-6　普通完整井

【例 8-4】 如图 8-6 所示，为测定地基土层的渗透系数 k，开凿一普通完整井，井半径 $r_0=0.15\mathrm{m}$，又在距井轴线 60m 处设一钻孔，然后从井中抽水，当流量及井中水位恒定时，测得井中水深 $h=2\mathrm{m}$，钻孔中水深 $z=2.6\mathrm{m}$，抽水量 $Q=0.0025\mathrm{m^3/s}$。求土层渗透参数 k。

【解】 由式（8-7）可得

$$k=\frac{0.732Q}{z^2-h^2}\lg\frac{r}{r_0}=\frac{0.732\times0.0025}{2.6^2-2^2}\lg\frac{60}{0.15}=0.173\mathrm{cm/s}$$

8.2.2　自流完整井

如图 8-7 所示，自流完整井含水层位于两不透水层之间，地下水处于承压状态，含水层厚度为 t，凿井穿过上部不透水层，井底直达下部不透水层表面。未抽水时地下水位升至 H，即为自流含水层的总水头。井中水面高于含水层厚度 t，有时甚至于高出地面自动向外喷出。

自井中抽水，井中水深 H 降至 h，井周围测压管水头线形成漏斗形降落曲面。取距井轴为 r 的过水断面，过水断面面积 $A=2\pi rt$，该过

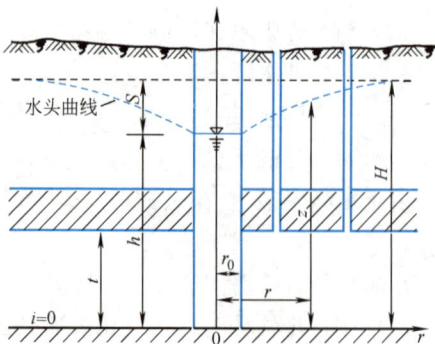

图 8-7　自流完整井

水断面上各点测压管水头为 z、各点水力坡度 $J=\dfrac{\mathrm{d}z}{\mathrm{d}r}$，由裘布依公式，断面平均流速为

$$v=k\frac{\mathrm{d}z}{\mathrm{d}r}$$

产水量

$$Q=vA=2\pi rtk\frac{\mathrm{d}z}{\mathrm{d}r}$$

分离变量

$$\mathrm{d}z=\frac{Q}{2\pi kt}\frac{\mathrm{d}r}{r}$$

积分上式

$$\int_{h}^{z}\mathrm{d}z=\frac{Q}{2\pi kt}\int_{r_0}^{r}\frac{\mathrm{d}r}{r}$$

可得自流完整井水头线方程

$$z-h=0.366\frac{Q}{kt}\lg\frac{r}{r_0} \tag{8-13}$$

引入影响半径 R，当 $r=R$ 时，$z=H$，代入上式中，得自流完整井产水量计算公式

$$Q=2.732\frac{kt(H-h)}{\lg\dfrac{R}{r_0}}=2.732\frac{ktS}{\lg\dfrac{R}{r_0}} \tag{8-14}$$

式中　k —— 渗透系数，m/s；

　　　t —— 含水层厚度，m；

　　　H —— 抽水前地下水水位，m；

　　　h —— 抽水时井中水位，m；

　　　S —— 井中水位降深，m；

　　　r_0 —— 井的半径，m；

　　　R —— 井的影响半径 m。R 值按普通完整井的方法确定。

【例 8-5】 已知自流含水层厚度 $t=6\mathrm{m}$，如图 8-8 所示。现打一直径 $d=200\mathrm{mm}$ 的自流完整井，在距井轴 15m 处钻一个观测孔。当抽水至恒定水位时，井中水位降深 $S=3\mathrm{m}$，观测孔中水位降深 $S_1=1\mathrm{m}$，试求该井的影响半径 R。

【解】 由式（8-13）得

$$z-h=S-S_1=0.366\frac{Q}{kt}\lg\frac{r_1}{r_0} \qquad ①$$

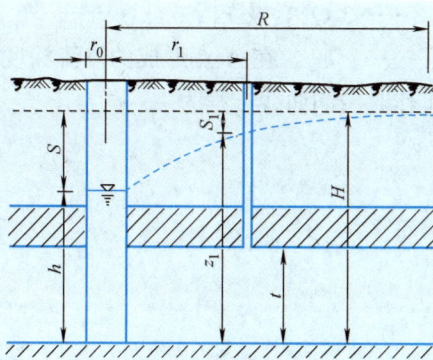

图 8-8　例 8-5 图

由式（8-14）得

$$S=\frac{Q}{2.732kt}\lg\frac{R}{r_0} \qquad ②$$

将式①、②相除得

$$\frac{S-S_1}{S}=\frac{\lg r_1-\lg r_0}{\lg R-\lg r_0}$$

$$\frac{3-1}{3}=\frac{\lg 1.5-\lg 0.1}{\lg R-\lg 0.1}$$

则
$$\lg R=2.264$$

由此可得井的影响半径 $R=184\text{m}$。

8.2.3 井群

在实际工程中有时为了大量汲取地下水，或是更加有效地降低地下水位，需要在一定范围内开凿多口井同时工作，这种多口单井的组合称为井群。当井群中各井之间距离小于影响半径 R 时，各井之间将相互影响，从而使渗流区地下水浸润曲面的形状变得相当复杂，各井产水量与水位降深也随之发生相应的变化。

实际统计资料表明，当井中水位降深一定时，各井的产水量将小于各单井独立工作时的产水量。如果产水量固定，则各井的水位降深将大于单井独立工作时的水位降深。这是因为每口井除了自身产生的水位降深以外，其他各井抽水时对该井的干扰产生附加水位降深的结果。由于各井之间相互干扰，从而加大了水位降深。这对于人工降低地下水位是有利的。例如，施工中的基坑开挖，常采用井群法降低地下水位。但是对于取水构筑物而言，由于各井之间的相互干扰，而导致井的产水量降低是不利的。因此，在设计取水井群时，需要注意各井之间的距离，一般可按相互干扰使单井产水量减小不超过 30% 为宜。

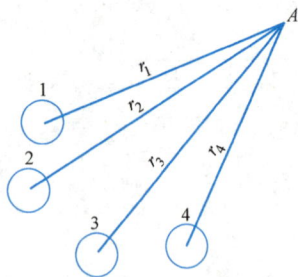

图 8-9　井群

井群的排列方式，可以是任意的。设由几个普通完整井组成的井群，如图 8-9 所示。各井的半径、出水量及至某点 A 的水平距离分别为 r_{01}、r_{02}、$\cdots\cdots$、r_{0n}，Q_1、Q_2、$\cdots\cdots$、Q_n，及 r_1、r_2、$\cdots\cdots$、r_n。各井单独工作时，其井中水深分别为 h_1、h_2、$\cdots\cdots$、h_n，在 A 点形成的渗流深度分别为 z_1、z_2、$\cdots\cdots$、z_n。由式（8-7），各井单独工作时浸润曲线方程为

$$z_1^2=\frac{0.732Q_1}{k}\lg\frac{r_1}{r_{01}}+h_1^2$$

$$z_2^2=\frac{0.732Q_2}{k}\lg\frac{r_2}{r_{02}}+h_2^2$$

$$\cdots$$

$$z_n^2=\frac{0.732Q_n}{k}\lg\frac{r_n}{r_{0n}}+h_n^2$$

设各井同时抽水时，A 点形成一个公共的浸润曲面高度为 z，根据势能叠加原理，各井同时工作时所形成的公共浸润曲面与各井单独工作时所形成的浸润曲面有如下关系

$$z^2=z_1^2+z_2^2+\cdots+z_n^2$$

则
$$z^2=\sum_{i=1}^{n}z_i^2=\sum_{i=1}^{n}\left(\frac{0.732Q}{k}\lg\frac{r_i}{r_{0i}}+h_i^2\right)$$

若各井抽水状况相同，

$$Q_1 = Q_2 = \cdots = Q_n$$

$h_1 = h_2 = \cdots = h_n$ 时，则

$$z^2 = \frac{0.732Q}{k}\left[\lg(r_1 r_2 \cdots r_n) - \lg(r_{01}, r_{02} \cdots r_{0n})\right] + nh^2 \tag{8-15}$$

井群也具有影响半径，若 A 点处于影响半径处，则可认为

$$r_1 \approx r_2 \approx \cdots \cdots \approx r_n = R$$

而 $z = H$，代入式（8-15），得

$$H^2 = \frac{0.732}{k}\left[n\lg R - \lg(r_{01} r_{02} \cdots r_{0n})\right] + nh^2 \tag{8-16}$$

则

$$nh^2 = H^2 - \frac{0.732Q}{k}\left[n\lg R - \lg(r_{01} r_{02} \cdots r_{0n})\right]$$

将上式代入式（8-15）中，得到井群的浸润曲面方程

$$z^2 = H^2 - \frac{0.732Q}{k}\left[n\lg R - \lg(r_1 r_2 \cdots r_n)\right]$$

$$= H^2 - \frac{0.732Q_0}{k}\left[\lg R - \frac{1}{n}\lg(r_1 r_2 \cdots r_n)\right] \tag{8-17}$$

式中 Q_0——井群出水量 $\mathrm{m^3/s}$，$Q_0 = nQ$；

$\quad n$——井群中单井个数；

$\quad R$——井群的影响半径，m；$R = 575S\sqrt{Hk}$；

$\quad H$——井群中心水位降深，m；

$\quad z$——井群抽水时，含水层浸润面上某点 A 的水深，m。

【例 8-6】 为降低基坑中的地下水位，在其周围布置了由 6 个普通完整井组成的井群。如图 8-10 所示，各井距基坑中心的距离 $r = 30\mathrm{m}$，井半径 $r_0 = 0.1\mathrm{m}$，渗透系数 $k = 0.001\mathrm{m/s}$，含水层厚度 $H = 10\mathrm{m}$，井群影响半径 $R = 500\mathrm{m}$，总抽水量 $Q_0 = 0.02\mathrm{m^3/s}$。试求基坑中心的地下水位降深。

【解】 因 $r_1 = r_2 = \cdots = r_6 = 30\mathrm{m}$，

由式（9-17）$n = 6$，得基坑中心的水位 z 为：

$$z^2 = H^2 - \frac{0.732Q_0}{k}\left[\lg R - \frac{1}{6}\lg(r_1 r_2 \cdots r_6)\right]$$

$$= 8^2 - \frac{0.732 \times 0.02}{0.001}\left[\lg 500 - \frac{1}{6}\lg(30^6)\right]$$

$$= 46.11\mathrm{m^2}$$

则 $z = 6.79\mathrm{m}$

故 基坑中心地下水位降深为

$$S = H - z = 8 - 6.79 = 1.21\mathrm{m}$$

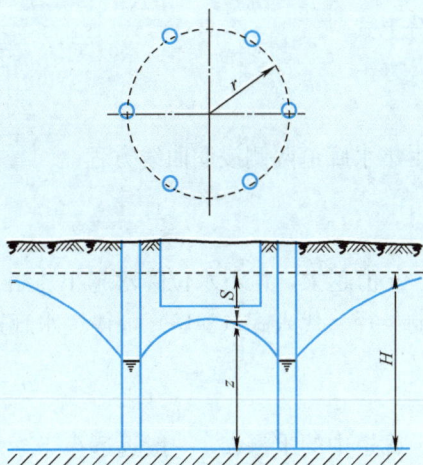

图 8-10 井群

8.3 集水廊道

用以汲取无压含水层中地下水及降低地下水位的长条形建筑物，称为集水廊道，如图 8-11 所示。在给水工程中用来采集地下水。适用于地下水埋深较浅、补给条件较好的地区。集水廊道可分为明渠式和坑道式两种。明渠式集水廊道又可称为渗渠。根据地形地质和施工条件，明渠式集水廊道和坑道式集水廊道可结合使用。

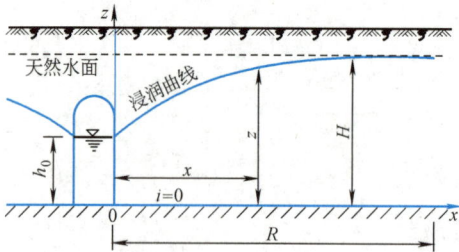

图 8-11　集水廊道

从廊道中取水，地下水会不断流向廊道，水面不断下降，在其两侧将形成对称于廊道轴线的降水浸润曲线，这种渗流一般属于非恒定渗流。但若含水层体积很大、廊道很长，经过一段时间抽水后，廊道中的水深 h 将保持恒定，近似地形成无压恒定渐变渗流，两侧浸润曲线的形状、位置基本保持不变，并且在垂直于廊道轴线各过水断面上情况相同。

以不透水层面为基准面，在距集水廊道边壁 x 处，地下水位为 z，过水断面为矩形，水力坡度 $J=\dfrac{\mathrm{d}z}{\mathrm{d}x}$，断面平均流速 $v=k\dfrac{\mathrm{d}z}{\mathrm{d}x}$。设集水廊道每侧单位长度上的涌水量为 q，

则

$$q=kAJ=kz\frac{\mathrm{d}z}{\mathrm{d}x}$$

分离变量

$$\frac{q}{k}\mathrm{d}x=z\,\mathrm{d}z$$

积分上式

$$\frac{q}{k}\int_0^x\mathrm{d}x=\int_h^\Sigma z\,\mathrm{d}z$$

可得集水廊道两侧浸润曲线方程

$$z^2-h^2=\frac{2q}{k}x \tag{8-18}$$

x 值越大，地下水位降落越小。当 z 等于含水层厚度 H 时，$x=R$，R 为集水廊道的影响半径。代入式（8-18）可得集水廊道每侧单位长度上的涌水量公式

$$q=\frac{k(H^2-h^2)}{2R} \tag{8-19}$$

廊道中的水深 h，一般远远小于含水层厚度 H，若忽略不计，则上式简化为

$$q=\frac{kH^2}{2R} \tag{8-20}$$

式中　q ——廊道每侧单位长度上的涌水量；

R ——廊道的影响半径，与地质条件有关，应通过抽水实验确定，或是近似由浸润曲线的平均坡度 $\bar J$ 进行估算，即令

$$\overline{J}=\frac{H}{R}，\text{则}$$

$$R=\frac{H}{\overline{J}} \tag{8-21}$$

$\overline{J}$ 值可根据土壤性质参考表 8-3 选用。

浸润曲线的平均坡度　　　　　　　表 8-3

土 壤 类 别	$\overline{J}$ 值	土 壤 类 别	$\overline{J}$ 值
粗砂和冰川沉积土	0.003～0.005	粉质黏土	0.05～0.10
砂土	0.005～0.015	黏土	0.15
微弱黏性砂土	0.03		

【例 8-7】　为降低地下水位，在道路沿线建造一条排水明沟，如图 8-12 所示。已知含水层厚度 $H=1.2\text{m}$，土壤渗透系数 $k=0.012\text{cm/s}$，浸润曲线的平均坡度 $\overline{J}=0.03$，沟长 $l=100\text{m}$，试求从两侧流向排水明沟的流量。

【解】　由式（8-21）得廊道影响半径

$$R=\frac{H}{\overline{J}}=\frac{1.2}{0.03}=40\text{m}$$

图 8-12　例 8-7 图

再由式（8-20）计算廊道每侧单位长度上的涌水量为

$$q=\frac{kH^2}{2R}=\frac{0.00012\times 1.2^2}{2\times 40}=2.16\times 10^{-6}\text{m}^3/(\text{s}\cdot\text{m})$$

则从两侧流向排水明沟的流量为

$$Q=2ql=2\times 2.16\times 10^{-6}\times 100=4.32\times 10^{-4}\text{m}^3/\text{s}$$

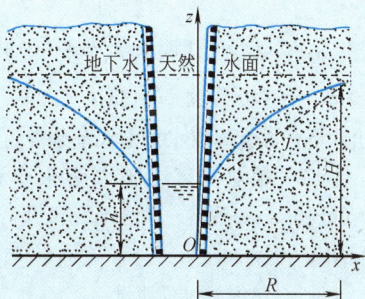

📚 知识链接——中国成功水利工程

中国古代三大工程之一——新疆坎儿井

坎儿井是伟大的地下水利灌溉工程，与中国横亘东西的万里长城、纵贯南北的京杭大运河并称中国古代三大工程。

坎儿井是我国古代维吾尔族地区最有特色的水利灌溉工程，古称"井渠"，距今已有 2000 多年的历史，主要分布在我国新疆东部博格达山南麓的吐鲁番和哈密。人们利用山体的自然坡度将春夏季节渗入地下的大量雨水、冰川水及积雪融水引出地表进行灌溉，以满足沙漠地区生产生活用水需求。随着丝绸之路的发展，坎儿井逐渐向西传播。

扫描二维码
看全部内容

👥 思考题

8-1 土壤的哪些性质影响渗透能力？

8-2 渗流中所指的流速是什么流速？该流速与真实流速有什么联系？

8-3 为什么说达西定律只适于层流渗流？在给水排水工程中常遇到的渗流是何种渗流？

8-4 什么是完整井、不完整井？什么是普通井、自流井？

8-5 试比较达西定律与裘布依公式的异同点及适用条件。

8-6 什么是集水廊道？集水廊道包括哪两种形式？

8-7 集水廊道适用于什么条件的地区？

🖊 习题

8-1 某村新建取水井为居民供水，需水量为 $30m^3/d$。井底低过平底的不透水层。井的半径 $r_0 = 10cm$，含水层厚度 $H = 8m$，土层的渗透系数 $k = 10^{-5}m/s$，试计算井中水深 h_0 不小于 $2m$ 时的最大出水量，试计算取水井出水量是否满足要求。

8-2 敬业小区工地以潜水作为给水水源，已知含水层粉土厚度 $H = 6m$，渗透系数 $k = 0.00116m/s$。现打一口普通完整井，井半径 $r_0 = 0.15m$，影响半径 $R = 150m$。试求井中水位降深 $S = 3m$ 时，井的产水量。

8-3 建国新村要建设一座楼房，要求图中 G 点地下水位降低 $4.6m$，经检测地下含水层厚度 $H = 12m$，渗透系数 $k = 0.0001m/s$，影响半径 $R = 700m$，采用 6 个井点排水，井点布置如图 8-13 所示，$a = 80m$，$b = 60m$，求总的排水量。

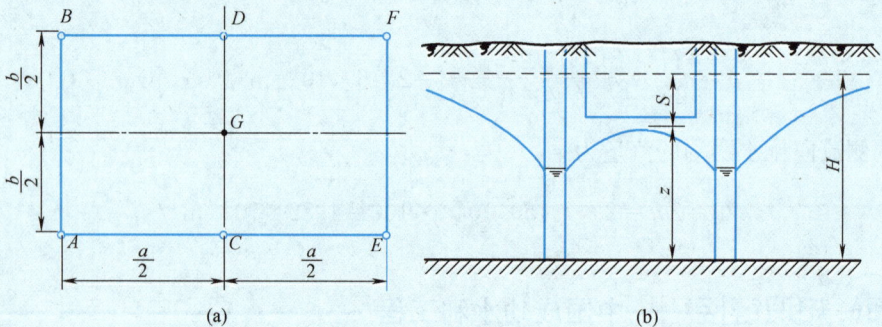

图 8-13 题 8-3 图

习题解析及参考答案

主要参考文献

[1]　伍悦滨，王芳. 工程流体力学泵与风机 ［M］. 2 版. 北京：化学工业出版社，2016.

[2]　刘立. 流体力学泵与风机 ［M］. 2 版. 北京：中国电力出版社，2007.

[3]　白桦. 流体力学泵与风机 ［M］. 2 版. 北京：中国建筑工业出版社，2016.

[4]　吴玮，张维佳. 水力学 ［M］. 3 版. 北京：中国建筑工业出版社，2020.

[5]　吴持恭. 水力学 ［M］. 5 版. 北京：高等教育出版社，2016.